互连网络的连通性和诊断度

王世英 著

科 学 出 版 社

北 京

内 容 简 介

　　本书对于互连网络的连通性和诊断度问题提供了一个统一的理论框架. 内容包括: 对网络诊断的概述; 给出网络的高阶好邻诊断度和高阶限制诊断度的一些充分条件; 确定了一些著名网络的高阶连通度、自然诊断度、高阶好邻诊断度和高阶限制诊断度. 本书许多内容和方法是作者的研究成果, 书中还提出一些问题供有兴趣的读者进一步研究.

　　本书可作为高等院校计算机、应用数学和网络通信专业研究生以及相关领域研究人员的参考书.

图书在版编目(CIP)数据

互连网络的连通性和诊断度/王世英著. —北京: 科学出版社, 2021.9
ISBN 978-7-03-069334-1

Ⅰ.①互…　Ⅱ.①王…　Ⅲ.①互联网络–故障诊断　Ⅳ.①TP393.07

中国版本图书馆 CIP 数据核字 (2021) 第 136278 号

责任编辑: 胡庆家　范培培 / 责任校对: 彭珍珍
责任印制: 吴兆东 / 封面设计: 无极书装

科 学 出 版 社 出版
北京东黄城根北街 16 号
邮政编码: 100717
http://www.sciencep.com
北京中石油彩色印刷有限责任公司 印刷
科学出版社发行　各地新华书店经销
*
2021 年 9 月第 一 版　开本: 720×1000　B5
2022 年 2 月第二次印刷　印张: 11 1/4
字数: 226 000
定价: 88.00 元
(如有印装质量问题, 我社负责调换)

前　　言

在科学与工程计算领域, 海量数据的处理和复杂问题的解决对计算机计算的能力要求日益提高, 并且这些需求的增长速度已经远远超出了微处理机的发展速度. 在此背景下, 并行计算机系统应运而生并得到快速发展. 并行计算机系统常以某个具有优良性质的互连网络为底层拓扑结构进行构建. 互连网络的性能对整个系统的硬件消耗、通信性能、路由算法的可行性都起着重要的, 甚至是决定性的作用, 以至于并行计算机系统的设计理念已经由以 CPU 为主逐步让位于以互连网络为主. 并行计算机系统中元器件之间的连接模式称为该系统的互连网络, 简称网络. 从拓扑上讲, 一个系统的互连网络逻辑上指定了该系统中所有元器件之间的连接方式. 互连网络可以看成一个图. 此时, 图的顶点表示系统中的元器件或处理器, 图的边表示元器件之间的物理连线. 于是网络拓扑的性能可以通过图的性质和参数来度量. 网络出现故障是不可避免的. 因此, 互连网络的连通性和故障诊断就是一个重要的研究课题了.

图论作为离散数学的一个重要分支, 已有 200 多年的历史. 由于其广泛的应用背景, 近半个世纪以来, 越来越多的科研工作者投入该领域的研究. 特别是在计算机的出现和推动下, 有关图的理论有了更加迅速的发展. 图论现在已经成为研究系统工程、管理工程、计算机科学、通信与网络理论、自动控制、运筹学以至社会科学等诸多学科的一种重要数学工具.

大规模集成电路技术的出现使人们能构造出非常庞大而复杂的互连网络. 出于多方面的考虑, 人们将通过增加处理器的数目, 而不是单靠提高单个处理器的速度, 来构建高速快捷的下一代超级计算机系统. 此时, 互连网络的拓扑结构对网络的性能有着决定性的影响. 多处理器的互连网络拓扑通常以图为数学模型, 这时图的顶点代表处理器, 而一对处理器之间的直接通信联系则用连接这对顶点的边来表示, 因此网络拓扑的性能可以通过图的性质和参数来度量. 在设计和选择大规模多处理器的网络拓扑时, 人们最关心的问题之一是网络的可靠性 (容错性), 它对应图的连通性. 研究图的连通性从传统的连通度到限制连通度再到高阶限制连通度和高阶好邻连通度. 另一方面, 由于元件磨损和电磁干扰等原因, 大规模多处理器系统中的某些部件发生故障是不可避免的, 所以处理器故障识别对可靠计算发挥着重要作用. 处理故障的第一步是用无故障处理器去识别故障处理器, 然后用无故障处理器去替换故障处理器. 识别的过程称为系统的诊断. 然而计算一个网络的诊断度和它对应的连通度紧密相关.

近年来作者一直从事对图的连通性和诊断度的研究, 阅读了解了本领域的大部分文献, 获得了一些有意义的成果. 为了给学生授课以及使有兴趣的读者查阅方便, 我们决定对近年来的研究成果进行整理、修正、系统化, 写出本书.

本书的基本结构如下: 第 1 章介绍研究背景和意义、互连网络的概述及容错、故障诊断概述. 第 2 章介绍将用到的图论方面的术语、记号, 研究进展以及相应的基本概念. 第 3 章介绍网络诊断度的充分条件和必要条件. 第 4 章介绍一些网络的连通度和自然诊断度. 第 5 章介绍一些网络的高阶好邻连通度和高阶好邻诊断度. 第 6 章介绍一些网络的高阶限制连通度.

我们感谢书末参考文献中列出的所有作者, 正是他们出色的工作才使本领域如此精彩. 感谢国家自然科学基金项目 (61772010, 61370001) 的资助.

由于作者水平有限, 书中不足之处在所难免, 恳请读者批评指正.

王世英

2020 年 9 月

主要符号表

符号	含义
G	无向图
$V(G)$	图 G 的顶点集
$E(G)$	图 G 的边集
$d_G(u)$	图 G 的顶点 u 的度
$\delta(G)$	图 G 的最小度
$X \setminus Y$	集合 X 和集合 Y 的差集
$X \triangle Y$	集合 X 和集合 Y 的对称差
$g(G)$	图 G 的围长
$N_G(u)$	顶点 u 在图 G 中的邻域
$G - F$	从图 G 中删去点集 F 及其关联的边集
$G[U]$	图 G 的由顶点集 U 导出的子图
$\kappa^{(g)}(G)$	图 G 的 g 好邻连通度
$\tilde{\kappa}^{(g)}(G)$	图 G 的 g 限制连通度
$\kappa^{(1)}(G)$	图 G 的自然连通度
$t^{PMC}(G)$	在 PMC 模型下网络 G 的诊断度
$t^{MM^*}(G)$	在 MM* 模型下网络 G 的诊断度
$t_g^{PMC}(G)$	在 PMC 模型下网络 G 的 g 好邻诊断度
$t_g^{MM^*}(G)$	在 MM* 模型下网络 G 的 g 好邻诊断度
$t_1^{PMC}(G)$	在 PMC 模型下网络 G 的自然诊断度
$t_1^{MM^*}(G)$	在 MM* 模型下网络 G 的自然诊断度
Q_n	超立方体
XQ_n^k	扩展 k 元 n 立方体
CK_n	巢图
BS_n	泡型星图
CW_n	轮图
CT_n	对换树生成的凯莱图
LTQ_n	局部扭立方
B_n	泡型图

S_n^*	星图
HP_n	超彼得森图
CQ_n	交叉立方
AG_n	交错群图

目　　录

前言
主要符号表
第 1 章　绪论 ·· 1
　1.1　研究背景和意义 ··· 1
　1.2　互连网络的概述及容错 ······································ 3
　　1.2.1　设计规则及方法 ·· 3
　　1.2.2　常见的类型 ·· 4
　　1.2.3　容错概述 ·· 5
　1.3　故障诊断概述 ·· 5
第 2 章　基础知识 ·· 8
　2.1　图的基本定义及符号 ·· 8
　2.2　连通度及相关定义 ·· 9
　2.3　故障诊断模型 ··· 11
　　2.3.1　PMC 模型 ·· 11
　　2.3.2　MM 模型 ··· 12
第 3 章　网络可诊断的充要条件 ··································· 15
第 4 章　网络的连通度和自然诊断度 ······························ 23
　4.1　扩展 k 元 n 立方体的连通度和自然诊断度 ··············· 23
　　4.1.1　预备知识 ··· 23
　　4.1.2　扩展 k 元 n 立方体的连通度 ······················ 28
　　4.1.3　扩展 k 元 n 立方体在 PMC 模型下的自然诊断度 ········ 40
　　4.1.4　扩展 k 元 n 立方体在 MM* 模型下的自然诊断度 ········ 41
　4.2　巢图的连通度和自然诊断度 ·································· 44
　　4.2.1　预备知识 ··· 44
　　4.2.2　巢图的连通度 ··· 46
　　4.2.3　巢图在 PMC 模型下的自然诊断度 ······················ 54
　　4.2.4　巢图在 MM* 模型下的自然诊断度 ······················ 56
　4.3　泡型星图的连通度和自然诊断度 ······························ 58

　　　　4.3.1　预备知识 ·· 58

　　　　4.3.2　泡型星图的连通度 ································· 60

　　　　4.3.3　泡型星图在 PMC 模型下的自然诊断度 ········· 60

　　　　4.3.4　泡型星图在 MM* 模型下的自然诊断度 ········· 61

　　4.4　轮图的连通度和自然诊断度 ························· 65

　　　　4.4.1　预备知识 ·· 65

　　　　4.4.2　轮图的自然连通度 ································· 67

　　　　4.4.3　轮图在 PMC 模型下的自然诊断度 ·············· 72

　　　　4.4.4　轮图在 MM* 模型下的自然诊断度 ·············· 73

　　4.5　对换树生成的凯莱图的自然诊断度 ·················· 75

　　　　4.5.1　对换树生成的凯莱图的连通性 ·················· 75

　　　　4.5.2　对换树生成的凯莱图在 PMC 模型下的自然诊断度 ········· 80

　　　　4.5.3　对换树生成的凯莱图在 MM* 模型下的自然诊断度 ········· 81

　　4.6　一些说明 ··· 84

第 5 章　网络的高阶好邻诊断度 ································ 85

　　5.1　超立方体的 g 好邻诊断度 ······························ 85

　　5.2　局部扭立方的 g 好邻诊断度 ··························· 89

　　　　5.2.1　预备知识 ·· 89

　　　　5.2.2　局部扭立方在 PMC 模型下的 g 好邻诊断度 ········· 90

　　　　5.2.3　局部扭立方在 MM* 模型下的 g 好邻诊断度 ········· 92

　　5.3　泡型图的 g 好邻诊断度 ································ 95

　　　　5.3.1　预备知识 ·· 95

　　　　5.3.2　泡型图在 PMC 模型下的 g 好邻诊断度 ········· 97

　　　　5.3.3　泡型图在 MM* 模型下的 g 好邻诊断度 ········· 104

　　　　5.3.4　本节小结 ·· 110

　　5.4　星图的 g 好邻诊断度 ·································· 111

　　　　5.4.1　预备知识 ·· 111

　　　　5.4.2　星图在 PMC 模型下的 g 好邻诊断度 ········· 113

　　　　5.4.3　星图在 MM* 模型下的 g 好邻诊断度 ········· 116

　　　　5.4.4　本节小结 ·· 121

　　5.5　一些说明 ··· 121

第 6 章　网络的高阶限制连通度 ································ 122

　　6.1　超彼得森图的 g 限制连通度 ··························· 122

　　6.2　局部扭立方的 g 限制连通度 ··························· 131

6.3　交叉立方的 g 限制连通度 ··· 133

6.4　交错群图的紧超 3 限制连通度 ··· 137

6.5　一些说明 ·· 162

参考文献 ··· 163

第 1 章 绪 论

1.1 研究背景和意义

高性能计算 (high performance computing, HPC) 作为计算机科学的一个分支, 主要是指从软件开发、并行算法和体系结构等方面研究开发高性能计算系统的技术. 经历了百年的发展, 它与实验科学、理论科学一起成为推动社会和科技发展的动力, 已被视为当今第一生产力和第三大科学方法. 通常它和并行计算、超级计算同义. 作为信息领域的前沿高技术, 高性能计算已然成为衡量一个国家的综合国力和科技发展水平的重要标志. 在一些新兴的学科, 如核研究、生物技术、航空航天及新材料技术等, 高性能计算已成为科学研究的必备工具之一. 另外, 随着高性能计算性能的提高、成本的降低, 高性能计算也逐渐开始走向更广泛的行业应用, 如石油勘探、机械设计、天气和灾害预报、生物制药、金融分析、决策支持系统等大数据处理方面以及政府机构、教育、搜索引擎、信息中心等网格计算和协同工作等. 它在各领域的应用发挥了巨大的应用价值. 这不仅节约了研发成本, 还减少了大量时间消耗, 提高了研发进度和效率. 高性能计算已然成为科学研究和科技创新的主要工具, 能够取得只依靠理论研究和实验方法而得不到的科学发现和技术创新.

TOP500 排行榜通常被认为是世界上评估高性能计算发展现状的指标. 在国家对高性能计算的大力支持下, 我国的高性能计算技术呈现快速发展的良好势头. 2017 年, 中国拥有的超高性能计算机数量居全球首位, 并且仍在保持. 在 2019 年国内高性能计算机 TOP100 排行榜中, 无锡国家超级计算中心的神威·太湖之光蝉联第一, 其每秒峰值速度达 9.3 亿亿次[1]. 同时, 它也是世界 TOP500 超级计算机中的第三名, 此前曾蝉联过四次 TOP500 冠军. 在国内, 六个国家超级计算中心 (无锡中心、天津中心、济南中心、深圳中心、长沙中心、广州中心) 及一些地方、高校、科研院所的高性能计算中心纷纷建成并投入使用. 如今, 它们已经成为我国科学研究、信息处理、技术开发和大数据处理的关键计算平台并在渗入社会各领域中发挥着巨大的作用.

随着高性能计算的应用领域和规模进一步拓宽增大, 各领域对高性能计算的依赖程度越来越高. 进而, 一些关系到国计民生安全等重要领域都对高性能计算的可靠性提出了特殊要求. 如果系统不能稳定可靠地工作, 那么将会造成巨大的损失, 甚至导致不可估计的灾难性后果. 例如: 12306 火车售票网络、天气预报系

统、机械设计系统、金融分析系统、银行出纳系统、航空航天的设计系统、卫星
发射太空计划等. 若运行它们的系统出现故障, 其造成的损失与产生的后果是非
常巨大和可怕的. 由此可见, 系统发生故障是客观的和不可避免的, 绝对无故障的
系统是不存在的. 但是人们期望系统在部分处理器或链路发生故障时, 仍然可以
正常或基本正常地工作不至于产生严重的后果. 故而, 在设计高性能计算系统时,
除了高速度和高性能外, 高可靠性应放在设计的首位.

　　由于处理器制造工艺和时钟频率等关键技术的进步变慢, 处理器的性能和频
率等性能提升幅度也越来越小且摩尔定律也渐近极限. 因此, 大规模多处理器互
连组网是提升高性能计算能力的发展趋势之一. 当前主流的高性能计算系统多是
采用 Cluster (集群) 和 MMP (大规模并行处理), 将多个处理器按专门的互连
网络组织在一起实现节点间的通信. 特别是在超大规模集成技术的驱动下, 系统
可以集成成千上万个处理器, 它们之间依靠互连网络实现通信. 系统中处理器规
模的扩大势必造成它们之间通信开销的增大, 成为制约系统总体性能的主要因素.
研究表明高性能计算不仅依赖于处理器的浮点运算速度 (理论峰值), 还依赖于数
据在系统中的存取和传输速度等 [1]. 故而, 高性能计算系统的性能取决于其互连
网络性能.

　　随着系统中处理器数量不断扩大, 系统内部的结构也越来越复杂. 这使得处
理器出现故障的概率也随之增加, 从而导致系统在信息处理、存储及传递过程中
出现错误的可能性增大. 在高性能计算系统中处理器发生故障的概率占整个系统
组件故障概率的 50% 以上[2]. 为了保证系统的可靠性, 系统就必须要有一定的容
错性. Esfahanian 称系统为容错的[3], 如果在超大规模多处理器系统发生故障时仍
具备功能. 系统的容错性研究成为系统可靠性的研究热点.

　　同时, 为了保证系统的可靠性, 系统在发生故障时要能够及时识别出故障处
理器并用非故障处理器来替换. 系统的故障诊断是目前能够保证系统可靠性的一
类有效的诊断方式, 它的目标是按照一定的规则识别出系统中的故障处理器. 系
统是 t 可诊断的, 如果系统中故障处理器数目不超过 t 且不经替换可一次识别出
来. 系统的故障诊断研究成为系统可靠性的另一研究热点.

　　系统互连网络的可靠性研究通常也称网络的容错性研究. 因此, 互连网络的
容错性成为评价系统可靠性的关键指标之一. 注意到互连网络的拓扑结构可以用
一个图来刻画, 其点集和边集分别由节点和节点间连线构成. 进而, 互连网络的
容错性研究也就转化成对图的容错性研究. 连通度和诊断度通常被用来衡量互连
网络的可靠性和故障诊断能力. 经过国内外学者多年的研究, 采用图论的方法研
究互连网络的容错性已经取得了丰硕的成果, 并取得了一系列有价值的研究成果,
尤其是在诊断度方面, 许多类型互连网络的诊断度得到了研究证明.

　　由于本书的主要工作集中在对互连网络系统可靠性和故障诊断的研究, 研究

的思路: 一是分析并选取具有高容错性的互连网络, 以保证系统发生一定的故障而性能不降低; 二是给定互连网络研究它的故障诊断度, 以便发生故障后能够及时诊断出从而保证系统的可靠性.

1.2 互连网络的概述及容错

互连网络 (interconnection network) 通常是若干处理器按照一定的拓扑结构, 通过元器件以一定的控制方式实现处理器间相互连接和数据传输的网络. 在一个互连网络中, 每个处理器有本地内存和资源, 通过通信链路与其相邻处理器连接. 其对于保证各处理器无等待计算起着极为重要的作用. 从某种意义上说, 高性能计算系统性能的关键取决于该系统各处理器间数据传输的能力而不是处理器的性能. 因此, 互连网络是高性能计算系统性能的重要组成部分, 它对系统的运行有着极大的影响[4]. 而互连网络的可靠性是衡量一个互连网络性能优劣的重要参数. 如何选择或设计一个可靠的互连网络拓扑结构, 已成为学者们研究的热点.

1.2.1 设计规则及方法

高性能计算系统的互连网络设计通常要遵循两大基本原则, 即高性能和低成本. 但其性能和成本受众多因素影响, 在实际设计时, 二者也通常需要找到一个平衡点. 单从其拓扑结构上来说应遵循以下基本原则[5,6]:

(1) 固定或小的度. 受限于处理器单元的端口数目, 节点的度应该较小或固定. 同时, 较小的节点度意味着布线简单, 从而使得成本降低.

(2) 高对称性. 节点以相同的连接方式接入网络, 使得网络中各元器件负载保持平衡.

(3) 低延迟性. 互连网络的直径应较短且平均距离也应较小. 这不仅会使得节点间通信延迟减小, 也能降低建造和维护费用, 同时提高互连网络的有效性.

(4) 简易的路由算法. 互连网络的通信开销增大, 使得通信必须要经过路由选择. 路由算法的优劣决定着互连网络的效率和性能.

(5) 高容错性. 互连网络中任意两点之间存在多条内点不交的路径. 一旦某些元器件发生故障, 系统可以有多种路由选择从而保证正常的通信及运行.

(6) 可扩展性. 在原有基础上扩大网络规模, 同时保持原有互连网络的性质不变. 可扩展性有利于系统的升级扩大, 是衡量网络好坏的一个重要因素.

(7) 可嵌入性. 新的互连网络应能包含已有的简单网络. 这样有利于移植和嵌入针对简单网络的结构和性质以及相关的算法, 进而降低开发的软成本.

(8) 有效的布图算法. 它能够解决大规模集成电路板线路的交叉问题, 使得互连网络能在多个或一个平面图内简易实现.

为了设计出高性能低成本的互连网络, 常用的拓扑结构设计方法有线图法、笛卡尔乘积法和凯莱法这三种[7].

(1) 线图法是从一个现有的图获得另一个与之相关图的重要构图方法, 也是互连网络设计的一个重要方法. 其思想实际上就是点边互换. De Bruijn 图和 Kautz 图是两大类著名的线图. 它们被认为是未来实现并行计算替代超立方体的一类互连网络.

(2) 笛卡尔乘积法是从若干特定的小网络构造大网络的最有效的方法之一. 由这种方法构造出来的新网络不仅包含了其原有的小网络作为它的子网络, 也保留了小网络原有的性质. 因而, 它也成为大规模互连网络设计的一个重要的方法. 超立方体就是通过该方法构造得到的一类著名的网络. 超立方体作为高性能计算系统互连网络的首选拓扑结构, 具有正则性、对称性、点可迁性及递归性等许多优良的网络特性, 然而它的直径却较大. 为了弥补它的不足, 通过对超立方体进行不同的变型又派生出了许多的变型互连网络.

(3) 凯莱法是构造高对称性网络的一种设计方法. 由于该方法基于有限群, 也因此称其为群论法或代数法. 由该方法构造的图称为凯莱图且都是点可迁的. 故而该类型的网络中任何一个节点对于网络都是等同的, 即使某个节点出现故障也不影响其余网络的结构性能. 因此, 该方法构造的网络非常有利于算法的设计和模拟. 凯莱图有很多, 如泡型图、星图和交错群图等. 因为凯莱图都具有高对称性, 所以它们也被认为是下一代高性能计算互连网络替代超立方体的选项.

1.2.2 常见的类型

按拓扑结构的不同, 互连网络可以分为静态和动态互连网络. 在动态互连网络中, 节点间通过交换元件的设置建立不同的网络连接. 这种连接方式是按需建立的, 也被称为间接互连网络. 然而随着网络节点数目的增多, 交换开关反而会成为系统的通信瓶颈. 在静态互连网络中, 节点间有固定的直接连线, 也被称为直接互连网络. 因此, 常采用图论模型来描述互连网络的性能并用图的某些参数来衡量. 在多处理器系统中, 互连网络的拓扑结构可以用图来表示, 其中顶点表示处理器 (节点), 边表示处理器间的通信链路 (节点间的连线).

在互连网络研究初始阶段, 常见的互连网络拓扑结构有线阵网 (linear array)、总线 (bus)、环网 (torus)、树网 (tree)、星型网 (star)、网格 (mesh)、立方连接环 (CCC)、全互连网等. 全互连网 (完全图) 虽是具有最高效率的网络拓扑结构, 但建设成本也受元器件引脚的限制. 而随着系统规模的变大, 系统对互连网络的要求也越来越高. 许多学者对互连网络的拓扑结构展开了研究, 各种高性能互连网络也相继被提出. 于是, 超立方体 (hypercube)[8]、交叉立方体 (crossed cube)[9]、默比乌斯立方体 (Möbius cube)[10]、平衡立方体 (balanced hypercube)[11]、折叠立

方体 (folded cube)[12]、扭立方体 (twisted cube)[13]、局部扭立方体 (locally twisted cube)[14]、交换超立方体 (exchanged hypercube)[15]、交换交叉立方体 (exchanged crossed cube)[16]、k 元 n 立方体 (k-ary n-cube)[17] 及扩展 k 元 n 立方体 (augmented k-ary n-cube)[18] 等互连网络的图形相继被提出来研究. 每一种网络设计都适合于特定的应用环境. 其中一些已应用到实际的计算机系统中, 如超立方体应用在 NCube[19]、Intel iPSC/2[20]、IPSC-860、CM-2[21] 等高性能计算机系统; k 元 n 立方体应用在 iWarp[22]、J-machine[23]、Cray T3D[24]、Cray T3E[25]、IBM Blue Gene[26] 等高性能计算机系统.

1.2.3 容错概述

互连网络拓扑性能可以用图的一些参数和性质来描述和度量. 互连网络的可靠性也称为容错性. 容错性是衡量互连网络性能的重要指标, 对应于图来说也就是图要有较大的连通度. 连通度越大, 网络的可靠性就越高. 注意到在系统实际运行中, 高度集成的处理器出现故障的概率远大于链路出现故障的概率. 因此, 本书所研究的连通度均指点连通度. 然而, 传统的连通度用来衡量互连网络的容错性有着明显的缺陷. 第一, 传统连通度首先允许一个点的邻点存在同时发生故障的可能. 然而, 由于现代工艺的发展, 系统组件的某些子集没有这种潜在的故障. 第二, 传统连通度不能体现图按不同方式移除割集后所产生不同分支类型的情况. 这意味着, 它不能准确地反映由于处理器发生故障而对系统造成故障的严重性. 第三, 传统连通度相同的两个图的可靠性可能也不同, 因为它们最小割出现故障的概率也不尽相同[27]. 特别地, 诸如直径、对称性、嵌入性和泛圈性等性质可能也存在较大差异. 因此, 在研究图的容错参数时若不考虑系统自身的实际情况, 那么传统的连通度便会过于悲观地低估互连网络的可靠性.

鉴于此, Harary 在 1983 年首先提出了条件连通度的概念[28]. 条件连通度要求图移除割集后的所有分支均满足给定的一些条件. 由于系统底层的拓扑、应用程序的环境和故障分析的模式等不尽相同, 对不同的系统给定的条件也不尽相同. 受条件连通度启发, 通过对分支加以限制衍生出许多不同条件的连通度, 诸如限制连通度[3,29]、超连通度[30,31]、g 好邻连通度 (也称 R^g 连通度[32,33]) 以及 g 限制连通度[34,35] 等. 这些连通度的定义分别通过对割集添加限定条件进而使得分支满足特定的条件. 尤其是, g 好邻连通度, 作为一种特殊的条件连通度, 较其他连通度能更好地度量系统的容错性.

1.3 故障诊断概述

随着超大规模集成电路和现代通信技术的快速发展, 高性能计算系统包含越来越多的处理器. 这使得系统出现故障处理器的概率增大. 若处理器发生故障, 系统通信、计算等性能将延缓降低, 甚至崩溃. 因此, 识别出系统中的故障处理器对于保证系统的可靠性是至关重要的.

为了保证系统的可靠性, 系统在发生故障时要能够识别出故障处理器并用非故障处理器来替换. 系统的故障诊断就是按照一定的规则识别出故障处理器的过程. 它可以分为电路级故障诊断和系统级故障诊断. 电路级故障诊断是指通过人工对系统中的处理器一个接一个地进行测试. 在大规模多处理器系统中, 这通常会增加诊断过程的复杂性及诊断结果的不确定性. 系统级故障诊断, 即系统自我诊断, 是指系统本身能够按照一定的规则自动完成故障处理器的诊断. 该方法由 Preparata, Metze 和 Chien 在 1967 年首次提出, 称为 PMC 模型[36], 其基本思想是: 让系统中的处理器互相测试, 通过对测试结果进行逻辑分析与判断从而确定故障的处理器. 这种方法不需要使用系统外的测试设备就可以实现系统的自我诊断. 它不仅能够有效减少人力、物力和财力的投入, 也能够提高故障诊断的效率和精度. 因此, 系统级故障诊断成为当前故障诊断的一个主要研究方向. 在无特殊说明的情况下, 故障诊断通常指系统级故障诊断. 除了 PMC 模型外, 许多故障诊断模型被提出, 诸如 Chwa 和 Hakimi 模型[37]、比较模型 (又称 MM 模型)[38,39]、Barsi, Grandoni 和 Maestrini 模型 (简称 BGM 模型)[40] 等. 目前, PMC 模型和 MM 模型是最常用的两种故障诊断模型. 本书也就基于这两种模型研究互连网络的诊断度.

故障诊断的最终目的是通过设计高效可行的诊断算法识别系统中的故障处理器, 但前提是需要系统的各种诊断参数. 一个系统被称为是 t-可诊断的[36], 如果系统中故障处理器数目不超过 t 且不经替换一次识别出来. 系统 G 的诊断度 (也称传统诊断度), 记作 $t(G)$, 是使得 G 是 t-可诊断的 t 的最大值. 在文献 [41] 中, Dahbura 和 Masson 已经给出了一个时间复杂度为 $O(n^{2.5})$ 的算法, 它可以有效地识别故障处理器.

诊断度不仅是系统故障诊断能力的体现, 也是度量系统可靠性的经典参数和重要指标. 然而, 传统诊断度没有任何限制条件, 总是假设任一处理器的所有与之相邻的处理器都可同时发生故障. 这意味着它的上界受限于系统的最小度. 在现代大规模多处理器系统中, 这种情形发生的概率极小. 因此, 传统诊断度极大低估了系统的故障诊断能力. 鉴于这一不足, 有必要对系统中处理器的情形加以限制. 于是, 根据系统不同的应用场景和诊断策略, 多种具有限制条件的诊断度被提出.

2005 年, Lai 等提出了条件诊断度[42], 记作 $t_c(G)$, 它限制系统中故障点及非故障点都必须有一个非故障邻点. 2012 年, Peng 等提出了 g 好邻诊断度 (g 好邻条件诊断度)[43], 记作 $t_g(G)$, 它仅限制系统中的每个非故障点至少有 g 个非故障邻点. 2016 年, Zhang 等提出了 g 限制诊断度[44], 记作 $\tilde{t}_g(G)$, 它要求每个非故障分支至少包含 $(g+1)$ 个非故障点. 其他的诊断概念还有 t/s-可诊断[45]、t/k-可诊断[46] 及局部 t-可诊断[47] 等.

　　无论何种条件诊断度, 只有限制条件符合系统实际的应用环境和诊断策略才能更为精确地度量系统的诊断能力. 现代高性能计算机系统还在被广泛地使用. 在 g 较小时, 相对于条件诊断度和 g 限制诊断度而言, g 好邻诊断度的限制条件既宽泛灵活, 同时又表现出更强的适应性. g 较大时, g 好邻诊断度较传统诊断度和 g 限制诊断度有着更强的诊断能力. 尤其是, g 达到上界值时的 g 好邻诊断度. 故而, g 好邻诊断度不仅符合系统诊断的实际, 也较其他条件诊断度具有更强的诊断能力. 结合已有的诊断算法, 工程师们能够将其快速地应用到系统的故障诊断中进而保持系统的高可靠性. 因此, 也对它的研究具有非常重要的实际应用价值.

第 2 章　基础知识

2.1　图的基本定义及符号

本书所研究的图均是有限无向简单图. 图 G 是一个有序的三元组 $G(V(G),$ $E(G), \psi_G)$, 简记 $G(V(G), E(G))$, 其中 $V(G)$, $E(G)$ 和 ψ_G 分别表示图的顶点集、边集和关联函数. 下面介绍本书中用到的一些基本概念和记号. 书中其他未定义而直接使用的一些符号和术语参考文献 [48].

定义 2.1.1　如果图 G 中既没有环也没有重边, 那么称 G 是简单图.

定义 2.1.2　图 G 的顶点集 $V(G)$ 和边集 $E(G)$ 所包含点的个数及边的个数, 分别记作 $|V(G)|$ 和 $|E(G)|$. G 的顶点数 $n = |V(G)|$ 也称图的阶.

定义 2.1.3　如果边 $e = uv \in E(G)$, 那么称 u 和 v 相邻并称 e 与 u (或 v) 相关联.

定义 2.1.4　图 G 中顶点 v 的度是 v 在 G 中关联的边的数目, 记作 $d_G(v)$. 度为 0 的点称为孤立点. 用 $\delta(G) = \min\{d_G(v) : v \in V(G)\}$ 表示图 G 顶点的最小度.

定义 2.1.5　对于任意顶点 $v \in V(G)$, 在 G 中与 v 相邻的所有顶点组成的集合称为 v 的邻集, 记作 $N_G(v)$.

定义 2.1.6　若 S 为图 G 的非空顶点子集, 则 S 的邻集为

$$N_G(S) = \bigcup_{v \in S} N_G(v) \setminus S.$$

定义 2.1.7　若图 G 中 $\forall v \in V(G)$ 有 $d_G(v) = k$, 则称 G 是 k-正则的.

在无歧义的情形下, 通常可将 $V(G)$, $E(G)$, $N_G(v)$, $N_G(S)$, $d_G(v)$ 等分别简记为 V, E, $N(v)$, $N(S)$, $d(v)$ 等.

定义 2.1.8　若 n 阶图 G 中任一对顶点都相邻, 则称 G 是完全图, 记作 K_n.

定义 2.1.9　若图 G 的顶点集 $V(G)$ 可以分解为两个非空子集 X 和 Y, 使得每条边的端点分别在 X 和 Y 中, 则称图 G 是二分图 (偶图), 并且称 (X, Y) 为 G 的一个二分类. 特别地, 具有二分类 (X, Y) 的二分图 G 称为完全二分图 (完全偶图), 如果 X 中的每一个顶点都与 Y 中的每一个顶点相邻. 若 $|X| = m, |Y| = n$, 则可记作 $K_{m,n}$.

定义 2.1.10　在图 G 中设 V' 是 $V(G)$ 的一个非空真子集, 以 V' 为顶点集并且 G 中两端点均在 V' 中的边的全体为边集所组成的子图, 称为 G 的由 V' 导出的

子图, 记作 $G[V']$. 导出子图 $G[V \setminus V']$, 记为 $G - V'$, 是指从 G 中删去 V' 中的顶点以及与其关联的边所得到的子图. 如果 $V' = \{u\}$, 则把 $G - \{u\}$ 简记为 $G - u$.

定义 2.1.11 如果图 G 中两顶点 u 和 v 间存在一条路 (u, v), 则称 u 和 v 是连通的.

定义 2.1.12 如果将 $V(G)$ 分成非空子集 $V_1, V_2, \cdots, V_\omega$, 使得两顶点 u 和 v 是连通的当且仅当属于同一个子集 V_i, 则子图 $G[V_1], G[V_2], \cdots, G[V_\omega]$ 称为图 G 的分支.

定义 2.1.13 称图 G 的一个分支是奇的, 如果该分支有奇数个顶点. 用 $o(G)$ 表示图 G 中奇分支的个数.

定义 2.1.14 令 $v_0, v_1, \cdots, v_k$ 为图 G 中不同的顶点. 称 $P = v_0 v_1 \cdots v_k$ 是 G 的一条路, 其中仅 $v_i, v_{i+1}(i \in \{0, 1, \cdots, k-1\})$ 相邻. 若将路 P 的起点和终点相连, 则称 $C = v_0 v_1 \cdots v_k v_0$ 是 G 的一个圈. 为了方便描述, 通常把从起点 v_0 到终点 v_k 的路记作 (v_0, v_k) 路. 路 (或圈) 经过的点称为内部点, 所经过边的条数称为该条路 (或圈) 的长. 长为 k 的路 (或圈) 称为 k-路 (或 k-圈). 由于研究的图为简单图, 故最小的圈为 3-圈. 仅包含一个圈的连通图称为单圈图.

定义 2.1.15 图 G 中最短的圈的长称为围长, 记为 $g(G)$.

定义 2.1.16 两个不同的图 G 和 H 称为同构的, 记作 $G \cong H$, 如果存在双射 $\theta: V(G) \to V(H)$ 和 $\phi: E(G) \to E(H)$, 使得 $\psi_G(e) = uv$ 当且仅当 $\psi_H(\phi(e)) = \theta(u)\theta(v)$.

定义 2.1.17 图 G 的自同构是指 G 到其自身的一个同构. 对于简单图 G 来说, 它的一个自同构可以认为是在 V 上保持相邻性的一个置换, 这种置换的集在通常的合成运算下构成一个群 $\Gamma(G)$, 称其为 G 的自同构群.

定义 2.1.18 图 G 称为点可迁的, 若对任意两点 u 和 v, 存在 $\Gamma(G)$ 中的一个元素 γ 使得 $\gamma(u) = v$.

定义 2.1.19 令 Γ 是一个有限群, S 是 Γ 不含单位元的生成集. 有向凯莱图 $Cay(\Gamma, S)$ 的定义: 它的顶点集是 Γ, 弧集是 $\{(g, g \cdot s) : g \in \Gamma, s \in S\}$. 如果 $\forall s \in S$ 有 $s^{-1} \in S$, 那么 $Cay(\Gamma, S)$ 的每一对顶点之间都有一对不同方向的平行弧. 若在 $Cay(\Gamma, S)$ 中用一条边替换不同方向的平行弧, 则可得到一个无向凯莱图, 简称凯莱图. 本书所研究的凯莱图均为无向凯莱图.

定义 2.1.20 令 G 是一个图, F_1 和 F_2 是 $V(G)$ 中两个不同的子集. 它们的对称差可表示为 $F_1 \triangle F_2 = (F_1 \setminus F_2) \cup (F_2 \setminus F_1)$.

2.2 连通度及相关定义

本节给出了连通度的一些相关的概念及一些相关的结果.

Oh 和 Choi 及 Latifi 等又分别将限制连通度推广到了 R^g 连通度[32,33]. Fàbrega 和 Fiol 在 1996 年提出了 g 限制连通度[35].

定义 2.2.1　图 G 中若任意两点 u 和 v 间存在一条路, 则称 G 是连通图, 反之称 G 是非连通图.

定义 2.2.2　如果图 G 只有一个顶点, 那么称 G 是平凡图.

定义 2.2.3　若非空子集 $F \subseteq V(G)$ 使得 $G - F$ 不连通或者为平凡图, 则称 F 为 G 的顶点割. 具有 k 个顶点的割称为 k 顶点割. 若 G 中至少有一对相异的不相邻顶点, 则 G 中所有 k 顶点割中最小的 k 称为 G 的连通度, 记为 $\kappa(G)$. 若 G 是一个完全图, 则 $\kappa(G) = |V(G)| - 1$.

若一个非连通图的某个分支只有一个顶点, 则该分支是一个平凡图, 也即 K_1. 为方便描述一个非连通图 $G - F$ 各分支的情况, 书中将只有一个顶点的分支简称为孤立点. 同理, 将具有两个顶点的分支记为 K_2.

定义 2.2.4　令 g 为非负整数. 设 $G = (V, E)$ 是一个连通图. 对于一个集 $F \subseteq V$, 如果 $|N(v) \cap (V \backslash F)| \geqslant g$ 对于 $V \backslash F$ 的每一个点 v, 则集 F 称为一个 g 好邻集. 对于 G 的一个 g 好邻集 F, 如果 $G - F$ 是不连通的, 则称 F 为 G 的一个 g 好邻割. 如果 G 有一个 g 好邻割, 则称 G 为 g 好邻连通的. 对于一个 g 好邻连通图 G, G 的 g 好邻连通度是 G 的最小 g 好邻割的基数, 用 $\kappa^{(g)}(G)$ 表示.

由定义 2.2.4, 如果 $g \leqslant g'$, 那么 $\kappa^{(g)}(G) \leqslant \kappa^{(g')}(G)$. 如果 G 不是一个完全图, 那么 $\kappa(G) = \kappa^{(0)}(G)$.

定义 2.2.5　令 g 为非负整数. 设 $G = (V, E)$ 是一个连通图. 对于一个集 $F \subseteq V$, 如果 $G - F$ 的每个分支至少有 $g + 1$ 个顶点, 则集 F 称为一个 g 限制集. 对于 G 的一个 g 限制集 F, 如果 $G - F$ 是不连通的, 则称 F 为 G 的一个 g 限制割. 如果 G 有一个 g 限制割, 则称 G 为 g 限制连通的. 对于一个 g 限制连通图 G, G 的 g 限制连通度是 G 的最小 g 限制割的基数, 用 $\tilde{\kappa}^{(g)}(G)$ 表示. 此外, 如果 $G - F$ 确有 2 个分支, 则称 G 是 $|S|$ 两超 g 限制连通的.

由定义 2.2.5, 如果 $g \leqslant g'$, 那么 $\tilde{\kappa}^{(g)}(G) \leqslant \tilde{\kappa}^{(g')}(G)$. 如果 G 不是一个完全图, 那么 $\kappa(G) = \tilde{\kappa}^{(0)}(G)$.

由文献 [49], 有下面的定理.

定理 2.2.1[49]　对于一个系统 G, $\tilde{\kappa}^{(g)}(G) \leqslant \kappa^{(g)}(G)$. 特别地, $\tilde{\kappa}^{(1)}(G) = \kappa^{(1)}(G)$.

由于在一个互连网络中, 一个处理器相连的所有处理器同时出现故障的可能性很小, 所以 $\tilde{\kappa}^{(1)}(G)$ 和 $\kappa^{(1)}(G)$ 称为自然连通度.

定义 2.2.6[3]　令非空集 $F \subseteq V(G)$. 若对 $\forall v \in V(G)$ 满足 $N_G(v) \not\subseteq F$, 则称 F 为 G 的一个条件集. 对于 G 的一个条件集 F, 若 $G - F$ 不连通, 则称 F 为 G 的一个条件割. 如果 G 有一个条件割, 则称 G 为条件连通的. 对于一个条

件连通图 G, 图 G 的条件连通度 $\kappa_c(G)$ 是指 G 的所有条件割中的最小基数.

由定义 2.2.6, $\tilde{\kappa}^{(1)}(G) = \kappa^{(1)}(G) \leqslant \kappa_c(G)$.

2.3 故障诊断模型

对于多重处理器系统, 一些处理器可能在系统中失效. 处理器故障的识别在可靠计算中起重要作用, 而识别的过程称为系统诊断. 几种识别故障处理器的诊断模型被提出来. 下面介绍两种.

2.3.1 PMC 模型

PMC 模型是由 Preparata, Metze 和 Chien 提出的诊断模型[36]. 系统的诊断是通过两个相互连接的处理器来实现的. 诊断系统 G 中的两个相邻节点能够执行相互测试. 对于 G 中两个相邻的节点 u 和 v, 执行 u 测试 v 是由有序对 (u,v) 表示的. 如果 u 测试 v 评估为故障 (无故障), 则测试 (u,v) 的结果为 1 (0). 在 PMC 模型中, 我们通常假设测试结果是可靠的 (不可靠的), 如果节点 u 是无故障的 (故障的). 系统 G 的测试作业 T 是一个集合对每对相邻顶点的测试. 它被建模为有向测试图 $T = (V(G), L)$, 其中 $(u,v) \in L$ 暗示 u 和 v 在 G 中相邻. 测试作业的所有测试结果的集合 T 被称为诊断子. 形式上, 诊断子是一个函数 $\sigma : L \mapsto \{0,1\}$. 系统中的所有故障处理器的集合称为故障集. 这可以是 $V(G)$ 的任何子集. 对于给定的诊断子 σ, 顶点子集 $F \subseteq V(G)$ 与 σ 是一致的, 如果诊断子 σ 可根据下面的情况产生, 对于 $(u,v) \in L$ 使得 $u \in V \setminus F$, $\sigma(u,v) = 1$ 当且仅当 $v \in F$. 这意味着 F 可能是一个故障处理器集合. 由于故障处理器产生的测试结果是不可靠的, 给定的一组故障顶点可能会产生很多不同的诊断子. 另一方面, 不同故障集可能会产生相同的诊断子. 让 $\sigma(F)$ 表示与 F 相一致的所有诊断子的集合. 在 PMC 模型中, $V(G)$ 中的两个不同的集合 F_1 和 F_2 是可区分的如果 $\sigma(F_1) \cap \sigma(F_2) = \varnothing$. 否则, F_1 和 F_2 是不可区分的. 另外, 我们说 (F_1, F_2) 是可区分对如果 $\sigma(F_1) \cap \sigma(F_2) = \varnothing$; 否则, (F_1, F_2) 是不可区分对 (参见表 2.1 和图 2.1).

表 2.1 PMC 故障诊断模型

测试点 u	被测试点 v	测试结果 $\sigma(u,v)$	可信
无故障	无故障	0	是
无故障	故障	1	是
故障	无故障	0 或 1	否
故障	故障	0 或 1	否

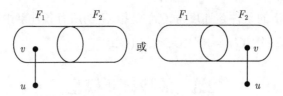

图 2.1   PMC 模型下可区分对 (F_1, F_2)

定义 2.3.1   一个系统 $G = (V, E)$ 在 PMC 模型下是 g 好邻 t 可诊断的当且仅当对于 V 的每对不同的 g 好邻子集 F_1 ($|F_1| \leqslant t$) 和 F_2 ($|F_2| \leqslant t$) 使得 (F_1, F_2) 是可区分对. G 的 g 好邻诊断度 $t_g^{PMC}(G)$ 是对于 G 在 PMC 模型下 g 好邻 t 可诊断的 t 的最大值. 特别地, $t_0^{PMC}(G) = t^{PMC}(G)$ 称为 G 在 PMC 模型下的诊断度.

在文献 [43] 中, Peng 等首先给出了如下定理.

定理 2.3.1[43]   一个系统 G 在 PMC 模型下有 $t_g^{PMC}(G) < t_{g'}^{PMC}(G), g < g'$.

定义 2.3.2   一个系统 $G = (V, E)$ 在 PMC 模型下是 g 限制 t 可诊断的当且仅当对于 V 的每对不同的 g 限制子集 F_1 ($|F_1| \leqslant t$) 和 F_2 ($|F_2| \leqslant t$) 使得 (F_1, F_2) 是可区分对. G 的 g 限制诊断度 $\tilde{t}_g^{PMC}(G)$ 是对于 G 在 PMC 模型下 g 限制 t 可诊断的 t 的最大值. 特别地, $\tilde{t}_0^{PMC}(G) = t^{PMC}(G)$ 称为 G 在 PMC 模型下的诊断度.

在文献 [50] 中, Wang 等给出了如下定理.

定理 2.3.2[50]   一个系统 G 在 PMC 模型下有 $\tilde{t}_g^{PMC}(G) \leqslant \tilde{t}_{g'}^{PMC}(G)$ $(g \leqslant g')$.

定理 2.3.3[50]   一个系统 G 在 PMC 模型下有 $\tilde{t}_g^{PMC}(G) \leqslant t_g^{PMC}(G)$.

定理 2.3.4[50]   一个系统 G 在 PMC 模型下有 $\tilde{t}_1^{PMC}(G) = t_1^{PMC}(G)$.

特别地, $t_1^{PMC}(G)$ 和 $\tilde{t}_1^{PMC}(G)$ 称为 G 在 PMC 模型下的自然诊断度.

定义 2.3.3[42]   令 t 为一个正整数. 在 PMC 模型下, 称系统 G 是条件 t 可诊断的当且仅当对于任意一对不同的条件集 $F_1, F_2 \subset V(G)$ ($|F_1|, |F_2| \leqslant t$) 是可区分的. 另外, G 是条件 t 可诊断的, t 的最大值称为 G 在 PMC 模型下的条件诊断度, 记为 $t_c^{PMC}(G)$.

由文献 [50–52], 我们有下面的定理.

定理 2.3.5[50–52]   对于一个系统 $G = (V, E)$, $t^{PMC}(G) = t_0^{PMC}(G) \leqslant \tilde{t}_1^{PMC}(G) = t_1^{PMC}(G) \leqslant t_c^{PMC}(G)$.

2.3.2 MM 模型

MM 模型即比较诊断模型, 是由 Maeng 和 Malek[39] 提出的. 在 MM 模型中, 处理器将相同的任务发送给一对不同的邻居, 然后比较它们的响应以诊断系

统 $G = (V(G), E(G))$. G 的比较方案被建模为多重图, 由 $M = (V(G), L)$ 表示, 其中 L 是标记边集. 一条标号边 $(u, v)_w \in L$ 表示比较, 其中两个顶点 u 和 v 由顶点 w 比较, 这意味着 $uw, vw \in E(G)$. $M = (V(G), L)$ 中所有比较结果的集合称为诊断子, 用 σ 表示. 如果比较 $(u, v)_w$ 不同, 那么 $\sigma(u, v)_w = 1$. 否则, $\sigma(u, v)_w = 0$. 因此, 诊断子是从 L 到 $\{0, 1\}$ 的函数. Sengupta 和 Dahbura 提出 MM* 模型[53]. 它是 MM 模型的一个特殊情况. 在 MM* 中, 每个节点必须测试其任意一对相邻的节点, 即如果 $uw, vw \in E(G)$, 则 $(u, v)_w \in L$. 对于给定的诊断子 σ, 如果诊断子 σ 可以从下面的情况中产生, 一个顶点的子集 $F \subseteq V(G)$ 被认为与 σ 一致. 对于任意 $(u, v)_w \in L$ 使得 $w \in V \backslash F$, $\sigma(u, v)_w = 1$ 当且仅当 u 和 v 至少有一个在 F 中. 让 $\sigma(F)$ 表示与 F 一致的所有诊断子的集合. 设 F_1 和 F_2 是 $V(G)$ 中的两个不同的集合. 如果 $\sigma(F_1) \cap \sigma(F_2) = \varnothing$, 我们说 (F_1, F_2) 是可区分对; 否则, (F_1, F_2) 是不可区分对 (参见表 2.2 和图 2.2).

表 2.2　MM* 故障诊断模型

测试点 w	被测点 u	被测点 v	测试结果 $\sigma((u, v)_w)$	可信
非故障	非故障	非故障	0	是
非故障	故障	非故障 (或故障)	1	是
故障	非故障	非故障	0 或 1	否
故障	故障	非故障 (或故障)	0 或 1	否

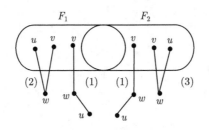

图 2.2　MM* 模型下可区分对 (F_1, F_2)

定义 2.3.4　一个系统 $G = (V, E)$ 在 MM* 模型下是 g 好邻 t 可诊断的当且仅当对于 V 的每对不同的 g 好邻集 F_1 $(|F_1| \leqslant t)$ 和 F_2 $(|F_2| \leqslant t)$, 使得 (F_1, F_2) 是可区分对. G 的 g 好邻诊断度 $t_g^{MM^*}(G)$ 是 G 在 MM* 模型下 g 好邻 t 可诊断的 t 的最大值. 特别地, $t_0^{MM^*}(G)$ 称为 G 在 MM* 模型下的诊断度.

定理 2.3.6[43]　一个系统 G 在 MM* 模型下有 $t_g^{MM^*}(G) < t_{g'}^{MM^*}(G)$ $(g < g')$.

定义 2.3.5　一个系统 $G = (V, E)$ 在 MM* 模型下是 g 限制 t 可诊断的当且仅当对于 V 的每对不同的 g 限制集 F_1 $(|F_1| \leqslant t)$ 和 F_2 $(|F_2| \leqslant t)$, 使得 (F_1, F_2) 是可区分对. G 的 g 限制诊断度 $\tilde{t}_g^{MM^*}(G)$ 是 G 在 MM* 模型下 g 限制 t 可诊

断的 t 的最大值. 特别地, $\tilde{t}_0^{MM^*}(G)$ 称为 G 在 MM* 模型下的诊断度.

在文献 [50] 中, Wang 等给出了如下定理.

定理 2.3.7[50] 一个系统 G 在 MM* 模型下有 $\tilde{t}_g^{MM^*}(G) \leqslant \tilde{t}_{g'}^{MM^*}(G)$ $(g \leqslant g')$.

定理 2.3.8[50] 一个系统 G 在 MM* 模型下有 $\tilde{t}_g^{MM^*}(G) \leqslant t_g^{MM^*}(G)$.

定理 2.3.9[50] 一个系统 G 在 MM* 模型下有 $\tilde{t}_1^{MM^*}(G) = t_1^{MM^*}(G)$.

特别地, $t_1^{MM^*}(G)$ 和 $\tilde{t}_1^{MM^*}(G)$ 称为 G 在 MM* 模型下的自然诊断度.

定义 2.3.6[42] 令 t 为一个正整数. 在 MM* 模型下, 称系统 G 是条件 t 可诊断的当且仅当对于任意一对不同的条件故障集 $F_1, F_2 \subset V(G)$ $(|F_1|, |F_2| \leqslant t)$ 是可区分的. 另外, G 是条件 t 可诊断的 t 的最大值称为 G 在 MM* 模型下的条件诊断度, 记为 $t_c^{MM^*}(G)$.

由文献 [50–52], 我们有下面的定理.

定理 2.3.10[50-52] 对于一个系统 $G = (V, E)$, $t^{MM^*}(G) = t_0^{MM^*}(G) \leqslant \tilde{t}_1^{MM^*}(G) = t_1^{MM^*}(G) \leqslant t_c^{MM^*}(G)$.

第 3 章　网络可诊断的充要条件

网络可诊断的充要条件受到广泛的关注. 本章给出网络可诊断的充要条件.

定理 3.1　图 $G = (V, E)$ 在 PMC 模型下是 g 好邻 t 可诊断的当且仅当对于任意一对不同的 g 好邻集 $F_1, F_2 \subseteq V(G)$ ($|F_1| \leqslant t$, $|F_2| \leqslant t$), 有 $V(G - F_1 - F_2) \neq \varnothing$ 且 $V(G - F_1 - F_2)$ 和 $(F_1 \triangle F_2)$ 之间有边.

证明　充分性. 由于 F_1 和 F_2 是一对不同的 g 好邻集, 所以 $F_1 \triangle F_2 \neq \varnothing$. 设 $V(G - F_1 - F_2) \neq \varnothing$ 和 $uv \in E(G)$, 其中 $u \in V \setminus (F_1 \cup F_2)$ 和 $v \in F_1 \triangle F_2$. 由于 $u \in V \setminus (F_1 \cup F_2)$, 所以 $u \in V \setminus F_1$ 和 $u \in V \setminus F_2$. 设 $v \in F_1 \setminus F_2$. 由于 F_1 和 σ 是一致的, 所以 $\sigma(uv) = 1$. 由于 F_2 和 σ 是一致的, 所以 $\sigma(uv) = 0$. 因此, $\sigma(F_1) \cap \sigma(F_2) = \varnothing$, (F_1, F_2) 在 PMC 模型下是可区分对. 对于 $v \in F_2 \setminus F_1$ 同理, (F_1, F_2) 在 PMC 模型下是可区分对. 由定义 2.3.1, 如果对于 V 的每对不同的 g 好邻集 F_1 ($|F_1| \leqslant t$) 和 F_2 ($|F_2| \leqslant t$), (F_1, F_2) 是可区分对, 那么 G 在 PMC 模型下是 g 好邻 t 可诊断的.

必要性. 图 $G = (V, E)$ 在 PMC 模型下是 g 好邻 t 可诊断的. 由定义 2.3.1, 对于 V 的每对不同的 g 好邻集 F_1 ($|F_1| \leqslant t$) 和 F_2 ($|F_2| \leqslant t$), $\sigma(F_1) \cap \sigma(F_2) = \varnothing$ 和 (F_1, F_2) 是可区分对. 由于 F_1 和 F_2 是一对不同的 g 好邻集, 所以 $F_1 \triangle F_2 \neq \varnothing$.

断言 1　$V(G - F_1 - F_2) \neq \varnothing$.

假设 $V(G - F_1 - F_2) = \varnothing$. 于是 $V(G) = F_1 \cup F_2$. 设 $uv \in E(G)$.

设 $u \in F_1 \setminus F_2$ 和 $v \in F_2 \setminus F_1$. 由于 F_2 和 σ 是一致的, 所以对于 F_2, 在 PMC 模型下 $\sigma(uv) = 1$. 由于 F_1 和 σ 是一致的, 所以对于 F_1, 在 PMC 模型下 $\sigma(uv) = 1$ 或者 $\sigma(uv) = 0$.

设 $u \in F_1 \setminus F_2$ 和 $v \in F_2 \cap F_1$. 由于 F_2 和 σ 是一致的, 所以对于 F_2, 在 PMC 模型下 $\sigma(uv) = 1$. 由于 F_1 和 σ 是一致的, 所以对于 F_1, 在 PMC 模型下 $\sigma(uv) = 1$ 或者 $\sigma(uv) = 0$.

设 $u, v \in F_1 \setminus F_2$. 由于 F_2 和 σ 是一致的, 所以对于 F_2, 在 PMC 模型下 $\sigma(uv) = 0$. 由于 F_1 和 σ 是一致的, 所以对于 F_1, 在 PMC 模型下 $\sigma(uv) = 1$ 或者 $\sigma(uv) = 0$.

设 $u \in F_1 \cap F_2$ 和 $v \in F_2 \setminus F_1$. 由于 F_2 和 σ 是一致的, 所以对于 F_2, 在 PMC 模型下 $\sigma(uv) = 0$ 或者 $\sigma(uv) = 1$. 由于 F_1 和 σ 是一致的, 所以对于 F_1, 在 PMC 模型下 $\sigma(uv) = 1$ 或者 $\sigma(uv) = 0$.

设 $u,v \in F_1 \cap F_2$. 由于 F_2 和 σ 是一致的, 所以对于 F_2, 在 PMC 模型下 $\sigma(uv) = 0$ 或者 $\sigma(uv) = 1$. 由于 F_1 和 σ 是一致的, 所以对于 F_1, 在 PMC 模型下 $\sigma(uv) = 1$ 或者 $\sigma(uv) = 0$.

通过上面讨论的情况, 对于 F_1 和 F_2, 每条边 uv 都有相同的 $\sigma(uv) = i$, 其中 $i \in \{0,1\}$. 然后, $uv \in E(G)$ 剩余的情况有① 设 $u \in F_2\backslash F_1$ 和 $v \in F_1\backslash F_2$; ② 设 $u \in F_2\backslash F_1$ 和 $v \in F_1 \cap F_2$. 由于对称性, 所以对于 F_1 和 F_2, 每条边 uv 都有相同的 $\sigma(uv) = i$, 其中 $i \in \{0,1\}$. 于是 $\sigma(F_1) \cap \sigma(F_2) \neq \varnothing$. 这与 (F_1, F_2) 是可诊断的相矛盾. 因此, $V(G - F_1 - F_2) \neq \varnothing$.

断言 2　$V(G-F_1-F_2)$ 和 $(F_1 \triangle F_2)$ 之间有边.

假设 $V(G-F_1-F_2)$ 和 $(F_1 \triangle F_2)$ 之间没有边. 由断言 1, $V(G-F_1-F_2) \neq \varnothing$. 设 $uv \in E(G)$.

设 $uv \in E(G - F_1 - F_2)$. 对于 F_1 和 F_2, 在 PMC 模型下 $\sigma(uv) = 0$.

设 $u \in V(G - F_1 - F_2)$ 和 $v \in F_1 \cap F_2$. 由于 F_2 和 σ 是一致的, 所以对于 F_2, 在 PMC 模型下 $\sigma(uv) = 1$. 由于 F_1 和 σ 是一致的, 所以对于 F_1, 在 PMC 模型下 $\sigma(uv) = 1$.

设 $uv \in E(G[F_1 \cup F_2])$. 由断言 1 的证明过程, 对于 F_1 和 F_2, 每条边 uv 都有相同的 $\sigma(uv) = i$, 其中 $i \in \{0,1\}$.

设 $u \in F_1 \cap F_2$ 和 $v \in V(G - F_1 - F_2)$. 由于 F_2 和 σ 是一致的, 所以对于 F_2, 在 PMC 模型下 $\sigma(uv) = 1$ 或者 $\sigma(uv) = 0$. 由于 F_1 和 σ 是一致的, 所以对于 F_1, 在 PMC 模型下 $\sigma(uv) = 1$ 或者 $\sigma(uv) = 0$.

综上所述, $\sigma(F_1) \cap \sigma(F_2) \neq \varnothing$. 这与 (F_1, F_2) 是可诊断的相矛盾. 因此, $V(G - F_1 - F_2)$ 和 $(F_1 \triangle F_2)$ 之间有边.　　　　□

定理 3.2　图 $G = (V,E)$ 在 MM* 模型下是 g 好邻 t 可诊断的当且仅当对于任意一对不同的 g 好邻集 $F_1, F_2 \subseteq V(G)$ ($|F_1| \leqslant t, |F_2| \leqslant t$) 有 $V(G - F_1 - F_2) \neq \varnothing$, 满足下列条件之一, 其中 L 是 $G - F_1 - F_2$ 中孤立点组成的集合, $H = G - F_1 - F_2 - L$.

(1) 当 $L = \varnothing$ 时, $V(G - F_1 - F_2)$ 和 $F_1 \triangle F_2$ 之间有边;

(2) $V(H) = \varnothing$, $g \geqslant 2$;

(3) 当 $V(H) = \varnothing$, $g \leqslant 1$ 时, $wu, wv \in G[L \cup (F_1\backslash F_2)]$ 或 $wu, wv \in G[L \cup (F_2\backslash F_1)]$, 其中 $w \in L$;

(4) 当 $L \neq \varnothing$, $V(H) \neq \varnothing, g \leqslant 1$ 时, $V(H)$ 和 $F_1 \triangle F_2$ 之间有边, 或 $wu, wv \in G[L \cup (F_1\backslash F_2)]$ 或 $wu, wv \in G[L \cup (F_2\backslash F_1)]$, 其中 $w \in L$.

证明　充分性. 由于 F_1 和 F_2 是一对不同的 g 好邻集, 所以 $F_1 \triangle F_2 \neq \varnothing$. 设 $V(G - F_1 - F_2) \neq \varnothing$.

(1) 当 $L = \varnothing$ 时, $V(G - F_1 - F_2)$ 和 $F_1 \triangle F_2$ 之间有边.

设 wv 是 $V(G-F_1-F_2)$ 和 $F_1 \triangle F_2$ 之间的边, 其中 $w \in V(G-F_1-F_2), v \in F_1 \triangle F_2$. 由于在 $G-F_1-F_2$ 上有 $d(w) \geqslant 1$, 所以存在 $u \in V(G-F_1-F_2)$ 使得 $uw \in E(G-F_1-F_2)$. 由于 $w \in V \setminus (F_1 \cup F_2)$, 所以 $w \in V \setminus F_1$, $w \in V \setminus F_2$. 设 $v \in F_1 \setminus F_2$. 由于 F_2 和 σ 是一致的, 所以对于 F_2, 在 MM* 模型下 $\sigma(uv)_w = 0$. 由于 F_1 和 σ 是一致的, 所以对于 F_1, 在 MM* 模型下 $\sigma(uv)_w = 1$. 设 $v \in F_2 \setminus F_1$. 由于 F_2 和 σ 是一致的, 所以对于 F_2, 在 MM* 模型下 $\sigma(uv)_w = 1$. 由于 F_1 和 σ 是一致的, 所以对于 F_1, 在 MM* 模型下 $\sigma(uv)_w = 0$. 因此, $\sigma(F_1) \cap \sigma(F_2) = \varnothing$, (F_1, F_2) 在 MM* 模型下是可区分对.

(2) $V(H) = \varnothing$, $g \geqslant 2$.

在这个情况里, $L \neq \varnothing$. 设 $w \in L$. 由于 F_1 是一个 g ($g \geqslant 2$) 好邻集, 所以存在 $u, v \in F_2 \setminus F_1$ 使得 $uw, vw \in E(G)$. 由于 F_2 和 σ 是一致的, 所以对于 F_2, 在 MM* 模型下 $\sigma(uv)_w = 1$. 由于 F_1 和 σ 是一致的, 所以对于 F_1, 在 MM* 模型下 $\sigma(uv)_w = 0$. 因此, $\sigma(F_1) \cap \sigma(F_2) = \varnothing$, (F_1, F_2) 在 MM* 模型下是可区分对.

(3) 当 $V(H) = \varnothing$, $g \leqslant 1$ 时, $wu, wv \in G[L \cup (F_1 \setminus F_2)]$ 或 $wu, wv \in G[L \cup (F_2 \setminus F_1)]$, 其中 $w \in L$.

在这个情况里, $L \neq \varnothing$. 设 $wu, wv \in G[L \cup (F_1 \setminus F_2)]$, 其中 $w \in L$. 由于 $w \in V \setminus (F_1 \cup F_2)$, 所以 $w \in V \setminus F_1$, $w \in V \setminus F_2$. 设 $u, v \in F_1 \setminus F_2$. 由于 F_2 和 σ 是一致的, 所以对于 F_2, 在 MM* 模型下 $\sigma(uv)_w = 0$. 由于 F_1 和 σ 是一致的, 所以对于 F_1, 在 MM* 模型下 $\sigma(uv)_w = 1$. 对于 $u, v \in F_2 \setminus F_1$ 同理. 因此, $\sigma(F_1) \cap \sigma(F_2) = \varnothing$, (F_1, F_2) 在 MM* 模型下是可区分对.

(4) 当 $L \neq \varnothing$, $V(H) \neq \varnothing$, $g \leqslant 1$ 时, $V(H)$ 和 $F_1 \triangle F_2$ 之间有边, 或 $wu, wv \in G[L \cup (F_1 \setminus F_2)]$ 或 $wu, wv \in G[L \cup (F_2 \setminus F_1)]$, 其中 $w \in L$.

当 $V(H)$ 和 $F_1 \triangle F_2$ 之间有边时, 由 (1) 的证明, (F_1, F_2) 在 MM* 模型下是可区分对. 当 $wu, wv \in G[L \cup (F_1 \setminus F_2)]$ 或 $wu, wv \in G[L \cup (F_2 \setminus F_1)]$ 时, 由 (3) 的证明, (F_1, F_2) 在 MM* 模型下是可区分对.

由 (1), (2), (3) 和 (4), 以及定义 2.3.4, $G = (V, E)$ 在 MM* 模型下是 g 好邻 t 可诊断的.

必要性. 图 $G = (V, E)$ 在 MM* 模型下是 g 好邻 t 可诊断的. 由定义 2.3.4, 对于 V 的每对不同的 g 好邻集 $F_1 (|F_1| \leqslant t)$ 和 F_2 $(|F_2| \leqslant t)$ 有 $\sigma(F_1) \cap \sigma(F_2) = \varnothing$, (F_1, F_2) 是可区分对. 由于 F_1 和 F_2 是一对不同的 g 好邻集, 所以 $F_1 \triangle F_2 \neq \varnothing$.

断言 1 $V(G-F_1-F_2) \neq \varnothing$.

假设 $V(G-F_1-F_2) = \varnothing$. 于是 $V(G) = F_1 \cup F_2$. 设 $uw, wv \in E(G)$. 故 $w \in F_1 \setminus F_2$ 或 $w \in F_1 \cap F_2$ 或 $w \in F_2 \setminus F_1$. 设 $w \in F_1 \setminus F_2$ 或 $w \in F_1 \cap F_2$. 由于 F_1 和 σ 是一致的, 所以对于 F_1, 在 MM* 模型下 $\sigma(uv)_w = 1$ 或者 $\sigma(uv)_w = 0$.

因此, 对于 F_1 和 F_2, 边 uw, wv 都有一个相同的 $\sigma(uv)_w = i$, 其中 $i \in \{0,1\}$.

设 $w \in F_2 \backslash F_1$. 由于 F_2 和 σ 是一致的, 所以对于 F_2, 在 MM* 模型下 $\sigma(uv)_w = 1$ 或者 $\sigma(uv)_w = 0$. 因此, 对于 F_1 和 F_2, 边 uw, wv 都有一个相同的 $\sigma(uv)_w = i$, 其中 $i \in \{0,1\}$.

因此, $\sigma(F_1) \cap \sigma(F_2) \neq \varnothing$. 这与 (F_1, F_2) 是可诊断的相矛盾. 于是, $V(G - F_1 - F_2) \neq \varnothing$.

断言 2 若 $L = \varnothing$, 则 $V(G - F_1 - F_2)$ 和 $F_1 \triangle F_2$ 之间有边.

假设 $V(G - F_1 - F_2)$ 和 $F_1 \triangle F_2$ 之间没有边.

设 $uw, wv \in E(G[F_1 \cup F_2])$. 于是, $w \in F_1 \backslash F_2$ 或 $w \in F_1 \cap F_2$ 或 $w \in F_2 \backslash F_1$. 设 $w \in F_1 \backslash F_2$ 或 $w \in F_1 \cap F_2$. 由于 F_1 和 σ 是一致的, 所以对于 F_1, 在 MM* 模型下 $\sigma(uv)_w = 1$ 或者 $\sigma(uv)_w = 0$. 因此, 对于 F_1 和 F_2, 边 uw, wv 都有一个相同的 $\sigma(uv)_w = i$, 其中 $i \in \{0,1\}$. 设 $w \in F_2 \backslash F_1$. 由于 F_2 和 σ 是一致的, 所以对于 F_2, 在 MM* 模型下 $\sigma(uv)_w = 1$ 或者 $\sigma(uv)_w = 0$. 因此, 对于 F_1 和 F_2, 边 uw, wv 都有一个相同的 $\sigma(uv)_w = i$, 其中 $i \in \{0,1\}$.

设 $uw, wv \in E(G[(F_1 \cap F_2) \cup V(H)])$. 于是, $w \in F_1 \cap F_2$ 或 $w \in V(H)$. 设 $w \in F_1 \cap F_2$. 对于 F_1 和 F_2, 在 MM* 模型下 $\sigma(uv)_w = 1$ 或者 $\sigma(uv)_w = 0$. 设 $w \in V(H)$. 设 $u, v \in V(H)$. 对于 F_1 和 F_2, 在 MM* 模型下 $\sigma(uv)_w = 0$. 设 u 和 v 至少有一个在 $F_1 \cap F_2$ 中. 对于 F_1 和 F_2, 在 MM* 模型下 $\sigma(uv)_w = 1$. 因此, 在这个情况下, 对于 F_1 和 F_2, 边 uw, wv 都有一个相同的 $\sigma(uv)_w = i$, 其中 $i \in \{0,1\}$.

综上所述, $\sigma(F_1) \cap \sigma(F_2) \neq \varnothing$. 这与 (F_1, F_2) 是可诊断的相矛盾. 因此, 若 $L = \varnothing$, 则 $V(G - F_1 - F_2)$ 和 $F_1 \triangle F_2$ 之间有边.

断言 3 若 $V(H) = \varnothing$, 则 $g \geqslant 2$ 或 $wu, wv \in G[L \cup (F_1 \backslash F_2)]$ 或 $wu, wv \in G[L \cup (F_2 \backslash F_1)]$, 其中 $w \in L$.

由于 $V(G - F_1 - F_2) \neq \varnothing$, $V(H) = \varnothing$, 所以 $L \neq \varnothing$. 假设 $g < 2$, $wu, wv \notin G[L \cup (F_1 \backslash F_2)]$, $wu, wv \notin G[L \cup (F_2 \backslash F_1)]$, 其中 $w \in L$. 于是, $g \leqslant 1$. 设 $uw, wv \in E(G[L \cup (F_1 \cup F_2)])$. 于是, $w \in F_1 \backslash F_2$ 或 $w \in F_1 \cap F_2$ 或 $w \in F_2 \backslash F_1$ 或 $w \in L$.

设 $w \in L$. 设 $u \in F_1 \backslash F_2$. 于是, $v \in F_1 \cap F_2$ 或 $v \in F_2 \backslash F_1$. 由于 F_1 和 σ 是一致的, 所以在 MM* 模型下 $\sigma(uv)_w = 1$. 由于 F_2 和 σ 是一致的, 所以在 MM* 模型下 $\sigma(uv)_w = 1$. 设 $u \in F_1 \cap F_2$ 或 $u \in F_2 \backslash F_1$. 相似地, 在 MM* 模型下 $\sigma(uv)_w = 1$.

设 $w \in F_1 \backslash F_2$ 或 $w \in F_1 \cap F_2$ 或 $w \in F_2 \backslash F_1$. 对于 F_1 和 F_2, 在 MM* 模型下 $\sigma(uv)_w = 1$ 或 $\sigma(uv)_w = 0$. 因此, 对于 F_1 和 F_2, 边 uw, wv 都有一个相同的 $\sigma(uv)_w = i$, 其中 $i \in \{0,1\}$.

综上所述, $\sigma(F_1) \cap \sigma(F_2) \neq \varnothing$. 这与 (F_1, F_2) 是可诊断的相矛盾. 因此, 若

$V(H) = \varnothing$, 则 $g \geqslant 2$ 或 $wu, wv \in G[L \cup (F_1 \backslash F_2)]$ 或 $wu, wv \in G[L \cup (F_2 \backslash F_1)]$, 其中 $w \in L$.

断言 4 若 $V(H) \neq \varnothing$, $L \neq \varnothing$, 则 $V(H)$ 和 $F_1 \triangle F_2$ 之间有边, 或 $g \geqslant 2$ 或 $wu, wv \in G[L \cup (F_1 \backslash F_2)]$ 或 $wu, wv \in G[L \cup (F_2 \backslash F_1)]$, 其中 $w \in L$.

由断言 2 和断言 3, 可以推出断言 4 成立. □

定理 3.3 图 $G = (V, E)$ 在 PMC 模型下是 g 限制 t 可诊断的当且仅当对于任意一对不同的 g 限制集 $F_1, F_2 \subseteq V(G)$ ($|F_1| \leqslant t$, $|F_2| \leqslant t$) 有 $V(G - F_1 - F_2) \neq \varnothing$ 且 $V(G - F_1 - F_2)$ 和 $(F_1 \triangle F_2)$ 之间有边.

证明 充分性. 由于 F_1 和 F_2 是一对不同的 g 限制集, 所以 $F_1 \triangle F_2 \neq \varnothing$. 设 $V(G - F_1 - F_2) \neq \varnothing$, $uv \in E(G)$, 其中 $u \in V \backslash (F_1 \cup F_2)$, $v \in F_1 \triangle F_2$. 由于 $u \in V \backslash (F_1 \cup F_2)$, 所以 $u \in V \backslash F_1$, $u \in V \backslash F_2$. 设 $v \in F_1 \backslash F_2$. 由于 F_1 和 σ 是一致的, 所以 $\sigma(uv) = 1$. 由于 F_2 和 σ 是一致的, 所以 $\sigma(uv) = 0$. 因此, $\sigma(F_1) \cap \sigma(F_2) = \varnothing$, (F_1, F_2) 在 PMC 模型下是可区分对. 对于 $v \in F_2 \backslash F_1$ 同理, (F_1, F_2) 在 PMC 模型下是可区分对. 由定义 2.3.2, 如果 V 的每对不同的 g 限制集 F_1 ($|F_1| \leqslant t$) 和 F_2 ($|F_2| \leqslant t$) 满足 (F_1, F_2) 是可区分的, 那么 $G = (V, E)$ 在 PMC 模型下是 g 限制 t 可诊断的.

必要性. 图 $G = (V, E)$ 在 PMC 模型下是 g 限制 t 可诊断的. 由定义 2.3.2, 对于 V 的每对不同的 g 限制集 F_1 ($|F_1| \leqslant t$) 和 F_2 ($|F_2| \leqslant t$) 满足 $\sigma(F_1) \cap \sigma(F_2) = \varnothing$, (F_1, F_2) 是可区分对. 由于 F_1 和 F_2 是一对不同的 g 限制集, 所以 $F_1 \triangle F_2 \neq \varnothing$.

断言 1 $V(G - F_1 - F_2) \neq \varnothing$.

假设 $V(G - F_1 - F_2) = \varnothing$. 于是, $V(G) = F_1 \cup F_2$. 设 $uv \in E(G)$.

设 $u \in F_1 \backslash F_2$, $v \in F_2 \backslash F_1$. 由于 F_2 和 σ 是一致的, 所以对于 F_2, 在 PMC 模型下 $\sigma(uv) = 1$. 由于 F_1 和 σ 是一致的, 所以对于 F_1, 在 PMC 模型下 $\sigma(uv) = 1$ 或者 $\sigma(uv) = 0$.

设 $u \in F_1 \backslash F_2$, $v \in F_2 \cap F_1$. 由于 F_2 和 σ 是一致的, 所以对于 F_2, 在 PMC 模型下 $\sigma(uv) = 1$. 由于 F_1 和 σ 是一致的, 所以对于 F_1, 在 PMC 模型下 $\sigma(uv) = 1$ 或者 $\sigma(uv) = 0$.

设 $u, v \in F_1 \backslash F_2$. 由于 F_2 和 σ 是一致的, 所以对于 F_2, 在 PMC 模型下 $\sigma(uv) = 0$. 由于 F_1 和 σ 是一致的, 所以对于 F_1, 在 PMC 模型下 $\sigma(uv) = 1$ 或者 $\sigma(uv) = 0$.

设 $u \in F_1 \cap F_2$, $v \in F_2 \backslash F_1$. 由于 F_2 和 σ 是一致的, 所以对于 F_2, 在 PMC 模型下 $\sigma(uv) = 0$ 或者 $\sigma(uv) = 1$. 由于 F_1 和 σ 是一致的, 所以对于 F_1, 在 PMC 模型下 $\sigma(uv) = 1$ 或者 $\sigma(uv) = 0$.

设 $u, v \in F_1 \cap F_2$. 由于 F_2 和 σ 是一致的, 所以对于 F_2, 在 PMC 模型下 $\sigma(uv) = 0$ 或者 $\sigma(uv) = 1$. 由于 F_1 和 σ 是一致的, 所以对于 F_1, 在 PMC 模

型下 $\sigma(uv) = 1$ 或者 $\sigma(uv) = 0$.

通过上面讨论的情况, 对于 F_1 和 F_2, 每条边 uv 都有相同的 $\sigma(uv) = i$, 其中 $i \in \{0,1\}$. 然后, $uv \in E(G)$ 剩余的情况有①设 $u \in F_2 \backslash F_1$, $v \in F_1 \backslash F_2$; ②设 $u \in F_2 \backslash F_1$, $v \in F_1 \cap F_2$. 由于对称性, 所以对于 F_1 和 F_2, 每条边 uv 都有相同的 $\sigma(uv) = i$, 其中 $i \in \{0,1\}$. 因此, $\sigma(F_1) \cap \sigma(F_2) \neq \varnothing$. 这与 (F_1, F_2) 是可诊断的相矛盾. 于是, $V(G - F_1 - F_2) \neq \varnothing$.

断言 2　$V(G - F_1 - F_2)$ 和 $(F_1 \triangle F_2)$ 之间有边.

假设 $V(G - F_1 - F_2)$ 和 $(F_1 \triangle F_2)$ 之间没有边. 由断言 1, $V(G - F_1 - F_2) \neq \varnothing$. 设 $uv \in E(G - F_1 - F_2)$. 对于 F_1 和 F_2, 在 PMC 模型下 $\sigma(uv) = 0$.

设 $uv \in E(G)$, 其中 $u \in V(G - F_1 - F_2)$, $v \in F_1 \cap F_2$. 由于 F_2 和 σ 是一致的, 所以对于 F_2, 在 PMC 模型下 $\sigma(uv) = 1$. 由于 F_1 和 σ 是一致的, 所以对于 F_1, 在 PMC 模型下 $\sigma(uv) = 1$.

设 $uv \in E(G[F_1 \cup F_2])$. 由断言 1 的证明过程, 对于 F_1 和 F_2, 每条边 uv 都有相同的 $\sigma(uv) = i$, 其中 $i \in \{0,1\}$.

设 $uv \in E(G)$, 其中 $u \in F_1 \cap F_2$, $v \in V(G - F_1 - F_2)$. 由于 F_2 和 σ 是一致的, 所以对于 F_2, 在 PMC 模型下 $\sigma(uv) = 1$ 或者 $\sigma(uv) = 0$. 由于 F_1 和 σ 是一致的, 所以对于 F_1, 在 PMC 模型下 $\sigma(uv) = 1$ 或者 $\sigma(uv) = 0$.

综上所述, $\sigma(F_1) \cap \sigma(F_2) \neq \varnothing$. 这与 (F_1, F_2) 是可诊断的相矛盾. 因此, $V(G - F_1 - F_2)$ 和 $(F_1 \triangle F_2)$ 之间有边. □

定理 3.4　图 $G = (V, E)$ 在 MM* 模型下是 g 限制 t 可诊断的当且仅当对于任意一对不同的 g 限制集 $F_1, F_2 \subseteq V(G)$ ($|F_1| \leqslant t$, $|F_2| \leqslant t$) 有 $V(G - F_1 - F_2) \neq \varnothing$ 且满足下列条件之一, 其中 L 是 $G - F_1 - F_2$ 中孤立点组成的集合, $H = G - F_1 - F_2 - L$.

(1) 当 $L = \varnothing$ 时, $V(G - F_1 - F_2)$ 和 $F_1 \triangle F_2$ 之间有边;

(2) 当 $V(H) = \varnothing$ 时, $wu, wv \in G[L \cup (F_1 \backslash F_2)]$ 或 $wu, wv \in G[L \cup (F_2 \backslash F_1)]$, 其中 $w \in L$.

(3) 当 $L \neq \varnothing$, $V(H) \neq \varnothing$ 时, $V(H)$ 和 $F_1 \triangle F_2$ 之间有边, 或 $wu, wv \in G[L \cup (F_1 \backslash F_2)]$ 或 $wu, wv \in G[L \cup (F_2 \backslash F_1)]$, 其中 $w \in L$.

证明　充分性. 由于 F_1 和 F_2 是一对不同的 g 限制集, 所以 $F_1 \triangle F_2 \neq \varnothing$. 设 $V(G - F_1 - F_2) \neq \varnothing$.

(1) 当 $L = \varnothing$ 时, $V(G - F_1 - F_2)$ 和 $F_1 \triangle F_2$ 之间有边.

设 wv 是 $V(G - F_1 - F_2)$ 和 $F_1 \triangle F_2$ 之间的边, 其中 $w \in V(G - F_1 - F_2)$, $v \in F_1 \triangle F_2$. 由于在 $G - F_1 - F_2$ 有 $d(w) \geqslant 1$, 所以存在 $u \in V(G - F_1 - F_2)$ 使得 $uw \in E(G - F_1 - F_2)$. 由于 $w \in V \backslash (F_1 \cup F_2)$, 所以 $w \in V \backslash F_1$, $w \in V \backslash F_2$. 设 $v \in F_1 \backslash F_2$. 由于 F_2 和 σ 是一致的, 所以对于 F_2, 在 MM* 模型下 $\sigma(uv)_w = 0$.

由于 F_1 和 σ 是一致的, 所以对于 F_1, 在 MM* 模型下 $\sigma(uv)_w = 1$. 设 $v \in F_2 \backslash F_1$. 由于 F_2 和 σ 是一致的, 所以对于 F_2, 在 MM* 模型下 $\sigma(uv)_w = 1$. 由于 F_1 和 σ 是一致的, 所以对于 F_1, 在 MM* 模型下 $\sigma(uv)_w = 0$. 因此, $\sigma(F_1) \cap \sigma(F_2) = \varnothing$, (F_1, F_2) 在 MM* 模型下是可区分对.

(2) 当 $V(H) = \varnothing$ 时, $wu, wv \in G[L \cup (F_1 \backslash F_2)]$ 或 $wu, wv \in G[L \cup (F_2 \backslash F_1)]$, 其中 $w \in L$. 在这个情况里, $L \neq \varnothing$. 设 $wu, wv \in G[L \cup (F_1 \backslash F_2)]$. 由于 $w \in V \backslash (F_1 \cup F_2)$, 所以 $w \in V \backslash F_1$, $w \in V \backslash F_2$. 设 $u, v \in F_1 \backslash F_2$. 由于 F_2 和 σ 是一致的, 所以对于 F_2, 在 MM* 模型下 $\sigma(uv)_w = 0$. 由于 F_1 和 σ 是一致的, 所以对于 F_1, 在 MM* 模型下 $\sigma(uv)_w = 1$. 对于 $u, v \in F_2 \backslash F_1$ 同理. 因此, $\sigma(F_1) \cap \sigma(F_2) = \varnothing$, (F_1, F_2) 在 MM* 模型下是可区分对.

(3) 当 $L \neq \varnothing$, $V(H) \neq \varnothing$ 时, $V(H)$ 和 $F_1 \triangle F_2$ 之间有边, 或 $wu, wv \in G[L \cup (F_1 \backslash F_2)]$ 或 $wu, wv \in G[L \cup (F_2 \backslash F_1)]$, 其中 $w \in L$.

由 (1) 和 (2) 的证明, 在 (3) 的条件下, (F_1, F_2) 在 MM* 模型下是可区分对.

由 (1),(2) 和 (3), 以及定义 2.3.5, $G = (V, E)$ 在 MM* 模型下是 g 限制 t 可诊断的.

必要性. 图 $G = (V, E)$ 在 MM* 模型下是 g 限制 t 可诊断的. 由定义 2.3.5, 对于 V 的每对不同的 g 限制集 F_1 $(|F_1| \leqslant t)$ 和 F_2 $(|F_2| \leqslant t)$ 有 $\sigma(F_1) \cap \sigma(F_2) = \varnothing$, (F_1, F_2) 是可区分对. 由于 F_1 和 F_2 是一对不同的 g 限制集, 所以 $F_1 \triangle F_2 \neq \varnothing$.

断言 1 $V(G - F_1 - F_2) \neq \varnothing$.

假设 $V(G - F_1 - F_2) = \varnothing$. 于是 $V(G) = F_1 \cup F_2$. 设 $uw, wv \in E(G)$. 于是 $w \in F_1 \backslash F_2$ 或 $w \in F_1 \cap F_2$ 或 $w \in F_2 \backslash F_1$.

设 $w \in F_1 \backslash F_2$ 或 $w \in F_1 \cap F_2$. 由于 F_1 和 σ 是一致的, 所以对于 F_1, 在 MM* 模型下 $\sigma(uv)_w = 1$ 或者 $\sigma(uv)_w = 0$. 因此, 对于 F_1 和 F_2, 边 uw, wv 都有一个相同的 $\sigma(uv)_w = i$, 其中 $i \in \{0, 1\}$.

设 $w \in F_2 \backslash F_1$. 由于 F_2 和 σ 是一致的, 所以对于 F_2, 在 MM* 模型下 $\sigma(uv)_w = 1$ 或者 $\sigma(uv)_w = 0$. 对于 F_1 和 F_2, 边 uw, wv 都有一个相同的 $\sigma(uv)_w = i$, 其中 $i \in \{0, 1\}$.

因此, $\sigma(F_1) \cap \sigma(F_2) \neq \varnothing$. 这与 (F_1, F_2) 是可诊断的相矛盾. 于是 $V(G - F_1 - F_2) \neq \varnothing$.

断言 2 若 $L = \varnothing$, 则 $V(G - F_1 - F_2)$ 和 $F_1 \triangle F_2$ 之间有边.

假设 $V(G - F_1 - F_2)$ 和 $F_1 \triangle F_2$ 之间没有边.

设 $uw, wv \in E(G[F_1 \cup F_2])$. 于是, $w \in F_1 \backslash F_2$ 或 $w \in F_1 \cap F_2$ 或 $w \in F_2 \backslash F_1$. 设 $w \in F_1 \backslash F_2$ 或 $w \in F_1 \cap F_2$. 由于 F_1 和 σ 是一致的, 所以对于 F_1, 在 MM* 模型下 $\sigma(uv)_w = 1$ 或者 $\sigma(uv)_w = 0$. 因此, 对于 F_1 和 F_2, 边 uw, wv 都有一个相同的 $\sigma(uv)_w = i$, 其中 $i \in \{0, 1\}$. 设 $w \in F_2 \backslash F_1$. 由于 F_2 和 σ 是一致的, 所以

对于 F_2, 在 MM* 模型下 $\sigma(uv)_w = 1$ 或者 $\sigma(uv)_w = 0$. 因此, 对于 F_1 和 F_2, 边 uw, wv 都有一个相同的 $\sigma(uv)_w = i$, 其中 $i \in \{0, 1\}$.

设 $uw, wv \in E(G[(F_1 \cap F_2) \cup V(H)])$. 于是, $w \in F_1 \cap F_2$ 或 $w \in V(H)$. 设 $w \in F_1 \cap F_2$. 对于 F_1 和 F_2, 在 MM* 模型下 $\sigma(uv)_w = 1$ 或者 $\sigma(uv)_w = 0$. 设 $w \in V(H)$, $u, v \in V(H)$. 对于 F_1 和 F_2, 在 MM* 模型下 $\sigma(uv)_w = 0$. 设 u 和 v 至少有一个在 $F_1 \cap F_2$ 中. 对于 F_1 和 F_2, 在 MM* 模型下 $\sigma(uv)_w = 1$. 因此, 对于 F_1 和 F_2, 边 uw, wv 都有一个相同的 $\sigma(uv)_w = i$, 其中 $i \in \{0, 1\}$.

综上所述, $\sigma(F_1) \cap \sigma(F_2) \neq \varnothing$. 这与 (F_1, F_2) 是可诊断的相矛盾. 因此, 若 $L = \varnothing$, 则 $V(G - F_1 - F_2)$ 和 $F_1 \triangle F_2$ 之间有边.

断言 3　若 $V(H) = \varnothing$, 则 $wu, wv \in G[L \cup (F_1 \backslash F_2)]$ 或 $wu, wv \in G[L \cup (F_2 \backslash F_1)]$, 其中 $w \in L$.

由于 $V(G - F_1 - F_2) \neq \varnothing$, $V(H) = \varnothing$, 所以 $L \neq \varnothing$. 假设 $wu, wv \notin G[L \cup (F_1 \backslash F_2)]$ 或 $wu, wv \notin G[L \cup (F_2 \backslash F_1)]$, 其中 $w \in L$. 设 $uw, wv \in E(G[L \cup (F_1 \cup F_2)])$. 于是, $w \in F_1 \backslash F_2$ 或 $w \in F_1 \cap F_2$ 或 $w \in F_2 \backslash F_1$ 或 $w \in L$.

设 $w \in L$, $u \in F_1 \backslash F_2$. 于是, $v \in F_1 \cap F_2$ 或 $v \in F_2 \backslash F_1$. 由于 F_1 和 σ 是一致的, 所以在 MM* 模型下 $\sigma(uv)_w = 1$. 由于 F_2 和 σ 是一致的, 所以在 MM* 模型下 $\sigma(uv)_w = 1$. 设 $u \in F_1 \cap F_2$ 或 $u \in F_2 \backslash F_1$. 相似地, 在 MM* 模型下 $\sigma(uv)_w = 1$.

设 $w \in F_1 \backslash F_2$ 或 $w \in F_1 \cap F_2$ 或 $w \in F_2 \backslash F_1$. 对于 F_1 和 F_2, 在 MM* 模型下 $\sigma(uv)_w = 1$ 或 $\sigma(uv)_w = 0$. 因此, 对于 F_1 和 F_2, 边 uw, wv 都有一个相同的 $\sigma(uv)_w = i$, 其中 $i \in \{0, 1\}$.

综上所述, $\sigma(F_1) \cap \sigma(F_2) \neq \varnothing$. 这与 (F_1, F_2) 是可诊断的相矛盾. 因此, 若 $V(H) = \varnothing$, 则 $wu, wv \in G[L \cup (F_1 \backslash F_2)]$ 或 $wu, wv \in G[L \cup (F_2 \backslash F_1)]$, 其中 $w \in L$.

断言 4　若 $V(H) \neq \varnothing, L \neq \varnothing$, 则 $V(H)$ 和 $F_1 \triangle F_2$ 之间有边, 或存在 $w \in L$ 使得 wu, wv 在 $G[L \cup (F_1 \backslash F_2)]$ 或 wu, wv 在 $G[L \cup (F_2 \backslash F_1)]$.

由断言 2 和断言 3, 有断言 4 成立.　　　　　　　　　　　　　　　　　□

第 4 章　网络的连通度和自然诊断度

我们经过多年来对网络的 g 好邻诊断度的研究, 如果已知网络的 g 好邻连通度 ($g \geqslant 2$), 那么网络的 g 好邻诊断度也就基本知道了. 对于 $g = 0$ 也就是传统的网络诊断度, 它的诊断度小于或等于网络的最小度. 所以, 对网络的 g 好邻诊断度的研究就变成了对网络的 $g = 1$ 好邻诊断度的研究. 另外, 对于网络的条件诊断度, 它要求任何故障集都不能包含网络中的任何一个顶点的所有邻点. 因为一个故障节点的所有邻点故障的概率是远大于一个无故障节点的所有邻点发生故障的概率, 所以在网络中, 我们考虑没有故障集可以包含任何一个无故障节点的所有邻点的情况. 这种情况就是网络的 1 好邻诊断度. 它更符合自然的状态. 依据上述理由, 我们从 2017 年起, 称网络的 1 好邻诊断度为网络的自然诊断度.

本章主要给出和证明了扩展 k 元 n 立方体、巢图、泡型星图、轮图和对换树生成的凯莱图的连通度和自然诊断度.

4.1　扩展 k 元 n 立方体的连通度和自然诊断度

4.1.1　预备知识

定义 4.1.1[54]　扩展 k 元 n 立方体, 用 XQ_n^k 表示 (整数 $n \geqslant 1$, 偶数 $k \geqslant 6$), 它是一个图. 它的顶点集是 $\{u_0 u_1 \cdots u_{n-1} : u_i = 0, 1, \cdots, k-1, i = 0, 1, \cdots, n-1\}$. 两个顶点 $u = u_0 u_1 \cdots u_{n-1}$ 和 $v = v_0 v_1 \cdots v_{n-1}$ 是相邻的当且仅当存在一个整数 $j \in \{0, 1, \cdots, n-1\}$ 使得 $u_j = v_j + g \pmod{k}$ 和 $u_i = v_i$, 对于所有的 $i \in \{0, 1, \cdots, n-1\} \setminus \{j\}$, 其中 $g \in \{1, -1, 2, -2\}$. 在不产生混淆的条件下表达式省略 $\pmod{k}$. 在本节的其余部分也类似地表达. 这里没有定义的术语和符号遵循文献 [55]. 扩展 6 元 1 立方体 XQ_1^6 如图 4.1 所示.

我们可以将 XQ_n^k 划分为 k 个不相交子图 $XQ_n^k[0], XQ_n^k[1], \cdots, XQ_n^k[k-1]$ (如果没有歧义, 缩写为 $XQ[0], XQ[1], \cdots, XQ[k-1]$), 其中每个顶点 $u = u_0 u_1 \cdots u_{n-1} \in V(XQ_n^k)$, 在最后一个位置 u_{n-1} 中有一个固定的整数 $i \in \{0, 1, \cdots, k-1\}$. 令 $u \in V(XQ[i])$. $N(u) \setminus V(XQ[i])$ 称为 u 的外部相邻顶点.

性质 4.1.1[54]　每一个 $XQ[i]$ 同构于 XQ_{n-1}^k, 其中 $i = 0, 1, \cdots, k-1$.

证明　注意到 XQ_{n-1}^k 的顶点集是 $\{u_0 u_1 \cdots u_{n-1} : u_i = 0, 1, \cdots, k-1, i = 0, 1, \cdots, n-1\}$, $XQ[i]$ 的顶点集是 $\{u_0 u_1 \cdots u_{n-2} i : u_i = 0, 1, \cdots, k-1, i = $

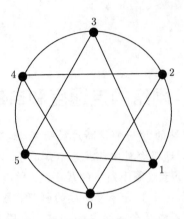

图 4.1　扩展 6 元 1 立方体 XQ_1^6

$0, 1, \cdots, n-2$. 因此, $|\{u_0 u_1 \cdots u_{n-2} : 0 \leqslant u_i \leqslant k-1, 0 \leqslant i \leqslant n-2\}| = |\{u_0 u_1 \cdots u_{n-2} i : 0 \leqslant u_j \leqslant k-1, 0 \leqslant j \leqslant n-2, i \in \{0,1,\cdots,k-1\}\}|$. 现在定义一个从 $V(XQ_{n-1}^k)$ 到 $V(XQ[i])$ 的映射有

$$\varphi: \quad u_0 u_1 u_2 \cdots u_{n-2} \to u_0 u_1 \cdots u_{n-2} i.$$

显然 φ 是一个双射. 设 $u = u_0 u_1 u_2 \cdots u_{n-2}$, $v = v_0 v_1 v_2 \cdots v_{n-2}$ 和 $uv \in E(XQ_{n-1}^k)$. 由 XQ_{n-1}^k 的定义, 存在一个整数 $j \in \{0, 1, \cdots, n-2\}$ 使得 $v_j = u_j + g \pmod{k}$, $u_i = v_i$, 其中 $i \in \{0, 1, \cdots, n-2\} \setminus \{j\}$, $g \in \{1, -1, 2, -2\}$. 因此, $\varphi(v) = v_0 v_1 v_2 \cdots v_{n-2} i = u_0 u_1 \cdots u_{j-1} (u_j + g) u_{j+1} \cdots u_{n-2} i$. 注意到 $\varphi(u) = u_0 u_1 \cdots u_{j-1} u_j u_{j+1} \cdots u_{n-2} i$. 从而, $\varphi(u)\varphi(v) \in E(XQ[i])$.

设 $\varphi(u) = u_0 u_1 \cdots u_{j-1} u_j u_{j+1} \cdots u_{n-2} i$, $\varphi(v) = v_0 v_1 v_2 \cdots v_{n-2} i$ 和 $\varphi(u)\varphi(v) \in E(XQ[i])$. 于是, 存在一个整数 $j \in \{0, 1, \cdots, n-2\}$ 使得 $v_j = u_j + g \pmod{k}$, $u_i = v_i$, 其中 $i \in \{0, 1, \cdots, n-2\} \setminus \{j\}$, $g \in \{1, -1, 2, -2\}$, 即 $\varphi(v) = v_0 v_1 v_2 \cdots v_{n-2} i = u_0 u_1 \cdots u_{j-1} (u_j + g) u_{j+1} \cdots u_{n-2} i$. 因此, $\varphi^{-1}(v) = v_0 v_1 v_2 \cdots v_{n-2} = u_0 u_1 \cdots u_{j-1} (u_j + g) u_{j+1} \cdots u_{n-2}$. 注意到 $\varphi^{-1}(u) = u_0 u_1 \cdots u_{j-1} u_j u_{j+1} \cdots u_{n-2}$. 从而, $uv = \varphi^{-1}(u) \varphi^{-1}(v) \in E(XQ_{n-1}^k)$. □

设 G 是一个有限群, S 是 G 不含单位元的生成集. 凯莱有向图 $Cay(S, G)$ 定义如下: 它的顶点集是 G, 弧集是 $\{(g, gs) : g \in G, s \in S\}$. 若对任意的 $s \in S$ 有 $s^{-1} \in S$, 则点 g 和 gs 之间有一对来回弧. 这时用一条边代替, 称为无向凯莱图. 本书所言的凯莱图均为无向凯莱图.

设 $(Z_k)^n$ 表示群 $(Z_k, \oplus_k)$ 的 n 折叠笛卡尔积, 其中 $Z_k = \{0, 1, \cdots, k-1\}$, $\oplus_k$ 表示模 k 加法. 设 $x = (x_0, x_1, \cdots, x_{n-1}) \in (Z_k)^n$. 故 $x^{-1} = (k - x_0, k - x_1, \cdots, k - x_{n-1})$.

定理 4.1.1[54] 设整数 $n \geqslant 1$, 偶数 $k \geqslant 6$. 扩展 k 元 n 立方体 XQ_n^k 是一个凯莱图 $Cay(S, (Z_k)^n)$, 其中生成集 S 是 $\{(1,0,\cdots,0), (0,1,0,\cdots,0), \cdots, (0,\cdots, 0,1), (k-1,0,0,\cdots,0), (0,k-1,0,\cdots,0), \cdots, (0,\cdots,0,k-1), (2,0,\cdots,0), (0,2, 0,\cdots,0), \cdots, (0,\cdots,0,2), (k-2,0,\cdots,0), (0,k-2,0,\cdots,0), \cdots, (0,\cdots,0,k- 2)\}$.

证明 注意到 $V(XQ_n^k) = (Z_k)^n$. 现在定义一个从 $V(XQ_n^k)$ 到 $(Z_k)^n$ 的映射有

$$\varphi: \quad u_0 u_1 u_2 \cdots u_{n-1} \to (u_0 u_1 u_2 \cdots u_{n-1}),$$

则 φ 是一个双射. 设 $uv \in E(XQ_n^k)$. 由 XQ_n^k 的定义, 存在一个整数, 其中 $j \in \{0,1,\cdots,n-1\}$ 满足 $v_j = u_j + g \pmod{k}$ 和 $u_i = v_i$, 其中 $i \in \{0,1,\cdots,n-1\} \setminus \{j\}$, $g \in \{1,-1,2,-2\}$. 注意到 $k-1 \equiv -1 \pmod{k}$, $k-2 \equiv -2 \pmod{k}$. 设 $s = (0,\cdots,0,0+g,0,\cdots,0)$, 其中 $0+g$ 是 s 中的第 j 位置. 于是, $s \in S$. 注意到 $\varphi(u)\varphi(v) = uv$. 因此, $v = u + s, \varphi(u)\varphi(v) \in E(Cay(S, (Z_k)^n))$.

设 $\varphi(u)\varphi(v) \in E(Cay(S, (Z_k)^n))$. 由 $Cay(S, (Z_k)^n)$ 的定义, 存在一个 $s \in S$ 使得 $\varphi(v) = \varphi(u) + s$. 注意到 $\varphi(u) = u, \varphi(v) = v$. 因此, $v = \varphi(v) = \varphi(u) + s = u + s$. 注意到 $\varphi^{-1}(u)\varphi^{-1}(v) = uv, v = u + s$. 设 $s = (0,\cdots,0,0+g,0,\cdots,0)$, 其中 $0+g$ 是 s 中的第 j 位置. 于是, $v_j = u_j + g \pmod{k}, u_i = v_i$, 其中 $i \in \{0,1,\cdots,n-1\} \setminus \{j\}$. 注意到 $k-1 \equiv -1 \pmod{k}$, $k-2 \equiv -2 \pmod{k}$. 因此, $g \in \{1,-1,2,-2\}, uv \in E(XQ_n^k)$. $\square$

注意到 XQ_n^k 是一个特殊的凯莱图. 所以 XQ_n^k 有下面的性质.

性质 4.1.2 XQ_n^k 是 $4n$ 正则, 点传递的.

性质 4.1.3[54] 当 $k = 6$ 时, XQ_n^k 的围长是 3. 当 $k \geqslant 8$ 时, XQ_n^k 的围长是 4.

性质 4.1.4[54] 设 $u \in V(XQ[i])$. u 的 4 个外部相邻顶点在不同的 $XQ[j]$ 中.

证明 设 $u = u_0 u_1 \cdots u_{n-2} i$. $u \in V(XQ[i])$, $u_0 u_1 \cdots u_{n-2}(i+1) \in V(XQ[i+ 1])$, $u_0 u_1 \cdots u_{n-2}(i-1) \in V(XQ[i-1])$, $u_0 u_1 \cdots u_{n-2}(i+2) \in V(XQ[i+2])$ 和 $u_0 u_1 \cdots u_{n-2}(i-2) \in V(XQ[i-2])$. $\square$

性质 4.1.5[54] 设 XQ_1^k 是扩展 k 元 1 立方体.

(1) 如果 $k = 6$, 两个顶点 u, v 是相邻的, 则它们最多有 2 个共同的相邻顶点, 即 $|N(u) \cap N(v)| \leqslant 2$. 如果 $k = 6$, 两个顶点 u, v 不相邻, 则它们最多有 4 个共同的相邻顶点, 即 $|N(u) \cap N(v)| \leqslant 4$.

(2) 如果 $k \geqslant 8$, 那么两个顶点 u, v 最多有 2 个共同的相邻顶点, 即 $|N(u) \cap N(v)| \leqslant 2$.

证明   设 $u, v \in V(XQ_1^k)$, $k = 6$. 由性质 4.1.2, 不失一般性, 设 $u = 0$. 注意到 $N(0) = \{1, 2, 4, 5\}$, $N(3) = \{1, 2, 4, 5\}$. 注意到两个顶点 0, 3 不是相邻的, $N(0) \cap N(3) = \{1, 2, 4, 5\}$. 因此, 它们两个顶点最多有 4 个共同的相邻顶点, 即 $|N(u) \cap N(v)| \leqslant 4$. 由对称性, 对于相邻两个顶点仅考虑边 01 和 02. 注意到 $N(0) = \{1, 2, 4, 5\}$, $N(1) = \{0, 2, 3, 5\}$. 因此, $N(0) \cap N(1) = \{2, 5\}$. 注意到 $N(2) = \{0, 1, 3, 4\}$. 因此, $N(0) \cap N(2) = \{1, 4\}$. 从而, 对于相邻的两个顶点 u 和 v, 它们最多有两个共同的相邻顶点, 即 $|N(u) \cap N(v)| \leqslant 2$.

设 $k \geqslant 8$. 由对称性, 仅考虑两个顶点: $u = 0$, $v \in \left\{ 1, 2, \cdots, \dfrac{k}{2} \right\}$. 注意到 $N(0) = \{1, 2, k-2, k-1\}$, $N(1) = \{0, 2, 3, k-1\}$ 和 $N(2) = \{0, 1, 3, 4\}$. 因此, $N(0) \cap N(1) = \{2, k-1\}$, $N(0) \cap N(2) = \{1\}$. 从而, 对于相邻的两个顶点 u, v, 它们最多有两个共同的相邻顶点, 即 $|N(u) \cap N(v)| \leqslant 2$. 现在考虑两个顶点: $u = 0$, $v \in \left\{ 3, 4, \cdots, \dfrac{k}{2} \right\}$. 设 $v = 3$. 注意到 $N(3) = \{1, 2, 4, 5\}$. 因此, $N(0) \cap N(3) = \{1, 2\}$. 注意到 $N(4) = \{2, 3, 5, 6\}$. 因此, 当 $k = 8$ 时有 $N(0) \cap N(4) = \{2, 6\}$; 当 $k \geqslant 10$ 时有 $N(0) \cap N(4) = \{2\}$. 设 $v \in \left\{ 5, 6, \cdots, \dfrac{k}{2} \right\}$, $x \in N(v)$. 于是, $3 \leqslant x \leqslant k-3$. 因此, $N(0) \cap N(x) = \varnothing$. 从而, 两个顶点 u 和 v 最多有两个共同的相邻顶点, 即 $|N(u) \cap N(v)| \leqslant 2$.   □

性质 4.1.6[54]   设 XQ_2^k 是扩展 k 元 2 立方体.

(1) 如果 $k = 6$, 两个顶点 u, v 是相邻的, 则它们最多有两个共同的相邻顶点, 即 $|N(u) \cap N(v)| \leqslant 2$. 如果 $k = 6$, 两个顶点 u, v 不是相邻的, 则它们最多有 4 个共同的相邻顶点, 即 $|N(u) \cap N(v)| \leqslant 4$.

(2) 如果 $k \geqslant 8$, 则两个顶点 u, v 最多有两个共同的相邻顶点, 即 $|N(u) \cap N(v)| \leqslant 2$.

证明   设 $u, v \in V(XQ_2^k)$, $k = 6$. 由性质 4.1.2, 不失一般性, 设 $u = 00$. 于是, $N(00) = \{10, 20, 40, 50\} \cup \{01, 02, 04, 05\}$. 设 $v \in V(XQ[0])$. 由性质 4.1.5, (a) 如果两个顶点 u, v 是相邻的, 则它们最多有两个共同的相邻顶点, 即在 $XQ[0]$ 中 $|N(u) \cap N(v)| \leqslant 2$; (b) 如果两个顶点 u, v 不是相邻的, 则 u, v 最多有 4 个共同的相邻顶点, 即在 $XQ[0]$ 中 $|N(u) \cap N(v)| \leqslant 4$. 由性质 4.1.4, $(N(u) \cap V(XQ[i])) \cap (N(v) \cap V(XQ[i])) = \varnothing$, 其中 $i \in \{1, 2, \cdots, 5\}$. 因此, 在 (a) 中 $|N(u) \cap N(v)| \leqslant 2$, 在 (b) 中 $|N(u) \cap N(v)| \leqslant 4$.

设 $v \in V(XQ[i])$, 其中 $i \in \{1, 2, \cdots, 5\}$. 如果 $v \in \{01, 02, 03, 04, 05\}$, 那么, 由性质 4.1.4, (a) 如果两个顶点 u, v 是相邻的, 那么 $|N(u) \cap N(v)| \leqslant 2$; (b) 如果两个顶点 u, v 不是相邻的, 那么 $|N(u) \cap N(v)| \leqslant 4$. 注意到 $(N(u) \cap V(XQ[i])) \cap$

$(N(v) \cap V(XQ[i])) \backslash \{01, 02, 03, 04, 05\} = \varnothing$, 其中 $i \in \{0, 1, 2, \cdots, 5\}$. 因此, 在这种情况下, $|N(u) \cap N(v)| \leqslant 2$ 或 $|N(u) \cap N(v)| \leqslant 4$. 设 $v \in V(XQ[i]) \backslash \{01, 02, 03, 04, 05\}$, 其中 $i \in \{1, 2, 3, 4, 5\}$. 由于 $|N(u) \cap V(XQ[i])| \leqslant 1$, 其中 $i \in \{1, 2, 3, 4, 5\}$ 且 $|N(v) \cap V(XQ[0])| \leqslant 1$, $(N(u) \cap V(XQ[j])) \cap (N(v) \cap V(XQ[j])) = \varnothing$, 其中 $i \neq j$, 所以 $|N(u) \cap N(v)| \leqslant 2$.

设 $k \geqslant 8$. 由性质 4.1.2, 不失一般性, 设 $u = 00$. 于是 $N(00) = \{10, 20, (k-2)0, (k-1)0\} \cup \{01, 02, 0(k-2), 0(k-1)\}$. 设 $v \in V(XQ[0])$. 由性质 4.1.5, 在 $XQ[0]$ 中 $|N(u) \cap N(v)| \leqslant 2$. 由性质 4.1.4, $(N(u) \cap V(XQ[i])) \cap (N(v) \cap V(XQ[i])) = \varnothing$, 其中 $i \in \{1, 2, \cdots, k-1\}$. 因此, 在这种情况下, $|N(u) \cap N(v)| \leqslant 2$.

设 $v \in V(XQ[i])$, 其中 $i \in \{1, 2, \cdots, 0(k-2), 0(k-1)\}$. 如果 $v \in \{01, 02, \cdots, 0(k-2), 0(k-1)\}$, 则由性质 4.1.4 和性质 4.1.5, $|N(u) \cap N(v)| \leqslant 2$. 设 $v \in V(XQ[i]) \backslash \{01, 02, \cdots, 0(k-2), 0(k-1)\}$. 注意到 $|N(00) \cap V(XQ[i])| \leqslant 1$, $|N(v) \cap V(XQ[0])| \leqslant 1$ 和 $(N(00) \cap V(XQ[j])) \cap (N(v) \cap V(XQ[j])) = \varnothing$, 其中 $i \neq j$. 因此, 两个顶点 u, v 最多有两个共同的相邻顶点, 即 $|N(u) \cap N(v)| \leqslant 2$. □

性质 4.1.7[54]　设 XQ_n^k 是扩展 k 元 n 立方体.

(1) 如果 $k = 6$, 两个顶点 u, v 是相邻的, 则 u, v 最多有 2 个共同的邻点, 即 $|N(u) \cap N(v)| \leqslant 2$. 如果 $k = 6$, 两个顶点 u, v 不是相邻的, 则 u, v 最多有 4 个共同的邻点, 即 $|N(u) \cap N(v)| \leqslant 4$.

(2) 如果 $k \geqslant 8$, 则两个顶点 u, v 最多有 2 个共同的邻点, 即 $|N(u) \cap N(v)| \leqslant 2$.

证明　我们将 XQ_n^k 划分为 k 个不相交子图 $XQ_n^k[0]$, $XQ_n^k[1]$, $\cdots$, $XQ_n^k[k-1]$ (如果没有歧义, 缩写为 $XQ[0]$, $XQ[1]$, $\cdots$, $XQ[k-1]$), 其中每个顶点 $u = u_0 u_1 \cdots u_{n-1} \in V(XQ_n^k)$ 在最后一个位置 u_{n-1} 中有一个固定的整数 $i \in \{0, 1, \cdots, k-1\}$. 由性质 4.1.1, 每一个 $XQ[i]$ 同构到 XQ_{n-1}^k, 其中 $0 \leqslant i \leqslant k-1$. 设 $u, v \in V(XQ_n^k)$. 由性质 4.1.2, 不失一般性, 设 $u = \underbrace{00 \cdots 0}_{n}$. 于是 $u \in V(XQ[0])$.

设 $k = 6$. 当 $n = 1$ 和 $n = 2$ 时, 由性质 4.1.5 和性质 4.1.6, 结果成立. 我们证明过程对 n 进行归纳. 归纳假设如下.

(a) 如果两个顶点 u, v 是相邻的, 则 u, v 最多有两个共同的邻点, 即在 XQ_{n-1}^6 中 $|N(u) \cap N(v)| \leqslant 2$.

(b) 如果两个顶点 u, v 不是相邻的, 则 u, v 最多有四个共同的邻点, 即在 XQ_{n-1}^6 中 $|N(u) \cap N(v)| \leqslant 4$.

设 $v \in V(XQ[0])$. 由归纳假设, (a) 如果两个顶点 u, v 是相邻的, 那么在 $XQ[0]$ 中 $|N(u) \cap N(v)| \leqslant 2$; (b) 如果两个顶点 u, v 不是相邻的, 那么在 $XQ[0]$

中 $|N(u) \cap N(v)| \leqslant 4$. 由性质 4.1.4, $(N(u) \cap V(XQ[i])) \cap (N(v) \cap V(XQ[i])) = \varnothing$, 其中 $i \in \{1, 2, \cdots, 5\}$. 因此, 对于情况 (a) 有 $|N(u) \cap N(v)| \leqslant 2$, 对于情况 (b) 有 $|N(u) \cap N(v)| \leqslant 4$.

设 $v \in V(XQ[i])$, 其中 $i \in \{1, 2, \cdots, 5\}$. 如果 $v \in \{\underbrace{0 \cdots 0}_{n-1}1, \underbrace{0 \cdots 0}_{n-1}2, \cdots, \underbrace{0 \cdots 0}_{n-1}4, \underbrace{0 \cdots 0}_{n-1}5\}$, 那么, 由归纳假设, (a) 如果两个顶点 u, v 是相邻的, 那么 $|N(u) \cap N(v)| \leqslant 2$; (b) 如果两个顶点 u, v 不是相邻的, 那么 $|N(u) \cap N(v)| \leqslant 4$. 注意到 $(N(u) \cap V(XQ[i])) \cap (N(v) \cap V(XQ[i])) \setminus \{\underbrace{0 \cdots 0}_{n-1}1, \underbrace{0 \cdots 0}_{n-1}2, \cdots, \underbrace{0 \cdots 0}_{n-1}4, \underbrace{0 \cdots 0}_{n-1}5\} = \varnothing$, 其中 $i \in \{0, 1, 2, \cdots, 5\}$. 因此, 在这种情况中 $|N(u) \cap N(v)| \leqslant 2$ 或 $|N(u) \cap N(v)| \leqslant 4$. 设 $v \in V(XQ[i]) \setminus \{\underbrace{0 \cdots 0}_{n-1}1, \underbrace{0 \cdots 0}_{n-1}2, \underbrace{0 \cdots 0}_{n-1}3, \underbrace{0 \cdots 0}_{n-1}4, \underbrace{0 \cdots 0}_{n-1}5\}$, 其中 $i \in \{1, 2, 3, 4, 5\}$. 由于 $|N(u) \cap V(XQ[i])| \leqslant 1$, 其中 $i \in \{1, 2, 3, 4, 5\}$ 且 $|N(v) \cap V(XQ[0])| \leqslant 1$, $(N(u) \cap V(XQ[j])) \cap (N(v) \cap V(XQ[j])) = \varnothing$, 其中 $i \neq j$, 所以 $|N(u) \cap N(v)| \leqslant 2$.

设 $k \geqslant 8$. 当 $n = 1$ 和 $n = 2$ 时, 由性质 4.1.5 和性质 4.1.6, 结果成立. 证明过程对 n 进行归纳. 假设对于两个顶点 u, v, $|N(u) \cap N(v)| \leqslant 2$ 在 XQ_{n-1}^k 成立. 设 $v \in V(XQ[0])$. 由归纳假设, 对于 $XQ[0]$ 中两个顶点 u, v 有 $|N(u) \cap N(v)| \leqslant 2$. 由性质 4.1.4, $(N(u) \cap V(XQ[i])) \cap (N(v) \cap V(XQ[i])) = \varnothing$, 其中 $i \in \{1, 2, \cdots, k-1\}$. 因此, 在这种情况下, $|N(u) \cap N(v)| \leqslant 2$.

设 $v \in V(XQ[i])$, 其中 $i \in \{1, 2, \cdots, k-2, k-1\}$. 如果 $v \in \{\underbrace{0 \cdots 0}_{n-1}1, \underbrace{0 \cdots 0}_{n-1}2, \cdots, \underbrace{0 \cdots 0}_{n-1}(k-1)\}$, 则由性质 4.1.4 和性质 4.1.5, $|N(u) \cap N(v)| \leqslant 2$. 设 $v \in V(XQ[i]) \setminus \{\underbrace{0 \cdots 0}_{n-1}1, \underbrace{0 \cdots 0}_{n-1}2, \cdots, \underbrace{0 \cdots 0}_{n-1}(k-1)\}$. 注意到 $|N(u) \cap V(XQ[i])| \leqslant 1$, $|N(v) \cap V(XQ[0])| \leqslant 1$ 和 $(N(u) \cap V(XQ[j])) \cap (N(v) \cap V(XQ[j])) = \varnothing$, 其中 $i \neq j$. 因此, u, v 最多有两个共同的邻点, 即 $|N(u) \cap N(v)| \leqslant 2$. □

4.1.2　扩展 k 元 n 立方体的连通度

在这节, 给出扩展 k 元 n 立方体的连通度和自然连通度.

性质 4.1.8[54]　连通度 $\kappa(XQ_1^k) = 4$.

证明　由门杰 (Menger) 定理, 一个图 XQ_1^k 有连通度 $\kappa(XQ_1^k) = 4$ 当且仅当对于 $V(XQ_1^k)$ 的任意 2 个不同的顶点都有 4 条顶点不交路连接. 由定理 4.1.1, 证明是充分的, 对于 $u = 0$ 和 $V(XQ_1^k)$ 的一个不同的顶点 v, 存在 4 条顶点不

交路连接 u 和 v. 由对称性, 我们将证明对于 $u = 0$ 和一个 $v \in \left\{1, 2, \cdots, \dfrac{k}{2}\right\}$, 存在 4 条顶点不交路连接 u 和 v. 设一个奇数 $i \in \left\{2, 3, \cdots, \dfrac{k}{2}\right\}$. 我们有 4 条顶点不交路: $0, 1, 3, 5, \cdots, i$; $0, 2, 4, \cdots, i-1, i$; $0, k-1, k-3, k-5, \cdots, i$; $0, k-2, k-4, \cdots, i+1, i$. 当 $i = 1$ 时, 我们有 4 条顶点不交路: $0, 1$; $0, k-1, 1$; $0, 2, 1$; $0, k-2, k-4, \cdots, 4, 3, 1$. 设一个偶数 $i \in \left\{1, 2, 3, \cdots, \dfrac{k}{2}\right\}$. 我们有 4 条顶点不交路: $0, 1, 3, \cdots, i-1, i$; $0, 2, 4, \cdots, i$; $0, k-1, k-3, k-5, \cdots, i+1, i$; $0, k-2, k-4, \cdots, i$. $\qquad\qquad\qquad\square$

性质 4.1.9[54] 连通度 $\kappa(XQ_2^k) = 8$.

证明 注意 $\kappa(XQ_2^k) \leqslant \delta(XQ_2^k) = 8$. 用反证法. 设 $F \subseteq V(XQ_2^k)$ 是 XQ_2^k 的一个割, $|F| \leqslant 7$. 由性质 4.1.1, 每一个 $XQ[i]$ 同构于 XQ_1^k, 其中 $0 \leqslant i \leqslant k-1$. 设 $F_i = F \cap V(XQ[i])$, 其中 $i \in \{0, 1, 2, \cdots, k-1\}$ 且 $|F_0| = \max\{|F_i| : 0 \leqslant i \leqslant k-1\}$. 考虑下面的情况.

情况 1 $|F_0| = 1$.

由于 $|F_0| = \max\{|F_i| : 0 \leqslant i \leqslant k-1\}$, 所以存在 6 个 F_i 使得 $|F_i| = 1$, 其中 $i \in \{1, 2, \cdots, k-1\}$, $k \geqslant 8$. 由性质 4.1.8, $XQ[i] - F_i$ 是连通的. 由于 $XQ[i]$ 和 $XQ[i+1]$ 之间存在一个完美匹配, 其中 $i \in \{0, 1, \cdots, k-2\}$, 所以 $XQ_2^k - F$ 是连通的. 这与 F 是 XQ_2^k 的一个割相矛盾.

情况 2 $|F_0| = 2$.

由于 $|F_0| = \max\{|F_i| : 0 \leqslant i \leqslant k-1\}$, 所以最多存在 5 个 F_i 使得 $1 \leqslant |F_i| \leqslant 2$, 其中 $i \in \{1, 2, \cdots, k-1\}$. 由性质 4.1.8, $XQ[i] - F_i$ 是连通的. 由于 $XQ[i]$ 和 $XQ[i+1]$ 之间存在一个完美匹配, 其中 $i \in \{0, 1, \cdots, k-2\}$, 所以 $XQ_2^k - F$ 是连通的. 这与 F 是 XQ_2^k 的一个割相矛盾.

情况 3 $|F_0| = 3$.

由于 $|F_0| = \max\{|F_i| : 0 \leqslant i \leqslant k-1\}$, 所以最多存在 4 个 F_i 使得 $1 \leqslant |F_i| \leqslant 3$, 其中 $i \in \{1, 2, \cdots, k-1\}$. 由性质 4.1.8, $XQ[i] - F_i$ 是连通的. 由于 $XQ[i]$ 和 $XQ[i+1]$ 之间存在一个完美匹配, 其中 $i \in \{0, 1, \cdots, k-2\}$, 所以 $XQ_2^k[V(XQ[1] - F_1) \cup \cdots \cup V(XQ[k-1] - F_{k-1})]$ 是连通的. 不失一般性, 设 $|F_1| = 3$. 于是 $|F_{k-1}| \leqslant 1$. 由于 $XQ[0]$ 和 $XQ[k-1]$ 之间存在一个完美匹配, 所以 $XQ_2^k - F$ 是连通的. 这与 F 是 XQ_2^k 的一个割相矛盾.

情况 4 $|F_0| = 4$.

在这种情况中最多存在 3 个 F_i 使得 $1 \leqslant |F_i| \leqslant 3$, 其中 $i \in \{1, 2, \cdots, k-1\}$. 由性质 4.1.8, $XQ[i] - F_i$ 是连通的. 由于在 $XQ[i]$ 和 $XQ[i+1]$ 之间存在一个完

美匹配, 其中 $i \in \{0, 1, \cdots, k-2\}$, 所以 $XQ_2^k[V(XQ[1] - F_1) \cup \cdots \cup V(XQ[k-1] - F_{k-1})]$ 是连通的. 由于 $|F_1| + |F_2| + \cdots + |F_{k-1}| = 3$ 和性质 4.1.4, 所以 $XQ_2^k - F$ 是连通的. 这与 F 是 XQ_2^k 的一个割相矛盾.

情况 5　$|F_0| = 5$.

在这种情况中最多存在 2 个 F_i 使得 $1 \leqslant |F_i| \leqslant 2$, 其中 $i \in \{1, 2, \cdots, k-1\}$. 由性质 4.1.8, $XQ[i] - F_i$ 是连通的. 由于 $XQ[i]$ 和 $XQ[i+1]$ 之间存在一个完美匹配, 其中 $i \in \{0, 1, \cdots, k-2\}$, 那么 $XQ_2^k[V(XQ[1] - F_1) \cup \cdots \cup V(XQ[k-1] - F_{k-1})]$ 是连通的. 由于 $|F_1| + |F_2| + \cdots + |F_{k-1}| = 2$ 和性质 4.1.4, 所以 $XQ_2^k - F$ 是连通的. 这与 F 是 XQ_2^k 的一个割相矛盾.

情况 6　$|F_0| = 6$.

在这种情况中最多存在 1 个 F_i 使得 $|F_i| = 1$, 其中 $i \in \{1, 2, \cdots, k-1\}$. 由性质 4.1.8, $XQ[i] - F_i$ 是连通的. 由于 $XQ[i]$ 和 $XQ[i+1]$ 之间存在一个完美匹配, 其中 $i \in \{0, 1, \cdots, k-2\}$, 那么 $XQ_2^k[V(XQ[1] - F_1) \cup \cdots \cup V(XQ[k-1] - F_{k-1})]$ 是连通的. 由于 $|F_1| + |F_2| + \cdots + |F_{k-1}| = 1$ 和性质 4.1.4, 所以 $XQ_2^k - F$ 是连通的. 这与 F 是 XQ_2^k 的一个割相矛盾.

情况 7　$|F_0| = 7$.

在这种情况中, $|F_1| = |F_2| = \cdots = |F_{k-1}| = 0$. 由于 $XQ[i]$ 和 $XQ[i+1]$ 之间存在一个完美匹配, 其中 $i \in \{0, 1, \cdots, k-2\}$, 那么 $XQ_2^k[V(XQ[1] - F_1) \cup \cdots \cup V(XQ[k-1] - F_{k-1})]$ 是连通的. 由于 $|F_1| + |F_2| + \cdots + |F_{k-1}| = 0$ 和性质 4.1.4, 所以 $XQ_2^k - F$ 是连通的. 这与 F 是 XQ_2^k 的一个割相矛盾.

由情况 1—情况 7, XQ_2^k 的连通度是 8.　　　　　　　　　　□

定理 4.1.2[54]　设 XQ_n^k 是扩展 k 元 n 立方体 (整数 $n \geqslant 1$ 和偶数 $k \geqslant 6$). 连通度 $\kappa(XQ_n^k) = 4n$.

证明　我们将 XQ_n^k 划分为 k 个不相交子图 $XQ_n^k[0], XQ_n^k[1], \cdots, XQ_n^k[k-1]$ (如果没有歧义, 缩写为 $XQ[0], XQ[1], \cdots, XQ[k-1]$), 其中每个顶点 $u = u_0 u_1 \cdots u_{n-1} \in V(XQ_n^k)$ 在最后一个位置 u_{n-1} 中有一个固定的整数 $i \in \{0, 1, \cdots, k-1\}$. 当 $n = 1$ 和 $n = 2$ 时, 由性质 4.1.8 和性质 4.1.9, 结果成立. 我们证明过程对 n 进行归纳. 由归纳假设, 当 $n \geqslant 3$ 时, $\kappa(XQ_{n-1}^k) = 4n - 4$ 成立. 由性质 4.1.1, 每一个 $XQ[i]$ 同构于 XQ_{n-1}^k, 其中 $0 \leqslant i \leqslant k-1$. 我们将证明 $\kappa(XQ_n^k) = 4n$. 设 $F \subseteq V(XQ_n^k)$ 是 XQ_n^k 的一个最小割. 由于 $\kappa(XQ_n^k) \leqslant \delta(XQ_n^k) = 4n$, 所以 $|F| \leqslant 4n$. 我们证明 $XQ_n^k - F$ 是连通的, 其中 $|F| \leqslant 4n - 1$. 用反证法. 设 $F \subseteq V(XQ_n^k)$ 且 $|F| \leqslant 4n - 1$ 是 XQ_n^k 的一个割. 设 $F_i = F \cap V(XQ[i])$, 其中 $i \in \{0, 1, 2, \cdots, k-1\}$ 且 $|F_0| = \max\{|F_i| : 0 \leqslant i \leqslant k-1\}$. 考虑下面的情况.

情况 1　$|F_0| \leqslant 4n - 5$.

由于 $|F_0| = \max\{|F_i| : 0 \leqslant i \leqslant k-1\}$, $|F_i| \leqslant 4n-5$. 由归纳假设, $XQ[i] - F_i$ 是连通的. 由于 $k^{n-1} > 4n - 5 + (4n-5) = 8n-10$, $XQ[i]$ 和 $XQ[i+1]$ 之间存在一个完美匹配, 其中 $i \in \{0, 1, \cdots, k-2\}$, 所以 $XQ_n^k - F$ 是连通的. 这与 F 是 XQ_n^k 的一个割相矛盾.

情况 2 $4n - 4 \leqslant |F_0| \leqslant 4n-1$.

在这种情况中最多存在 3 个 F_i 使得 $1 \leqslant |F_i| \leqslant 3$. 由性质 4.1.8, $XQ[i] - F_i$ 是连通的, 其中 $i \in \{1, 2, \cdots, k-1\}$. 由于 $XQ[i]$ 和 $XQ[i+1]$ 之间存在一个完美匹配, 其中 $i \in \{0, 1, \cdots, k-2\}$, 那么 $XQ_n^k[V(XQ[1] - F_1) \cup \cdots \cup V(XQ[k-1] - F_{k-1})]$ 是连通的. 由性质 4.1.4, $XQ_n^k - F$ 是连通的. 这与 F 是 XQ_n^k 的一个割相矛盾.

由情况 1 和情况 2, XQ_n^k 的连通度是 $4n$. $\qquad\square$

评论定理 4.1.2 首先, 扩展 k 元 n 立方体的连通度是最大的. 其次, 由门杰定理, 对于 $V(XQ_n^k)$ 的任意 2 个不同的顶点都存在 $4n$ 条顶点不交路连接. 因为高连通性具有消息路由的容错性, 允许避免热点, 允许将大消息拆分为较小的消息, 并沿着顶点不相交的路通过并行路由传递消息, 所以这是任何互连网络的理想特性.

如果一个连通图 G 的每一个最小割 F 能够孤立出一个顶点, 那么 G 是超连通的. 另外, 如果 $G - F$ 有两个分支, 其中一个分支是孤立点, 则 G 是紧 $|F|$ 超连通的.

定理 4.1.3[54] 设 XQ_n^k 是扩展 k 元 n 立方体且有 $n \geqslant 1$, 偶数 $k \geqslant 6$. XQ_n^k 是紧 $4n$ 超连通的.

证明 设 $F \subseteq V(XQ_n^k)$ 是 XQ_n^k 的任意一个最小割且 $|F| = 4n$. 设 $F_i = F \cap V(XQ[i])$, 其中 $i \in \{0, 1, 2, \cdots, k-1\}$, $|F_0| = \max\{|F_i| : 0 \leqslant i \leqslant k-1\}$. 考虑下面的情况.

情况 1 $|F_0| \leqslant 4n-5$.

由于 $|F_0| = \max\{|F_i| : 0 \leqslant i \leqslant k-1\}$, $|F_i| \leqslant 4n-5$. 根据定理 4.1.2 可得 $XQ[i] - F_i$ 是连通的. 由于 $k^{n-1} > 4n - 5 + (4n-5) = 8n-10$, $XQ[i]$ 和 $XQ[i+1]$ 之间存在一个完美匹配, 其中 $i \in \{0, 1, \cdots, k-2\}$, 所以 $XQ_n^k - F$ 是连通的. 这与 F 是 XQ_n^k 的一个割相矛盾.

情况 2 $|F_0| = 4n-4$.

设只有一个 F_i 使得 $|F_i| \neq 0$. 于是 $|F_i| = 4$. 不失一般性, 设 $|F_1| = 4$. 由定理 4.1.2, $XQ[i] - F_i$ 是连通的, 其中 $i \in \{2, 3, \cdots, k-1\}$. 由于 $XQ[i]$ 和 $XQ[i+1]$ 之间存在一个完美匹配, 其中 $i \in \{0, 1, \cdots, k-2\}$, 所以 $XQ_n^k[V(XQ[2] - F_3) \cup \cdots \cup V(XQ[k-1] - F_{k-1})]$ 是连通的. 由于 $|F_{k-1}| = 0$ (或 $|F_2| = 0$), $XQ[0]$ 和 $XQ[k-1]$ (或 $XQ[0]$ 和 $XQ[2]$) 之间存在一个完美匹配, 所以 $XQ_n^k - F$ 是连通的. 这与 F 是 XQ_n^k 的一个割相矛盾.

设存在 2 个 F_i 使得 $|F_i| \neq 0$. 于是 $|F_i| \leqslant 3$. 由定理 4.1.2, $XQ[i] - F_i$ 是连通的, 其中 $i \in \{1, 2, \cdots, k-1\}$. 由于 $XQ[i]$ 和 $XQ[i+1]$ 之间存在一个完美匹配, 其中 $i \in \{0, 1, \cdots, k-2\}$, 所以 $XQ_n^k[V(XQ[1] - F_1) \cup \cdots \cup V(XQ[k-1] - F_{k-1})]$ 是连通的. 由性质 4.1.4, $XQ_n^k - F$ 是连通的. 这与 F 是 XQ_n^k 的一个割相矛盾.

设存在 3 个 F_i 使得 $|F_i| \neq 0$. 于是 $|F_i| \leqslant 2$. 由定理 4.1.2, $XQ[i] - F_i$ 是连通的, 其中 $i \in \{1, 2, \cdots, k-1\}$. 由于 $XQ[i]$ 和 $XQ[i+1]$ 之间存在一个完美匹配, 其中 $i \in \{0, 1, \cdots, k-2\}$, 那么 $XQ_n^k[V(XQ[1] - F_1) \cup \cdots \cup V(XQ[k-1] - F_{k-1})]$ 是连通的. 由性质 4.1.4, $XQ_n^k - F$ 是连通的. 这与 F 是 XQ_n^k 的一个割相矛盾.

设存在 4 个 F_i 使得 $|F_i| \neq 0$. 于是 $|F_i| \leqslant 1$. 由定理 4.1.2, $XQ[i] - F_i$ 是连通的, 其中 $i \in \{1, 2, \cdots, k-1\}$. 由于 $XQ[i]$ 和 $XQ[i+1]$ 之间存在一个完美匹配, 其中 $i \in \{0, 1, \cdots, k-2\}$, 所以 $XQ_n^k[V(XQ[1] - F_1) \cup \cdots \cup V(XQ[k-1] - F_{k-1})]$ 是连通的. 设 $XQ[0] - F_0$ 是连通的. 由于 $k^{n-1} > 4n - 4 + 1 = 4n - 3$, $XQ[0]$ 和 $XQ[1]$ 之间存在一个完美匹配, 所以 $XQ_n^k - F$ 是连通的. 这与 F 是 XQ_n^k 的一个割相矛盾. 设 $XQ[0] - F_0$ 是不连通的, $B_1, \cdots, B_k$ $(k \geqslant 2)$ 是 $XQ[0] - F_0$ 的分支. 如果 $k \geqslant 3$, 那么由性质 4.1.4 可得 $|N(V(B_1) \cup V(B_2)) \cap (V(XQ[1] - F_1) \cup \cdots \cup V(XQ[k-1] - F_{k-1}))| \geqslant 8$. 如果 $|V(B_r)| \geqslant 2$ $(1 \leqslant r \leqslant k-1)$, 那么由性质 4.1.4 可得 $|N(V(B_1)) \cap (V(XQ[1] - F_1) \cup \cdots \cup V(XQ[k-1] - F_{k-1}))| \geqslant 8$. 又因为 $|F_1| + \cdots + |F_{k-1}| = 4$, 所以 $XQ[0] - F_0$ 有 2 个分支, 其中一个分支是孤立点 v. 由于 $k^{n-1} > 4n - 4 + 1 + 1 = 4n - 2$, $XQ[0]$ 和 $XQ[1]$ 之间存在一个完美匹配, 所以 $XQ_n^k[V(XQ[0] - F_0 - v) \cup V(XQ[1] - F_1) \cup \cdots \cup V(XQ[k-1] - F_{k-1})]$ 是连通的. 因此, $XQ_n^k - F$ 有两个分支, 其中一个分支是孤立点.

情况 3 $4n - 3 \leqslant |F_0| \leqslant 4n$.

在这种情况中最多存在 3 个 F_i 使得 $1 \leqslant |F_i| \leqslant 3$. 由定理 4.1.2, $XQ[i] - F_i$ 是连通的, 其中 $i \in \{1, 2, \cdots, k-1\}$. 由于 $XQ[i]$ 和 $XQ[i+1]$ 之间存在一个完美匹配, 其中 $i \in \{0, 1, \cdots, k-2\}$, 所以 $XQ_n^k[V(XQ[1] - F_1) \cup \cdots \cup V(XQ[k-1] - F_{k-1})]$ 是连通的. 由性质 4.1.4, $XQ_n^k - F$ 是连通的. 这与 F 是 XQ_n^k 的一个割相矛盾.

由情况 1—情况 3, XQ_n^k 是紧 $4n$ 超连通的. □

性质 4.1.10[54] 设 XQ_2^k 是扩展 k 元 2 立方体且有偶数 $k \geqslant 6$. 设 $F \subseteq V(XQ_2^k)$ 且 $|F| \leqslant 11$. 如果 $XQ_2^k - F$ 是不连通的, 则 $XQ_2^k - F$ 有两个分支, 其中一个分支是孤立点.

证明 将 XQ_2^k 划分为 k 个不相交子图 $XQ_2^k[0]$, $XQ_2^k[1], \cdots, XQ_2^k[k-1]$ (如果没有歧义, 缩写为 $XQ[0]$, $XQ[1], \cdots, XQ[k-1]$), 其中每个顶点 $u_0 u_1 \in V(XQ_2^k)$ 的最后一个位置 u_1 是一个固定的整数 $i \in \{0, 1, \cdots, k-1\}$. 由性质 4.1.1, 每一个 $XQ[i]$ 同构于 XQ_1^k, 其中 $0 \leqslant i \leqslant k-1$. 由定理 4.1.2, $\kappa(XQ[i]) = 4$. 设 $F_i = F \cap V(XQ[i])$, 其中 $i \in \{0, 1, 2, \cdots, k-1\}$ 且 $|F_0| = \max\{|F_i| : 0 \leqslant i \leqslant$

$k-1\}$. 考虑下面的情况.

情况 1 $|F_0| \leqslant 3$.

由于 $|F_0| = \max\{|F_i| : 0 \leqslant i \leqslant k-1\}$, $|F_i| \leqslant 3$, 根据定理 4.1.2 可得 $XQ[i] - F$ 是连通的.

设 $|F_0| \leqslant 2$. 于是 $|F_i| \leqslant 2$, 其中 $i \in \{1, 2, \cdots, k-1\}$. 由于 $XQ[i]$ 和 $XQ[i+1]$ 之间存在一个完美匹配, 其中 $i \in \{0, 1, \cdots, k-2\}$, 所以 $XQ_2^k - F$ 是连通的. 这与 F 是 XQ_2^k 的一个割相矛盾.

设 $|F_0| = 3$. 于是 $|F_i| \leqslant 3$, 其中 $i \in \{1, 2, \cdots, k-1\}$. 如果 $|F_i| \leqslant 2$, 其中 $i \in \{1, 2, \cdots, k-1\}$, 则 $XQ_2^k - F$ 是连通的. 这与 F 是 XQ_2^k 的一个割矛盾. 如果 $k \geqslant 8$, 则 $XQ_2^k - F$ 是连通的. 这与 F 是 XQ_2^k 的一个割相矛盾. 设 $k = 6$, 对于 $i \in \{1, 2, 3, 4, 5\}$ 存在 F_i 使得 $|F_i| = 3$. 由于 $|F_1| + \cdots + |F_5| \leqslant 8$, 所以最多存在 2 个 F_i 使得 $|F_i| = 3$. 设存在一个 F_i 使得 $|F_i| = 3$. 不失一般性, 设 $|F_1| = 3$. 于是 $|F_5| \leqslant 2$. 由于 $XQ[i]$ 和 $XQ[i+1]$ 之间存在一个完美匹配, 其中 $i \in \{0, 1, \cdots, 4\}$, 所以 $XQ_2^6[V(XQ[1] - F_1) \cup \cdots \cup V(XQ[5] - F_5)]$ 是连通的. 由于 $XQ[0]$ 和 $XQ[5]$ 之间存在一个完美匹配, 所以 $XQ_2^6 - F$ 是连通的. 这与 F 是 XQ_2^6 的一个割相矛盾. 设存在 2 个 F_i 使得 $|F_i| = 3$. 不失一般性, 设 $|F_1| = 3$, $|F_5| = 3$. 由于 $XQ[i]$ 和 $XQ[i+1]$ 之间存在一个完美匹配, 其中 $i \in \{0, 1, \cdots, 4\}$, 所以 $XQ_2^6[V(XQ[1] - F_1) \cup \cdots \cup V(XQ[5] - F_5)]$ 是连通的. 由于 $XQ[0]$ 和 $XQ[2]$ 之间存在一个完美匹配, 所以 $XQ_2^6 - F$ 是连通的. 这与 F 是 XQ_2^6 的一个割相矛盾.

情况 2 $|F_0| = 4$.

由于 $|F_0| = \max\{|F_i| : 0 \leqslant i \leqslant k-1\}$, $|F_i| \leqslant 4$, $|F_1| + \cdots + |F_5| \leqslant 7$, 所以最多存在一个 F_i 使得 $|F_i| = 4$, 其中 $i \in \{1, 2, \cdots, k-1\}$. 不失一般性, 设 $|F_1| = 4$. 于是 $|F_2| + \cdots + |F_{k-1}| \leqslant 3$. 由定理 4.1.2, $XQ[i] - F$ 是连通的, 其中 $i \in \{2, 3, \cdots, k-1\}$. 由于 $XQ[i]$ 和 $XQ[i+1]$ 之间存在一个完美匹配, 其中 $i \in \{0, 1, \cdots, 4\}$, 所以 $XQ_2^k[V(XQ[2] - F_2) \cup \cdots \cup V(XQ[k-1] - F_{k-1})]$ 是连通的. 由定理 4.1.3, $XQ[i] - F_i$ 是连通的或 $XQ[i] - F_i$ 有 2 个分支, 其中一个分支是孤立点 v_i, 其中 $i \in \{0, 1\}$. 设 $XQ[i] - F_i$ 是连通的, 其中 $i \in \{1, 2\}$. 于是 $|V(XQ[i] - F_i)| \geqslant 2$, 其中 $i \in \{1, 2\}$. 由性质 4.1.4, $XQ_2^k - F$ 是连通的. 这与 F 是 XQ_2^k 的一个割相矛盾. 不失一般性, 设 $XQ[1] - F_1$ 有 2 个分支, 其中一个分支是孤立点, $XQ[0] - F_0$ 是连通的. 由于 $|V(XQ[0] - F_0)| \geqslant 2$, $|F_2| + \cdots + |F_{k-1}| \leqslant 3$, 根据性质 4.1.4 可得 $XQ_2^k[V(XQ[0] - F_0) \cup V(XQ[2] - F_2) \cup \cdots \cup V(XQ[k-1] - F_{k-1})]$ 是连通的. 因此, $XQ_2^k - F$ 是连通的或者 $XQ_2^k - F$ 有 2 个分支, 其中一个分支是孤立点. 假设 $XQ[i] - F_i$ 不是连通的, 其中 $i \in \{1, 2\}$.

设 $k = 6$. 于是, $XQ[i] - F_i$ 有 2 个分支, 它们是 2 个孤立点, 其中 $i \in$

$\{1, 2\}$. 由于 $|F_2| + \cdots + |F_5| \leqslant 3$, 根据性质 4.1.4 可得 $XQ_2^6[V(XQ[i] - F_i) \cup V(XQ[2] - F_2) \cup \cdots \cup V(XQ[5] - F_5)]$ 是连通的, 或者 $XQ_2^6[V(XQ[i] - F_i) \cup V(XQ[2] - F_2) \cup \cdots \cup V(XQ[5] - F_5)]$ 有 2 个分支, 其中一个分支是孤立点 v_i, $i \in \{0, 1\}$. 根据性质 4.1.7, $|N(v_0) \cap N(v_1)| \leqslant 4$. 由于 $|N(v_0) \cap N(v_1)| \leqslant 4$, $|F_2| + \cdots + |F_5| \leqslant 3$, 所以 $XQ_2^6 - F$ 是连通的或 $XQ_2^6 - F$ 有 2 个分支, 其中一个分支是孤立点. 设 $k \geqslant 8$. 由于 $|V(XQ[0] - F_0)| \geqslant 3$, $|F_2| + \cdots + |F_{k-1}| \leqslant 3$, 所以 $XQ_2^k[V(XQ[0] - F_0) \cup V(XQ[2] - F_2) \cup \cdots \cup V(XQ[k-1] - F_{k-1})]$ 是连通的或者 $XQ_2^k[V(XQ[0] - F_0) \cup V(XQ[2] - F_2) \cup \cdots \cup V(XQ[k-1] - F_{k-1})]$ 有 2 个分支, 其中一个分支是孤立点. 如果 $XQ_2^k[V(XQ[0] - F_0) \cup V(XQ[2] - F_2) \cup \cdots \cup V(XQ[k-1] - F_{k-1})]$ 是连通的, 则 $XQ_2^k - F$ 是连通的或者 $XQ_n^k - F$ 有 2 个分支, 其中一个分支是孤立点. 于是, $XQ_2^k[V(XQ[0] - F_0) \cup V(XQ[2] - F_2) \cup \cdots \cup V(XQ[k-1] - F_{k-1})]$ 有 2 个分支, 其中一个分支是孤立点. 由于 $|V(XQ[1] - F_1)| \geqslant 3$, 所以 $XQ_2^k[V(XQ[1] - F_1) \cup V(XQ[2] - F_2) \cup \cdots \cup V(XQ[k-1] - F_{k-1})]$ 是连通的或者 $XQ_2^k[V(XQ[1] - F_1) \cup V(XQ[2] - F_2) \cup \cdots \cup V(XQ[k-1] - F_{k-1})]$ 有 2 个分支, 其中一个分支是孤立点. 设 $XQ_2^k[V(XQ[i] - F_i) \cup V(XQ[2] - F_2) \cup \cdots \cup V(XQ[k-1] - F_{k-1})]$ 有 2 个分支, 其中一个分支是孤立点 v_i, $i \in \{0, 1\}$. 由性质 4.1.7, $|N(v_0) \cap N(v_1)| \leqslant 2$. 由于 $|N(v_0) \cap N(v_1)| \leqslant 2$, $|F_2| + \cdots + |F_{k-1}| \leqslant 3$, 所以 $XQ_2^k - F$ 是连通的或者 $XQ_2^k - F$ 有 2 个分支, 其中一个分支是孤立点.

设最多存在 3 个 F_i 使得 $|F_i| \neq 0$. 于是 $|F_i| \leqslant 3$, 其中 $i \in \{2, 3, \cdots, k-1\}$. 由定理 4.1.2, $XQ[i] - F$ 是连通的, 其中 $i \in \{2, 3, \cdots, k-1\}$. 由于 $XQ[i]$ 和 $XQ[i+1]$ 之间存在一个完美匹配, 其中 $i \in \{0, 1, \cdots, k-2\}$, 所以 $XQ_2^k[V(XQ[2] - F_2) \cup \cdots \cup V(XQ[k-1] - F_{k-1})]$ 是连通的. 由性质 4.1.4, $XQ_2^k - F$ 是连通的. 这与 F 是 XQ_2^k 的一个割相矛盾.

情况 3　$|F_0| = 5$.

在这种情况中, $|F_1| + \cdots + |F_{k-1}| \leqslant 11 - 5 = 6$. 由于 $|F_0| = \max\{|F_i| : 0 \leqslant i \leqslant k-1\}$, 所以 $|F_i| \leqslant 5$, 其中 $i \in \{1, 2, \cdots, k-1\}$. 设 $|F_i| \leqslant 3$, 其中 $i \in \{1, 2, \cdots, k-1\}$. 由定理 4.1.2, $XQ[i] - F$ 是连通的, 其中 $i \in \{1, 2, \cdots, k-1\}$. 由于 $XQ[i]$ 和 $XQ[i+1]$（或 $XQ[i]$ 和 $XQ[i+2]$）之间存在一个完美匹配, 其中 $i \in \{0, 1, \cdots, k-2\}$, 所以 $XQ_2^k[V(XQ[1] - F_1) \cup \cdots \cup V(XQ[k-1] - F_{k-1})]$ 是连通的. 由于 $|F_2| + \cdots + |F_5| \leqslant 6$, 由性质 4.1.4, $XQ_2^k - F$ 是连通的或者 $XQ_2^k - F$ 有 2 个分支, 其中一个分支是孤立点.

注意到最多存在 1 个 F_i 使得 $|F_i| = 4$, 其中 $i \in \{1, 2, \cdots, k-1\}$. 不失一般性, 设 $|F_1| = 4$. 由于 $|F_1| + \cdots + |F_{k-1}| \leqslant 6$, 所以最多存在 3 个 F_i 使得 $|F_i| \neq 0$, 其中 $i \in \{1, 2, \cdots, k-1\}$. 由性质 4.1.4, $XQ_2^k - F$ 是连通的. 这与 F 是 XQ_2^k 的一个割相矛盾.

注意到最多存在一个 F_i 使得 $|F_i| = 5$, 其中 $i \in \{1, 2, \cdots, k-1\}$. 不失一般性, 设 $|F_1| = 5$. 由于 $|F_1| + \cdots + |F_{k-1}| \leqslant 6$, 所以最多存在 2 个 F_i 使得 $|F_i| \neq 0$, 其中 $i \in \{1, 2, \cdots, k-1\}$. 由性质 4.1.4, $XQ_2^k - F$ 是连通的. 这与 F 是 XQ_2^k 的一个割相矛盾.

情况 4 $|F_0| = 6$.

在这种情况中, $|F_1| + \cdots + |F_{k-1}| \leqslant 11 - 6 = 5$. 设 $|F_i| \leqslant 3$, 其中 $i \in \{1, 2, \cdots, k-1\}$. 由定理 4.1.2, $XQ[i] - F$ 是连通的, 其中 $i \in \{1, 2, \cdots, k-1\}$. 由于 $XQ[i]$ 和 $XQ[i+1]$ 之间存在一个完美匹配, 其中 $i \in \{0, 1, \cdots, k-2\}$, 所以 $XQ_2^k[V(XQ[1] - F_1) \cup \cdots \cup V(XQ[k-1] - F_{k-1})]$ 是连通的. 由于 $|F_2| + \cdots + |F_5| \leqslant 5$, 由性质 4.1.4, $XQ_2^k - F$ 是连通的或者 $XQ_2^k - F$ 有 2 个分支, 其中一个分支是孤立点.

注意到最多存在 1 个 F_i 使得 $|F_i| = 4$, 其中 $i \in \{1, 2, \cdots, k-1\}$. 不失一般性, 设 $|F_1| = 4$. 由于 $|F_1| + \cdots + |F_{k-1}| \leqslant 5$, 所以最多存在 2 个 F_i, 使得 $|F_i| \neq 0$, 其中 $i \in \{1, 2, \cdots, k-1\}$. 由性质 4.1.4, $XQ_2^k - F$ 是连通的. 这与 F 是 XQ_2^k 的一个割相矛盾.

注意到最多存在 1 个 F_i 使得 $|F_i| = 5$, 其中 $i \in \{1, 2, \cdots, k-1\}$. 不失一般性, 设 $|F_1| = 5$. 由于 $|F_1| + \cdots + |F_{k-1}| \leqslant 5$, 所以最多存在 1 个 F_i 使得 $|F_i| \neq 0$, 其中 $i \in \{1, 2, \cdots, k-1\}$. 由性质 4.1.4, $XQ_2^k - F$ 是连通的. 这与 F 是 XQ_2^k 的一个割相矛盾.

情况 5 $|F_0| = 7$.

在这种情况中, $k \geqslant 8$, $|F_1| + \cdots + |F_5| \leqslant 4$. 设 $|F_i| \leqslant 3$, 其中 $i \in \{1, 2, \cdots, k-1\}$. 由定理 4.1.2, $XQ[i] - F$ 是连通的, 其中 $i \in \{1, 2, \cdots, k-1\}$. 由于 $XQ[i]$ 和 $XQ[i+1]$ 之间存在一个完美匹配, 其中 $i \in \{0, 1, \cdots, k-2\}$, 所以 $XQ_2^k[V(XQ[1] - F_1) \cup \cdots \cup V(XQ[k-1] - F_{k-1})]$ 是连通的. 由于 $|F_2| + \cdots + |F_5| \leqslant 4$, 由性质 4.1.4, $XQ_2^k - F$ 是连通的或者 $XQ_2^k - F$ 有 2 个分支, 其中一个分支是孤立点.

注意到最多存在 1 个 F_i 使得 $|F_i| = 4$, 其中 $i \in \{1, 2, \cdots, k-1\}$. 不失一般性, 设 $|F_1| = 4$. 由于 $|F_1| + \cdots + |F_{k-1}| \leqslant 4$, 所以最多存在一个 F_i 使得 $|F_i| \neq 0$, 其中 $i \in \{1, 2, \cdots, k-1\}$. 由性质 4.1.4, $XQ_2^k - F$ 是连通的. 这与 F 是 XQ_2^k 的一个割相矛盾.

情况 6 $8 \leqslant |F_0| \leqslant 11$.

在这种情况中, $|F_1| + \cdots + |F_5| \leqslant 3$. 由于 $XQ[i]$ 和 $XQ[i+1]$ 之间存在一个完美匹配, 其中 $i \in \{0, 1, \cdots, k-2\}$, 所以 $XQ_2^k[V(XQ[1] - F_1) \cup \cdots \cup V(XQ[k-1] - F_{k-1})]$ 是连通的. 由性质 4.1.4, $XQ_2^k - F$ 是连通的. 这与 F 是 XQ_2^k 的一个割相矛盾. $\square$

性质 4.1.11[54] 设 XQ_n^k 是扩展 k 元 n 立方体且有整数 $n \geqslant 2$, 偶数 $k \geqslant 6$;

$F \subseteq V(XQ_n^k)$ 且有 $|F| \leqslant 8n-5$. 如果 $XQ_n^k - F$ 是不连通的, 则 $XQ_n^k - F$ 有 2 个分支, 其中一个分支是孤立点.

证明 将 XQ_n^k 划分为 k 个不相交子图 $XQ_n^k[0]$, $XQ_n^k[1]$, $\cdots$, $XQ_n^k[k-1]$ (如果没有歧义, 缩写为 $XQ[0]$, $XQ[1]$, $\cdots$, $XQ[k-1]$), 其中每个顶点 $u = u_0u_1\cdots u_{n-1} \in V(XQ_n^k)$ 在最后一个位置 u_{n-1} 是一个固定的整数 $i \in \{0, 1, \cdots, k-1\}$. 由性质 4.1.1, 每一个 $XQ[i]$ 同构于 XQ_{n-1}^k, 其中 $0 \leqslant i \leqslant k-1$. 设 $F \subseteq V(XQ_n^k)$ 且有 $|F| \leqslant 8n-5$, $XQ_n^k - F$ 是不连通的. 设 $F_i = F \cap V(XQ[i])$, 其中 $i \in \{0, 1, 2, \cdots, k-1\}$ 且 $|F_0| = \max\{|F_i| : 0 \leqslant i \leqslant k-1\}$. 当 $n = 2$ 时, 由性质 4.1.10 结果成立. 证明过程对 n 进行归纳. 如果 $XQ_{n-1}^k - F$ 是不连通的且 $|F| \leqslant 8n-13$, $n \geqslant 3$, 根据归纳假设, $XQ_{n-1}^k - F$ 有 2 个分支, 其中一个分支是孤立点. 考虑下面的情况.

情况 1 $|F_0| \leqslant 4n-5$.

由于 $|F_0| = \max\{|F_i| : 0 \leqslant i \leqslant k-1\}$, 所以 $|F_i| \leqslant 4n-5$, 其中 $i \in \{1, 2, \cdots, k-1\}$. 由定理 4.1.2, $XQ[i] - F$ 是连通的, 其中 $i \in \{0, 1, \cdots, k-1\}$. 由于 $k^{n-1} > 4n-5+(4n-5) = 8n-10$ 且 $XQ[i]$ 和 $XQ[i+1]$ 之间存在一个完美匹配, 其中 $i \in \{0, 1, \cdots, k-2\}$, 所以 $XQ_n^k - F$ 是连通的. 这与 F 是 XQ_n^k 的一个割相矛盾.

情况 2 $|F_0| = 4n-4$.

在这种情况中, $|F_1| + \cdots + |F_{k-1}| \leqslant 8n-5-(4n-4) = 4n-1$. 由于 $|F_0| = \max\{|F_i| : 0 \leqslant i \leqslant k-1\}$, 所以 $|F_i| \leqslant 4n-4$, 其中 $i \in \{1, 2, \cdots, k-1\}$. 因此, 最多存在一个 F_i 使得 $|F_i| = 4n-4$, 其中 $i \in \{1, 2, \cdots, k-1\}$. 不失一般性, 设 $|F_1| = 4n-4$.

设存在 4 个 F_i 使得 $|F_i| \neq 0$. 于是, $|F_i| \leqslant 1$, 其中 $i \in \{2, 3, \cdots, k-1\}$. 由定理 4.1.2, $XQ[i] - F$ 是连通的, 其中 $i \in \{2, 3, \cdots, k-1\}$. 由于 $XQ[i]$ 和 $XQ[i+1]$ 之间存在一个完美匹配, 其中 $i \in \{0, 1, \cdots, k-2\}$, 所以 $XQ_n^k[V(XQ[2] - F_2) \cup \cdots \cup V(XQ[k-1] - F_{k-1})]$ 是连通的. 由定理 4.1.3, $XQ[i] - F_i$ 是连通的或 $XQ[i] - F_i$ 有 2 个分支, 其中一个分支是孤立点 v_i, 其中 $i \in \{0, 1\}$. 设 $XQ[i] - F_i$ 是连通的, 其中 $i \in \{0, 1\}$. 注意到 $k^{n-1} - (4n-4) > 2$, $|V(XQ[i] - F_i)| \geqslant 2$. 由性质 4.1.4, $XQ_n^k - F$ 是连通的. 这与 F 是 XQ_n^k 的一个割相矛盾. 不失一般性, 设 $XQ[1] - F_1$ 有 2 个分支, 其中一个分支是孤立点, $XQ[0] - F_0$ 是连通的. 由于 $|V(XQ[0] - F_0)| \geqslant 2$, $|F_2| + \cdots + |F_{k-1}| = 3$, 根据性质 4.1.4 可得 $XQ_n^k[V(XQ[0] - F_0) \cup V(XQ[2] - F_2) \cup \cdots \cup V(XQ[k-1] - F_{k-1})]$ 是连通的. 因此, $XQ_n^k - F$ 是连通的或者 $XQ_n^k - F$ 有 2 个分支, 其中一个分支是孤立点. 假设 $XQ[i] - F_i$ 是不连通的, 其中 $i \in \{0, 1\}$. 由于 $|V(XQ[0] - F_0)| \geqslant 3$, $|F_2| + \cdots + |F_{k-1}| = 3$, 所以 $XQ_n^k[V(XQ[0] - F_0) \cup V(XQ[2] - F_2) \cup \cdots \cup V(XQ[k-1] - F_{k-1})]$ 是连通的或者

$XQ_n^k[V(XQ[0]-F_0) \cup V(XQ[2]-F_2) \cup \cdots \cup V(XQ[k-1]-F_{k-1})]$ 有 2 个分支, 其中一个分支是孤立点. 如果 $XQ_n^k[V(XQ[0]-F_0) \cup V(XQ[2]-F_2) \cup \cdots \cup V(XQ[k-1]-F_{k-1})]$ 是连通的, 则 XQ_n^k-F 是连通的或者 XQ_n^k-F 有 2 个分支, 其中一个分支是孤立点. 于是, $XQ_n^k[V(XQ[0]-F_0) \cup V(XQ[2]-F_2) \cup \cdots \cup V(XQ[k-1]-F_{k-1})]$ 有 2 个分支, 其中一个分支是孤立点 v_0. 由于 $|V(XQ[1]-F_1)| \geqslant 3$, 所以 $XQ_n^k[V(XQ[1]-F_1) \cup V(XQ[2]-F_2) \cup \cdots \cup V(XQ[k-1]-F_{k-1})]$ 是连通的或者 $XQ_n^k[V(XQ[1]-F_1) \cup V(XQ[2]-F_2) \cup \cdots \cup V(XQ[k-1]-F_{k-1})]$ 有 2 个分支, 其中一个分支是孤立点. 设 $XQ_n^k[V(XQ[i]-F_i) \cup V(XQ[2]-F_2) \cup \cdots \cup V(XQ[k-1]-F_{k-1})]$ 有 2 个分支, 其中一个分支是孤立点 v_i, 其中 $i \in \{0,1\}$. 由性质 4.1.7, $|N(v_0) \cap N(v_1)| \leqslant 2$. 由于 $|N(v_0) \cap N(v_1)| \leqslant 2$, $|F_2|+\cdots+|F_{k-1}| \leqslant 3$, 所以 XQ_n^k-F 是连通的或者 XQ_n^k-F 有 2 个分支, 其中一个分支是孤立点.

设存在 3 个 F_i 使得 $|F_i| \neq 0$. 于是, $|F_i| \leqslant 2$, 其中 $i \in \{2,3,\cdots,k-1\}$. 由定理 4.1.2, $XQ[i]-F$ 是连通的, 其中 $i \in \{2,3,\cdots,k-1\}$. 由于 $XQ[i]$ 和 $XQ[i+1]$ 之间存在一个完美匹配, 其中 $i \in \{0,1,\cdots,k-2\}$, 所以 $XQ_n^k[V(XQ[2]-F_2) \cup \cdots \cup V(XQ[k-1]-F_{k-1})]$ 是连通的. 由性质 4.1.4, XQ_n^k-F 是连通的. 这与 F 是 XQ_n^k 的一个割相矛盾.

情况 3 $|F_0| = 4n-3$.

在这种情况中, $|F_1|+\cdots+|F_{k-1}| \leqslant 8n-5-(4n-3) = 4n-2$. 由于 $|F_0| = \max\{|F_i| : 0 \leqslant i \leqslant k-1\}$, $|F_i| \leqslant 4n-3$, 其中 $i \in \{1,2,\cdots,k-1\}$. 设 $|F_i| \leqslant 4n-5$, 其中 $i \in \{1,2,\cdots,k-1\}$. 由定理 4.1.2, $XQ[i]-F$ 是连通的, 其中 $i \in \{1,2,\cdots,k-1\}$. 由于 $XQ[i]$ 和 $XQ[i+1]$ 之间存在一个完美匹配, 其中 $i \in \{0,1,\cdots,k-2\}$, 所以 $XQ_n^k[V(XQ[1]-F_1) \cup \cdots \cup V(XQ[k-1]-F_{k-1})]$ 是连通的. 由于 $|F_0| = 4n-3 \leqslant 8n-13$, 根据归纳假设 $XQ[0]-F_0$ 有 2 个分支, 其中一个分支是孤立点 v_0. 由于 $k^{n-1} > 4n-3+4n-4+1 = 8n-6$, XQ_n^k-F 是连通的或者有 2 个分支, 其中一个分支是孤立点.

注意到最多存在 1 个 F_i 使得 $|F_i| = 4n-4$, 其中 $i \in \{1,2,\cdots,k-1\}$. 不失一般性, 设 $|F_1| = 4n-4$. 由于 $|F_1|+\cdots+|F_{k-1}| \leqslant 4n-2$, 存在 3 个 F_i 使得 $|F_i| \neq 0$, 其中 $i \in \{1,2,\cdots,k-1\}$. 由性质 4.1.4, XQ_n^k-F 是连通的. 这与 F 是 XQ_n^k 的一个割相矛盾.

注意到最多存在 1 个 F_i 使得 $|F_i| = 4n-3$, 其中 $i \in \{1,2,\cdots,k-1\}$. 不失一般性, 设 $|F_1| = 4n-3$. 由于 $|F_1|+\cdots+|F_{k-1}| \leqslant 4n-2$, 存在 2 个 F_i 使得 $|F_i| \neq 0$, 其中 $i \in \{1,2,\cdots,k-1\}$. 由性质 4.1.4, XQ_n^k-F 是连通的. 这与 F 是 XQ_n^k 的一个割相矛盾.

情况 4 $|F_0| = 4n-2$.

在这种情况中, $|F_1|+\cdots+|F_{k-1}| \leqslant 8n-5-(4n-2) = 4n-3$. 设 $|F_i| \leqslant$

$4n-5$, 其中 $i \in \{1, 2, \cdots, k-1\}$. 由定理 4.1.2, $XQ[i] - F$ 是连通的, 其中 $i \in \{1, 2, \cdots, k-1\}$. 由于 $XQ[i]$ 和 $XQ[i+1]$ 之间存在一个完美匹配, 其中 $i \in \{0, 1, \cdots, k-2\}$, 所以 $XQ_n^k[V(XQ[1]-F_1) \cup \cdots \cup V(XQ[k-1]-F_{k-1})]$ 是连通的. 由于 $|F_0| = 4n-2 \leqslant 8n-13$, 根据归纳假设, $XQ[0]-F_0$ 有 2 个分支, 其中一个分支是孤立点 v_0. 由于 $k^{n-1} > 4n-2+4n-4+1 = 8n-5$, 所以 $XQ_n^k - F$ 是连通的, 或有 2 个分支, 其中一个分支是孤立点. 注意到最多存在 1 个 F_i 使得 $|F_i| = 4n-4$, 其中 $i \in \{1, 2, \cdots, k-1\}$. 不失一般性, 设 $|F_1| = 4n-4$. 由于 $|F_2| + \cdots + |F_{k-1}| \leqslant 1$ 以及性质 4.1.4, $XQ_n^k - F$ 是连通的, 这与 F 是 XQ_n^k 的一个割相矛盾.

情况 5 $|F_0| = 4n-1$.

在这种情况中, $|F_1| + \cdots + |F_{k-1}| \leqslant 8n-5-(4n-1) = 4n-4$. 设 $|F_i| \leqslant 4n-5$, 其中 $i \in \{1, 2, \cdots, k-1\}$. 由定理 4.1.2, $XQ[i] - F$ 是连通的, 其中 $i \in \{1, 2, \cdots, k-1\}$. 由于 $XQ[i]$ 和 $XQ[i+1]$ 之间存在一个完美匹配, 其中 $i \in \{0, 1, \cdots, k-2\}$, 所以 $XQ_n^k[V(XQ[1]-F_1) \cup \cdots \cup V(XQ[k-1]-F_{k-1})]$ 是连通的. 由于 $|F_0| = 4n-1 \leqslant 8n-13$, 根据归纳假设, $XQ[0]-F_0$ 有 2 个分支, 其中一个分支是孤立点 v_0. 由于 $k^{n-1} > 4n-1+4n-4+1 = 8n-4$, 所以 $XQ_n^k - F$ 是连通的或者有 2 个分支, 其中一个分支是孤立点. 注意到最多存在 1 个 F_i 使得 $|F_i| = 4n-4$, 其中 $i \in \{1, 2, \cdots, k-1\}$. 不失一般性, 设 $|F_1| = 4n-4$. 由于 $|F_2| + \cdots + |F_{k-1}| = 0$, 由性质 4.1.4, $XQ_n^k - F$ 是连通的. 这与 F 是 XQ_n^k 的一个割相矛盾.

情况 6 $4n \leqslant |F_0| \leqslant 8n-13$.

在这种情况中, $|F_1| + \cdots + |F_{k-1}| \leqslant 8n-5-4n = 4n-5$. 由定理 4.1.2, $XQ[i] - F$ 是连通的, 其中 $i \in \{1, 2, \cdots, k-1\}$. 由于 $XQ[i]$ 和 $XQ[i+1]$ 之间存在一个完美匹配, 其中 $i \in \{0, 1, \cdots, k-2\}$, 所以 $XQ_n^k[V(XQ[1]-F_1) \cup \cdots \cup V(XQ[k-1]-F_{k-1})]$ 是连通的. 设 $XQ[0]-F_0$ 是连通的. 由于 $k^{n-1} > 8n-5$, 所以 $XQ_n^k - F$ 是连通的. 这与 F 是 XQ_n^k 的一个割相矛盾. 假设 $XQ[0]-F_0$ 是不连通的, 由归纳假设, $XQ[0]-F_0$ 有 2 个分支, 其中一个分支是孤立点. 由于 $k^{n-1} > 8n-5+1 = 8n-4$, 所以 $XQ_n^k - F$ 是连通的, 或有 2 个分支, 其中一个分支是孤立点.

情况 7 $8n-12 \leqslant |F_0| \leqslant 8n-5$.

在这种情况中, $|F_1| + \cdots + |F_{k-1}| \leqslant 7$. 由于 $n \geqslant 3$, 所以 $\kappa(XQ[i]) = 4(n-1) \geqslant 8$, 其中 $i \in \{1, 2, \cdots, k-1\}$. 由定理 4.1.2, $XQ[i] - F_i$ 是连通的, 其中 $i \in \{1, 2, \cdots, k-1\}$. 由于 $XQ[i]$ 和 $XQ[i+1]$ 之间存在一个完美匹配, 其中 $i \in \{0, 1, \cdots, k-2\}$, 所以 $XQ_n^k[V(XQ[1]-F_1) \cup \cdots \cup V(XQ[k-1]-F_{k-1})]$ 是连通的. 设 $XQ[0]-F_0$ 是连通的. 由于 $k^{n-1} > 8n-5$, $XQ[0]$ 和 $XQ[1]$ 之间存在

一个完美匹配, 所以 $XQ_n^k - F$ 是连通的. 这与 F 是 XQ_n^k 的一个割相矛盾. 假设 $XQ[0] - F_0$ 是不连通的. 设 $B_1, \cdots, B_k$ $(k \geqslant 2)$ 是 $XQ[0] - F_0$ 的分支. 如果 $k \geqslant 3$, 那么由性质 4.1.4 可得 $|N(V(B_1) \cup V(B_2)) \cap (V(XQ[1]) \cup \cdots \cup V(XQ[k-1]))| \geqslant 8$. 如果 $|V(B_j)| \geqslant 2$, 那么由性质 4.1.4 可得 $|N(V(B_j)) \cap (V(XQ[1]) \cup \cdots \cup V(XQ[k-1]))| \geqslant 8$ $(1 \leqslant j \leqslant k)$. 又因为 $|F_1| + \cdots + |F_{k-1}| \leqslant 7$, 所以 $XQ_n^k - F$ 是连通的或 $XQ_n^k - F$ 有 2 个分支, 其中一个分支是孤立点. □

引理 4.1.1[54] 设 $A = \{\underbrace{0 \cdots 0}_{n}, \underbrace{0 \cdots 0}_{n-1} 1\}$. 如果 $F_1 = N_{XQ_n^k}(A)$, $F_2 = A \cup N_{XQ_n^k}(A)$, 则 $|F_1| = 8n - 4$, $|F_2| = 8n - 2$, $\delta(XQ_n^k - F_1) \geqslant 1$ 和 $\delta(XQ_n^k - F_2) \geqslant 1$ (图 4.2).

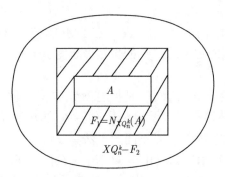

图 4.2 引理 4.1.1 的证明的一个图例

证明 由 $A = \{\underbrace{0 \cdots 0}_{n}, 1\underbrace{0 \cdots 0}_{n-1}\}$, 我们有 $XQ_n^k[A] = K_2$. 注意到 $|F_1| = |N_{XQ_n^k}(A)| = 8n - 4$, $|F_2| = |A| + |F_1| = 8n - 2$. 因为 $V(XQ_1^k - F_2) = \{4, 5, \cdots, k - 3\}$, 所以 $XQ_1^k - F_2$ 是连通的. 因此, $\delta(XQ_1^k - F_1) \geqslant 1$, $\delta(XQ_1^k - F_2) \geqslant 1$. 设 $n \geqslant 2$, $x \in V(XQ_n^k) \setminus F_2$. 由性质 4.1.7, $|N_{XQ_n^k}(x) \cap F_2| \leqslant 4$. 因此, $\delta(XQ_n^k - F_2) \geqslant 4n - 4 \geqslant 1$. 注意到 $XQ_n^k - F_1$ 有 2 部分 $XQ_n^k - F_2$ 和 $XQ_n^k[A] = K_2$. 又因为 $\delta(XQ_n^k[A]) = 1$, 所以 $\delta(XQ_n^k - F_1) \geqslant 1$. □

定理 4.1.4[54] 设 XQ_n^k 是扩展 k 元 n 立方体具有整数 $n \geqslant 1$, 偶数 $k \geqslant 6$. XQ_n^k 的自然连通度是 $8n - 4$, 即 $\kappa^{(1)}(XQ_n^k) = 8n - 4$.

证明 在引理 4.1.1, 设 $A = \{\underbrace{0 \cdots 0}_{n}, 1\underbrace{0 \cdots 0}_{n-1}\}$. 于是, $|N(A)| = 8n - 4$. 由于 $N(A)$ 是 XQ_n^k 的一个自然割, 所以 $\kappa^{(1)}(XQ_n^k) \leqslant 8n - 4$.

由性质 4.1.11, 如果 $F \subseteq V(XQ_n^k)$ 具有 $|F| \leqslant 8n - 5$, 则 $XQ_n^k - F$ 是连通的或 $XQ_n^k - F$ 有 2 个分支, 其中一个分支是孤立点. 因此, 如果 F 是 XQ_n^k 的一个自然割, 则 $|F| \geqslant 8n - 4$. 又因为 $\kappa^{(1)}(XQ_n^k) \leqslant 8n - 4$, 所以 $\kappa^{(1)}(XQ_n^k) = 8n - 4$. □

4.1.3　扩展 k 元 n 立方体在 PMC 模型下的自然诊断度

本节将证明扩展 k 元 n 立方体在 PMC 模型下的自然诊断度. 对于一个系统 $G = (V, E)$, 设 F_1 和 F_2 是 V 的 2 个不同的集. 定义对称差 $F_1 \triangle F_2 = (F_1 \setminus F_2) \cup (F_2 \setminus F_1)$.

引理 4.1.2[54]　设 XQ_n^k 是扩展 k 元 n 立方体且有偶数 $k \geqslant 6$. XQ_n^k 在 PMC 模型下的自然诊断度小于或等于 $8n - 3$, 即 $t_1^{PMC}(XQ_n^k) \leqslant 8n - 3$.

证明　设 A 的定义与其在引理 4.1.1 中的相同, $F_1 = N_{XQ_n^k}(A)$, $F_2 = A \cup N_{XQ_n^k}(A)$ (图 4.2). 由引理 4.1.1, $|F_1| = 8n - 4$, $|F_2| = 8n - 2$, $\delta(XQ_n^k - F_1) \geqslant 1$ 和 $\delta(XQ_n^k - F_2) \geqslant 1$. 因此, F_1, F_2 是 XQ_n^k 的 2 个自然集且有 $|F_1| = 8n - 4$, $|F_2| = 8n - 2$. 由于 $A = F_1 \triangle F_2$, $N_{XQ_n^k}(A) = F_1 \subset F_2$, 所以 $V(XQ_n^k) \setminus (F_1 \cup F_2)$ 和 $F_1 \triangle F_2$ 之间不存在 XQ_n^k 的边. 由定理 3.1, XQ_n^k 在 PMC 模型下不是自然 $(8n - 2)$ 可诊断的. 根据自然诊断度的定义, XQ_n^k 的自然诊断度小于 $8n - 2$, 即 $t_1^{PMC}(XQ_n^k) \leqslant 8n - 3$.　□

引理 4.1.3[54]　设 $n \geqslant 2$, XQ_n^k 是扩展 k 元 n 立方体且有偶数 $k \geqslant 6$. XQ_n^k 在 PMC 模型下的自然诊断度大于或等于 $8n - 3$, 即 $t_1^{PMC}(XQ_n^k) \geqslant 8n - 3$.　□

证明　设 $V(XQ_n^k)$ 的每一对不同的自然集 F_1 和 F_2, 有 $|F_1| \leqslant 8n - 3$ 和 $|F_2| \leqslant 8n - 3$. 注意到 $|V(XQ_n^k)| = k^n$, $|F_1 \cup F_2| = |F_1| + |F_2| - |F_1 \cap F_2| \leqslant |F_1| + |F_2| \leqslant 2(8n - 3) = 16n - 6$. 由于 $n \geqslant 2$, 所以 $V(XQ_n^k) \neq F_1 \cup F_2$. 注意到 $F_1 \triangle F_2 \neq \varnothing$.

由自然诊断度的定义, 只需证明 XQ_n^k 是自然 $(8n - 3)$ 可诊断的. 由定理 3.1, 等价于证明对于 $V(XQ_n^k)$ 的每一对不同的自然集 F_1 和 F_2 $(|F_1| \leqslant 8n - 3, |F_2| \leqslant 8n - 3)$, 有 $V(XQ_n^k - F_1 - F_2) \neq \varnothing$ 且存在一条边 $uv \in E(XQ_n^k)$, 使得 $u \in V(XQ_n^k) \setminus (F_1 \cup F_2)$, $v \in F_1 \triangle F_2$.

反证法. 设 $V(XQ_n^k)$ 中存在 2 个不同的自然集 F_1 和 F_2, 满足 $|F_1| \leqslant 8n - 3$, $|F_2| \leqslant 8n - 3$, 但 $V(XQ_n^k) \setminus (F_1 \cup F_2)$ 和 $F_1 \triangle F_2$ 之间没有边.

由于 $V(XQ_n^k) \setminus (F_1 \cup F_2)$ 和 $F_1 \triangle F_2$ 之间没有边且 F_1 是自然集, 所以 $XQ_n^k - F_1$ 有 2 部分 $XQ_n^k - F_1 - F_2$ 和 $XQ_n^k[F_2 \setminus F_1]$. 从而, $\delta(XQ_n^k - F_1 - F_2) \geqslant 1$, $\delta(XQ_n^k[F_2 \setminus F_1]) \geqslant 1$. 当 $F_1 \setminus F_2 \neq \varnothing$ 时, 同理可得 $\delta(XQ_n^k[F_1 \setminus F_2]) \geqslant 1$. 因此, $F_1 \cap F_2$ 也是自然集. 当 $F_1 \setminus F_2 = \varnothing$ 时, $F_1 \cap F_2 = F_1$ 也是自然集. 由于 $V(XQ_n^k - F_1 - F_2)$ 和 $F_1 \triangle F_2$ 之间没有边, 所以 $F_1 \cap F_2$ 是自然割. 由定理 4.1.4, $|F_1 \cap F_2| \geqslant 8n - 4$. 注意到 $|F_2 \setminus F_1| \geqslant 2$. 因此, $|F_2| = |F_2 \setminus F_1| + |F_1 \cap F_2| \geqslant 2 + 8n - 4 = 8n - 2$. 这与 $|F_2| \leqslant 8n - 3$ 相矛盾. 所以 XQ_n^k 是自然 $(8n - 3)$ 可诊断的. 由 $t_1^{PMC}(XQ_n^k)$ 的定义, $t_1^{PMC}(XQ_n^k) \geqslant 8n - 3$.　□

根据引理 4.1.2 和引理 4.1.3, 有下面的定理.

定理 4.1.5[54] 设 XQ_n^k 是扩展 k 元 n 立方体且有 $n \geqslant 2$, 偶数 $k \geqslant 6$. XQ_n^k 在 PMC 模型下的自然诊断度是 $8n - 3$.

4.1.4 扩展 k 元 n 立方体在 MM* 模型下的自然诊断度

本节将给出扩展 k 元 n 立方体在 MM* 模型下的自然诊断度的结论和证明.

引理 4.1.4[54] 设 XQ_n^k 是扩展 k 元 n 立方体且有偶数 $k \geqslant 6$. XQ_n^k 在 MM* 模型下的自然诊断度小于或等于 $8n - 3$, 即 $t_1^{MM^*}(XQ_n^k) \leqslant 8n - 3$.

证明 设 A, F_1 和 F_2 的定义与它们在引理 4.1.1 中的定义相同 (图 4.2). 由引理 4.1.1, $|F_1| = 8n - 4$, $|F_2| = 8n - 2$, $\delta(XQ_n^k - F_1) \geqslant 1$, $\delta(XQ_n^k - F_2) \geqslant 1$. 于是, F_1, F_2 是 XQ_n^k 的 2 个自然集并且 $|F_1| = 8n - 4$, $|F_2| = 8n - 2$. 由 F_1, F_2 的定义, $F_1 \triangle F_2 = A$. 注意 $F_1 \setminus F_2 = \varnothing$, $F_2 \setminus F_1 = A$, $(V(XQ_n^k) \setminus (F_1 \cup F_2)) \cap A = \varnothing$. 因此, F_1 和 F_2 不满足定理 3.2 的条件并且 XQ_n^k 不是自然 $(8n - 2)$ 可诊断的. 所以 $t_1^{MM^*}(XQ_n^k) \leqslant 8n - 3$. $\qquad\square$

引理 4.1.5[54] 设 XQ_n^k 是扩展 k 元 n 立方体且有 $n \geqslant 2$, 偶数 $k \geqslant 6$. XQ_n^k 在 MM* 模型下的自然诊断度大于或等于 $8n - 3$, 即 $t_1^{MM^*}(XQ_n^k) \geqslant 8n - 3$.

证明 设 $V(XQ_n^k)$ 的每一对不同的自然集 F_1, F_2 满足 $|F_1| \leqslant 8n - 3$, $|F_2| \leqslant 8n - 3$. 注意到 $|V(XQ_n^k)| = k^n$, $|F_1 \cup F_2| = |F_1| + |F_2| - |F_1 \cap F_2| \leqslant |F_1| + |F_2| \leqslant 2(8n - 3) = 16n - 6$. 由于 $n \geqslant 2$, 所以 $V(XQ_n^k) \neq F_1 \cup F_2$. 注意到 $F_1 \triangle F_2 \neq \varnothing$.

由自然诊断度的定义, 只需证明 XQ_n^k 是自然 $(8n - 3)$ 可诊断的. 反证法. 由定理 3.2, 设 $V(XQ_n^k)$ 存在 2 个不同的自然集 F_1, F_2, 使得 $|F_1| \leqslant 8n - 3$, $|F_2| \leqslant 8n - 3$, 但不满足定理 3.2 的任意条件. 不失一般性, 假设 $F_2 \setminus F_1 \neq \varnothing$.

断言 $XQ_n^k - F_1 - F_2$ 没有孤立点.

假设 $XQ_n^k - F_1 - F_2$ 至少有一个孤立点 w. 由于 F_1 是一个自然集, 所以至少存在一点 $u \in F_2 \setminus F_1$ 使得 u 与 w 相邻.

同时, 由于顶点对 (F_1, F_2) 不满足定理 3.2 中任一种情形, 根据定理 3.2 至多存在一点 $u \in F_2 \setminus F_1$ 使得 u 与 w 相邻. 因此, 恰有一点 $u \in F_2 \setminus F_1$ 使得 u 与 w 相邻. 同理, 可推出当 $F_1 \setminus F_2 \neq \varnothing$ 时也恰有一点 $v \in F_1 \setminus F_2$ 使得 $vw \in E(XQ_n^k)$. 设 $W \subseteq V(XQ_n^k) \setminus (F_1 \cup F_2)$ 是 $XQ_n^k[V(XQ_n^k) \setminus (F_1 \cup F_2)]$ 的孤立点集和 $H = XQ_n^k - (F_1 \cup F_2 \cup W)$. 于是, 对于任意 $w \in W$, 在 $F_1 \cap F_2$ 中存在 $(4n - 2)$ 个邻点. 由于 $|F_2| \leqslant 8n - 3$, 所以 $\sum_{w \in W} |N_{XQ_n^k[(F_1 \cap F_2) \cup W]}(w)| = |W|(4n - 2) \leqslant \sum_{v \in F_1 \cap F_2} d_{XQ_n^k}(v) \leqslant |F_1 \cap F_2|(4n - 2) \leqslant (|F_2| - 1)(4n - 2) \leqslant (8n - 4)(4n - 2) = 32n^2 - 32n + 8$. 因此, $|W| \leqslant \dfrac{32n^2 - 32n + 8}{4n - 2} \leqslant 8n - 4$. 注意 $|F_1 \cup F_2| = |F_1| + |F_2| - |F_1 \cap F_2| \leqslant 2(8n - 3) - (4n - 2) = 12n - 4$. 假设 $V(H) = \varnothing$. 于是, $k^n = |V(XQ_n^k)| = |F_1 \cup F_2| + |W| \leqslant 12n - 4 + 8n - 4 = 20n - 8$.

当 $n \geqslant 2$ 时, 不等式产生矛盾. 所以 $V(H) \neq \varnothing$. 由于 (F_1, F_2) 不满足定理 3.2 的任意条件, 所以在 $V(H)$ 和 $F_1 \triangle F_2$ 之间没有边. 从而, $F_1 \cap F_2$ 是 XQ_n^k 的一个割. 由于 $\delta(H) \geqslant 1$, 所以 $\delta(XQ_n^k - (F_1 \cap F_2)) \geqslant 1$, 即 $F_1 \cap F_2$ 是 XQ_n^k 的一个自然割. 由定理 4.1.4, $|F_1 \cap F_2| \leqslant 8n - 4$. 因为 $|F_1| \leqslant 8n - 3$, $|F_2| \leqslant 8n - 3$ 并且 $F_1 \setminus F_2$ 和 $F_2 \setminus F_1$ 都不是空集, 所以 $|F_1 \setminus F_2| = |F_2 \setminus F_1| = 1$. 设 $F_1 \setminus F_2 = \{v_1\}$, $F_2 \setminus F_1 = \{v_2\}$. 于是, 对于任意点 $w \in W$, w 与 v_1, v_2 都相邻.

当 $k \geqslant 8$ 时, 根据性质 4.1.7, 对于任意一对顶点最多有 2 个共同的邻点, 所以最多存在 2 个孤立点在 $XQ_n^k - F_1 - F_2$, 即 $|W| \leqslant 2$.

设 $XQ_n^k - F_1 - F_2$ 恰有一个孤立的顶点 v. 设 v_1 和 v_2 都与 v 相邻. 于是, $N_{XQ_n^k}(v) \setminus \{v_1, v_2\} \subseteq F_1 \cap F_2$, $N_{XQ_n^k}(v_1) \setminus \{v, v_2\} \subseteq F_1 \cap F_2$, $N_{XQ_n^k}(v_2) \setminus \{v, v_1\} \subseteq F_1 \cap F_2$, $|(N_{XQ_n^k}(v) \setminus \{v_1, v_2\}) \cap (N_{XQ_n^k}(v_1) \setminus \{v, v_2\})| \leqslant 1$, $|(N_{XQ_n^k}(v) \setminus \{v_1, v_2\}) \cap (N_{XQ_n^k}(v_2) \setminus \{v, v_1\})| \leqslant 1$, $|[N_{XQ_n^k}(v_1) \setminus \{v\}] \cap [N_{XQ_n^k}(v_2) \setminus \{v\}]| \leqslant 1$. 从而, $|F_1 \cap F_2| \geqslant |N_{XQ_n^k}(v) \setminus \{v_1, v_2\}| + |N_{XQ_n^k}(v_1) \setminus \{v, v_2\}| + |N_{XQ_n^k}(v_2) \setminus \{v, v_1\}| = (4n - 2) + (4n - 2) + (4n - 2) - 3 = 12n - 9$. 因此, $|F_2| = |F_2 \setminus F_1| + |F_1 \cap F_2| \geqslant 1 + 12n - 9 = 12n - 8 > 8n - 3$ $(n \geqslant 2)$. 这与 $|F_2| \leqslant 8n - 3$ 相矛盾.

设 $XQ_n^k - F_1 - F_2$ 恰有两个孤立的顶点 v 和 w. 设 v_1 和 v_2 分别与 v 和 w 相邻. 于是, $N_{XQ_n^k}(v) \setminus \{v_1, v_2\} \subseteq F_1 \cap F_2$, $N_{XQ_n^k}(w) \setminus \{v_1, v_2\} \subseteq F_1 \cap F_2$, $N_{XQ_n^k}(v_1) \setminus \{v, w, v_2\} \subseteq F_1 \cap F_2$, $N_{XQ_n^k}(v_2) \setminus \{v, w, v_1\} \subseteq F_1 \cap F_2$, $|(N_{XQ_n^k}(v) \setminus \{v_1, v_2\}) \cap (N_{XQ_n^k}(v_1) \setminus \{v, w, v_2\})| \leqslant 1$, $|(N_{XQ_n^k}(v) \setminus \{v_1, v_2\}) \cap (N_{XQ_n^k}(v_2) \setminus \{v, w, v_1\})| \leqslant 1$. $|(N_{XQ_n^k}(w) \setminus \{v_1, v_2\}) \cap (N_{XQ_n^k}(v_1) \setminus \{v, w, v_2\})| \leqslant 1$, $|(N_{XQ_n^k}(w) \setminus \{v_1, v_2\}) \cap (N_{XQ_n^k}(v_2) \setminus \{v, w, v_1\})| \leqslant 1$. 由性质 4.1.7, 对于任意一对顶点最多有 2 个共同的邻点. 从而, $|(N_{XQ_n^k}(v_1) \setminus \{v, w, v_2\}) \cap (N_{XQ_n^k}(v_2) \setminus \{v, w, v_1\})| = 0$, $|(N_{XQ_n^k}(v) \setminus \{v_1, v_2\}) \cap (N_{XQ_n^k}(w) \setminus \{v_1, v_2\})| = 0$. 于是, $|F_1 \cap F_2| \geqslant |N_{XQ_n^k}(v) \setminus \{v_1, v_2\}| + |N_{XQ_n^k}(w) \setminus \{v_1, v_2\}| + |N_{XQ_n^k}(v_1) \setminus \{v, w, v_2\}| + |N_{XQ_n^k}(v_2) \setminus \{v, w, v_1\}| = (4n - 2) + (4n - 2) + (4n - 3) + (4n - 3) - 1 - 1 - 1 - 1 = 16n - 14$. 因此, $|F_2| = |F_2 \setminus F_1| + |F_1 \cap F_2| \geqslant 1 + 16n - 14 = 16n - 13 > 8n - 3$ $(n \geqslant 2)$. 这与 $|F_2| \leqslant 8n - 3$ 相矛盾.

设 $k = 6$ 且 v_1 和 v_2 是相邻的. 由性质 4.1.7, $|N(v_1) \cap N(v_2)| \leqslant 2$. 因此, $|W| \leqslant 2$.

设 $XQ_n^k - F_1 - F_2$ 恰有 1 个孤立的顶点 v. 设 v_1 和 v_2 都与 v 相邻. 于是, $N_{XQ_n^k}(v) \setminus \{v_1, v_2\} \subseteq F_1 \cap F_2$, $N_{XQ_n^k}(v_1) \setminus \{v, v_2\} \subseteq F_1 \cap F_2$, $N_{XQ_n^k}(v_2) \setminus \{v, v_1\} \subseteq F_1 \cap F_2$, $|(N_{XQ_n^k}(v) \setminus \{v_1, v_2\}) \cap (N_{XQ_n^k}(v_1) \setminus \{v, v_2\})| \leqslant 1$, $|(N_{XQ_n^k}(v) \setminus \{v_1, v_2\}) \cap (N_{XQ_n^k}(v_2) \setminus \{v, v_1\})| \leqslant 1$, $|[N_{XQ_n^k}(v_1) \setminus \{v\}] \cap [N_{XQ_n^k}(v_2) \setminus \{v\}]| \leqslant 1$. 从而, $|F_1 \cap F_2| \geqslant |N_{XQ_n^k}(v) \setminus \{v_1, v_2\}| + |N_{XQ_n^k}(v_1) \setminus \{v, v_2\}| + |N_{XQ_n^k}(v_2) \setminus \{v, v_1\}| = (4n - 2) + (4n - 2) + (4n - 2) - 3 = 12n - 9$. 因此, $|F_2| = |F_2 \setminus F_1| + |F_1 \cap F_2| \geqslant$

$1 + 12n - 9 = 12n - 8 > 8n - 3$ $(n \geqslant 2)$. 这与 $|F_2| \leqslant 8n - 3$ 相矛盾.

设 $XQ_n^k - F_1 - F_2$ 恰有 2 个孤立的顶点 v 和 w. 设 v_1 和 v_2 分别与 v 和 w 相邻. 于是, $N_{XQ_n^k}(v) \setminus \{v_1, v_2\} \subseteq F_1 \cap F_2$, $N_{XQ_n^k}(w) \setminus \{v_1, v_2\} \subseteq F_1 \cap F_2$, $N_{XQ_n^k}(v_1) \setminus \{v, w, v_2\} \subseteq F_1 \cap F_2$, $N_{XQ_n^k}(v_2) \setminus \{v, w, v_1\} \subseteq F_1 \cap F_2$, $|(N_{XQ_n^k}(v) \setminus \{v_1, v_2\}) \cap (N_{XQ_n^k}(v_1) \setminus \{v, w, v_2\})| \leqslant 1$, $|(N_{XQ_n^k}(v) \setminus \{v_1, v_2\}) \cap (N_{XQ_n^k}(v_2) \setminus \{v, w, v_1\})| \leqslant 1$. $|(N_{XQ_n^k}(w) \setminus \{v_1, v_2\}) \cap (N_{XQ_n^k}(v_1) \setminus \{v, w, v_2\})| \leqslant 1$, $|(N_{XQ_n^k}(w) \setminus \{v_1, v_2\}) \cap (N_{XQ_n^k}(v_2) \setminus \{v, w, v_1\})| \leqslant 1$. 由性质 4.1.7, 任意一对顶点最多有 2 个共同的邻点, $|(N_{XQ_n^k}(v) \setminus \{v_1, v_2\}) \cap (N_{XQ_n^k}(w) \setminus \{v_1, v_2\})| = 0$. 从而, $|(N_{XQ_n^k}(v_1) \setminus \{v, w, v_2\}) \cap (N_{XQ_n^k}(v_2) \setminus \{v, w, v_1\})| = 0$, $|(N_{XQ_n^k}(v) \setminus \{v_1, v_2\}) \cap (N_{XQ_n^k}(w) \setminus \{v_1, v_2\})| = 0$. 于是, $|F_1 \cap F_2| \geqslant |N_{XQ_n^k}(v) \setminus \{v_1, v_2\}| + |N_{XQ_n^k}(w) \setminus \{v_1, v_2\}| + |N_{XQ_n^k}(v_1) \setminus \{v, w, v_2\}| + |N_{XQ_n^k}(v_2) \setminus \{v, w, v_1\}| = (4n-2) + (4n-2) + (4n-3) + (4n-3) - 1 - 1 - 1 - 1 = 16n - 14$. 因此, $|F_2| = |F_2 \setminus F_1| + |F_1 \cap F_2| \geqslant 1 + 16n - 14 = 16n - 13 > 8n - 3$ $(n \geqslant 2)$. 这与 $|F_2| \leqslant 8n - 3$ 相矛盾.

设 $k = 6$ 且 v_1 和 v_2 不是相邻的. 由性质 4.1.7, $|N(v_1) \cap N(v_2)| \leqslant 4$, $|W| \leqslant 4$. 如果 $|N(v_1) \cap N(v_2)| = 4$, 则 $v_1, v_2 \in V(XQ[i])$. 从图 4.1 可得 $XQ_1^6[N(v_1) \cap N(v_2)]$ 是连通的. 因此, $|W| \leqslant 3$. 由于 $|N(v_1) \cap N(v_2)| \neq 3$, 所以 $|W| \leqslant 2$.

设 $XQ_n^k - F_1 - F_2$ 只有 1 个孤立的顶点 v. 设 v_1 和 v_2 都与 v 相邻. 于是, $N_{XQ_n^k}(v) \setminus \{v_1, v_2\} \subseteq F_1 \cap F_2$, $N_{XQ_n^k}(v_1) \setminus \{v\} \subseteq F_1 \cap F_2$, $N_{XQ_n^k}(v_2) \setminus \{v\} \subseteq F_1 \cap F_2$, $|(N_{XQ_n^k}(v) \setminus \{v_1, v_2\}) \cap (N_{XQ_n^k}(v_1) \setminus \{v\})| \leqslant 2$, $|(N_{XQ_n^k}(v) \setminus \{v_1, v_2\}) \cap (N_{XQ_n^k}(v_2) \setminus \{v\})| \leqslant 2$, $|[N_{XQ_n^k}(v_1) \setminus \{v\}] \cap [N_{XQ_n^k}(v_2) \setminus \{v\}]| \leqslant 3$. 从而, $|F_1 \cap F_2| \geqslant |N_{XQ_n^k}(v) \setminus \{v_1, v_2\}| + |N_{XQ_n^k}(v_1) \setminus \{v\}| + |N_{XQ_n^k}(v_2) \setminus \{v\}| = (4n - 2) + (4n - 1) + (4n - 1) - 2 - 2 - 3 = 12n - 11$. 因此, $|F_2| = |F_2 \setminus F_1| + |F_1 \cap F_2| \geqslant 1 + 12n - 11 = 12n - 10 > 8n - 3$ $(n \geqslant 2)$. 这与 $|F_2| \leqslant 8n - 3$ 相矛盾.

设 $XQ_n^k - F_1 - F_2$ 恰有 2 个孤立的顶点 v 和 w. 设 v_1 和 v_2 分别与 v 和 w 相邻. 于是, $N_{XQ_n^k}(v) \setminus \{v_1, v_2\} \subseteq F_1 \cap F_2$, $N_{XQ_n^k}(w) \setminus \{v_1, v_2\} \subseteq F_1 \cap F_2$, $N_{XQ_n^k}(v_1) \setminus \{v, w\} \subseteq F_1 \cap F_2$, $N_{XQ_n^k}(v_2) \setminus \{v, w\} \subseteq F_1 \cap F_2$, $|(N_{XQ_n^k}(v) \setminus \{v_1, v_2\}) \cap (N_{XQ_n^k}(v_1) \setminus \{v, w\})| \leqslant 2$, $|(N_{XQ_n^k}(v) \setminus \{v_1, v_2\}) \cap (N_{XQ_n^k}(v_2) \setminus \{v, w\})| \leqslant 2$, $|(N_{XQ_n^k}(w) \setminus \{v_1, v_2\}) \cap (N_{XQ_n^k}(v_1) \setminus \{v, w\})| \leqslant 2$, $|(N_{XQ_n^k}(w) \setminus \{v_1, v_2\}) \cap (N_{XQ_n^k}(v_2) \setminus \{v, w\})| \leqslant 2$. 由性质 4.1.7, XQ_n^k 中任意一对顶点最多有 4 个共同的邻点. 因此, $|(N_{XQ_n^k}(v_1) \setminus \{v, w\}) \cap (N_{XQ_n^k}(v_2) \setminus \{v, w\})| \leqslant 2$. 从而, $|F_1 \cap F_2| \geqslant |N_{XQ_n^k}(v) \setminus \{v_1, v_2\}| + |N_{XQ_n^k}(w) \setminus \{v_1, v_2\}| + |N_{XQ_n^k}(v_1) \setminus \{v, w\}| + |N_{XQ_n^k}(v_2) \setminus \{v, w\}| = (4n-2) + (4n-2) + (4n-2) + (4n-2) - 2 - 2 - 2 - 2 - 2 = 16n - 18$. 因此, $|F_2| = |F_2 \setminus F_1| + |F_1 \cap F_2| \geqslant 1 + 16n - 18 = 16n - 17 > 8n - 3$ $(n \geqslant 2)$. 这与 $|F_2| \leqslant 8n - 3$ 相矛盾. 设 $F_1 \setminus F_2 = \varnothing$. 于是, $F_1 \subseteq F_2$. 由于 F_2 是自然集, 所以 $XQ_n^k - F_2 = XQ_n^k - F_1 - F_2$ 没有孤立点. 断言证毕.

设 $u \in V(XQ_n^k) \setminus (F_1 \cup F_2)$. 由断言, u 至少有一个邻点在 $XQ_n^k - F_1 - F_2$ 中. 由于 (F_1, F_2) 不满足定理 3.2 的任意的条件, 所以对于任意一对相邻顶点 $u, w \in V(XQ_n^k) \setminus (F_1 \cup F_2)$, 不存在 $v \in F_1 \triangle F_2$ 使得 $uw \in E(XQ_n^k)$, $vw \in E(XQ_n^k)$. 因此, 在 $F_1 \triangle F_2$ 中 u 没有邻点. 由 u 的任意性, $V(XQ_n^k) \setminus (F_1 \cup F_2)$ 和 $F_1 \triangle F_2$ 之间没有边. 由于 $F_2 \setminus F_1 \neq \varnothing$, F_1 是自然集, 所以 $\delta_{XQ_n^k}([F_2 \setminus F_1]) \geqslant 1$, $|F_2 \setminus F_1| \geqslant 2$. 由于 F_1 和 F_2 是自然集并且 $V(XQ_n^k) \setminus (F_1 \cup F_2)$ 和 $F_1 \triangle F_2$ 之间没有边, 所以 $F_1 \cap F_2$ 是 XQ_n^k 的一个自然割. 由定理 4.1.4, 有 $|F_1 \cap F_2| \geqslant 8n - 4$. 因此, $|F_2| = |F_2 \setminus F_1| + |F_1 \cap F_2| \geqslant 2 + (8n - 4) = 8n - 2$. 这与 $|F_2| \leqslant 8n - 3$ 相矛盾. 故, XQ_n^k 是自然 $(8n - 3)$ 可诊断的, $t_1^{MM^*}(XQ_n^k) \geqslant 8n - 3$. □

根据引理 4.1.4 和引理 4.1.5, 有下面的定理.

定理 4.1.6[54]　设 $n \geqslant 2$. 扩展 k 元 n 立方体在 MM* 模型下的自然诊断度是 $8n - 3$.

4.2　巢图的连通度和自然诊断度

4.2.1　预备知识

设 G 是一个有限群, S 是 G 不含单位元的生成集. 凯莱有向图 $Cay(S, G)$ 定义如下: 它的顶点集是 G, 弧集是 $\{(g, gs) : g \in G, s \in S\}$. 若对任意的 $s \in S$, 有 $s^{-1} \in S$, 则两个点 g 和 gs 之间有一对来回弧, 这时我们用一条边代替. 称这个凯莱图为无向凯莱图. 本书所言的凯莱图均为无向凯莱图.

设 S 的元是对换. 于是, S 生成的置换群是对称群 S_n 的子群, 其中单位元记为 (1). 它是顶点传递的. 对换可用图直观地表示出来. 如 $\{(1, 2), (2, 3)\}$ 可表示为

因此, 我们引入下面的概念.

考虑一个 $n \geqslant 3$ 阶连通简单图 H, 它的顶点集为 $\{1, 2, \cdots, n\}$, 它的每条边可视为 S_n 中的一个对换. 这样 H 的边集 $E(H)$ 就对应了对称群 S_n 中的一个对换集 S. 在这个意义下, 把 H 称为对换简单图. 凯莱图 $Cay(S, \langle S \rangle)$ 称为 H 对应的凯莱图. 当对换简单图是树时, 称为对换树. 当对换简单图是路时, 它对应的凯莱图称为泡型图 (bubble sort graph[56]). 当对换简单图是星图时, 它对应的凯莱图称为星图 (star graph[56]). 当对换简单图是完全图 (K_n) 时, 它对应的凯莱图称为巢图 (nest graph[57]). 由于 n 阶对换树对应的凯莱图都是 S_n 上的凯莱图, 故任意一个 n 阶对换简单图对应的凯莱图也是 S_n 上的凯莱图.

用 CK_n 表示巢图.

定理 4.2.1[56]   巢图 CK_n 是点传递的偶图.

定理 4.2.2[55]   对称群中每一个非单位元的置换 (除因子的排列次序), 可以唯一地分解成若干个长度至少为 2 的不相交轮换积.

性质 4.2.1[57]   设 $n \geqslant 3$. CK_n 的围长是 4.

证明   由于巢图是一个简单图, 容易看到 CK_n 的围长不是 2. 由定理 4.2.1, CK_n 中不存在任意一个 3 圈. 注意到 CK_n 中存在一个 4 圈记为 $(1), (ab)$, $(ab)(cd), (cd), (1)$, 其中 (ab) 与 (cd) 不相交. 因此, CK_n 的围长是 4. □

性质 4.2.2[57]   设 CK_n 是一个巢图. 如果两个顶点 u, v 是相邻的, 则 u, v 没有共同的邻点, 即 $|N(u) \cap N(v)| = 0$. 如果两个顶点 u, v 不是相邻的, 则 u, v 最多有 3 个共同的邻点, 即 $|N(u) \cap N(v)| \leqslant 3$.

证明   在这个证明中, 置换用不相交轮换的积表示. 用反证法证明.

情况 1   如果两个顶点是相邻的, 它们有 1 个共同的邻点, 那么这 3 个顶点构成一个 3 圈. 这个与定理 4.2.1 中二分图 CK_n 中没有奇圈矛盾.

情况 2   设两个顶点 u, v 不相邻. 假设 $|N(u) \cap N(v)| \geqslant 4$. 由定理 4.2.1, 不失一般性, 假设 $u = (1)$, 即 u 是单位元顶点. 于是, $v \notin E(K_n)$. 设 $\{(ia), (jb), (kc),$ $(ld)\} \subseteq E(K_n)$, $\{(ia), (jb), (kc), (ld)\} \subseteq N(u) \cap N(v)$, $|\{(ia), (jb), (kc), (ld)\}| = 4$. 由性质 4.2.1, CK_n 的围长是 4. 设 $v = (ia)(jb)$.

情况 2.1 (ia) 与 (jb) 不相交.

在这种情况里, $u, (ia), v, (jb), u$ 也是一个 4 圈. 由于 $u, (ia), v, (kc), u$ 也是一个 4 圈, 设 $v = (kc)(xy) = (ia)(jb)$. 由定理 4.2.2, (kc) 与 (xy) 不相交. 于是 $(kc) = (jb)$ 或 $(kc) = (ia)$, 产生一个矛盾. 相似地, 有 $(ld) = (jb)$ 或 $(ld) = (ia)$. 这与 $|\{(ia), (jb), (kc), (ld)\}| = 4$ 相矛盾. 因此, $|N(u) \cap N(v)| = 2$.

情况 2.2 (ia) 与 (jb) 相交.

不失一般性, 设 $a = j$, 有 $v = (iab)$. 由于 $u, (ia), v, (jb), u$ 是一个 4 圈, 所以存在 $(xy) \in E(K_n)$ 使得 $(jb)(xy) = (ab)(xy) = v = (iab)$. 由定理 4.2.2, $\{x, y\}$ 中之一是 i. 设 $i = x$, 那么 $y = a$ 或 $y = b$. 当 $y = a$ 时, $(ab)(xy) = (ab)(ia) = (iba) \neq (iab)$, 产生矛盾. 当 $y = b$ 时, $(ab)(xy) = (ab)(ib) = (iab)$. 设 $i = y$, 那么 $x = a$ 或 $x = b$. 当 $x = a$ 时, $(ab)(xy) = (ab)(ai) = (iba) \neq (iab)$, 产生矛盾. 当 $x = b$ 时, $(ab)(xy) = (ab)(bi) = (ab)(ib) = (iab)$. 于是 (xy) 只能是 (ib). 相似地, 我们可以讨论其他情况. 因此, (iab) 只能分解成 $v = (iab) = (ia)(ab) = (ab)(ib) = (ib)(ia)$. 我们有 $\{(ia), (jb), (kc), (ld)\} = \{(ia), (ab), (ib)\}$, 它与 $|\{(ia), (jb), (kc), (ld)\}| = 4$ 相矛盾. □

定理 4.2.3[58]   设 H 是一个简单的连通图及 $n = |V(H)| \geqslant 3$. 如果 H^1 和 H^2 是由 H 用 $\{1, 2, \cdots, n\}$ 中标号获得的两个不同的标号图, 那么 $Cay(H^1, S_n)$

同构于 $Cay(H^2, S_n)$.

由定理 4.2.3, 对于一个简单连通图 H 可以根据需要给它标号. 设 $n \geqslant 4$, S^* 是 S_{n-1} 的一个生成集. $Cay(H, S_n)$ 可以分解成更小的 $Cay(S^*, S_{n-1})$ 如下. 给定一个整数 p 及 $1 \leqslant p \leqslant n$, 设 H_i 是 $Cay(H, S_n)$ 的顶点中第 p 个位置是 i 的导出子图, 其中 $1 \leqslant i \leqslant n$. 我们把它称为 $Cay(H, S_n)$ 在 p 位置的分解. 设对换简单图 H 是一个完全图 K_n. 如果沿最后一个位置分解 $Cay(H, S_n)$, 容易看到 H_i 和 $Cay(H - n, S_{n-1})$ 是同构的. 此外, 我们表示 $E_{i,j}(CK_n) = E_{CK_n}(V(H_i), V(H_j))$, 其中 $i, j \in \{1, \cdots, n\}$.

引理 4.2.1[57]　CK_n 中 2 个不同 H_i 和 H_j 之间存在 $(n-1)!$ 条独立的交叉边, $V(H_i)$ 的每一个顶点与 $V(H_j)$ 的一个顶点相邻, 其中 $i, j \in \{1, 2, \cdots, n\}$.

证明　设 $v \in V(CK_n)$. 于是, v 发出去的交叉边共有 $(n-1)$ 条. 于是 CK_n 一共有交叉边 $\dfrac{n!(n-1)}{2}$ 条. 从而, 在 CK_n 中任意 2 个不同 H_i 和 H_j 之间有 $\dfrac{n!(n-1)}{2} \div \dfrac{n(n-1)}{2} = (n-1)!$ 条交叉边.

不失一般性, 我们讨论 H_n. 于是, $v = (1) \in V(H_n)$, $v(kn) \in V(H_k)$, 其中 $k = 1, 2, \cdots, n-1$. 设 $x = \begin{pmatrix} 1 & 2 & \cdots & n-1 & n \\ p_1 & p_2 & \cdots & p_{n-1} & p_n \end{pmatrix}$. 于是, $v(kn) \in V(H_{p_k})$. 由于 $\{p_1, p_2, \cdots, p_{n-1}\} = \{1, 2, \cdots, n-1\}$, 所以 x 发出去的 $(n-1)$ 条交叉边的另一个端点分别在 $(n-1)$ 个不同的 H_i 中.　　　　□

4.2.2　巢图的连通度

定理 4.2.4[57]　当 $n \geqslant 3$ 时, CK_n 的连通度是 $\dfrac{n(n-1)}{2}$, 即 $\kappa(CK_n) = \dfrac{n(n-1)}{2}$.

证明　为了证明这个定理, 我们对 n 进行归纳. 当 $n = 3$ 时, 容易看到 $\kappa(CK_3) = \dfrac{n(n-1)}{2} = 3$. 因为 CK_3 与 $K_{3,3}$ 同构. 沿最后一个位置分解 CK_n, 由 H_i $(i = 1, \cdots, n)$ 表示. 那么 H_i 和 CK_{n-1} 是同构的. 设 F 是 CK_n 中的顶点集且 $|F| \leqslant \dfrac{n(n-1)}{2} - 1$, $F_i = V(H_i) \cap F$. 当 $n = 4$ 时, 不失一般性, 设 $|F_1| = \max\{|F_1|, F_2|, |F_3|, |F_4|\}$. 如果 $3 \leqslant |F_1| \leqslant 5$, 那么有 $F_4 = \varnothing$. 根据引理 4.2.1, H_i 的每一个顶点与 $H_4 = H_4 - F_4$ 的一个顶点相邻, 其中 $i \in \{1, 2, 3\}$. 于是 $CK_4 - F$ 是连通的. 假设 $|F_i| \leqslant 2$. 再结合 H_i 与 CK_3 同构, 有 $H_i - F_i$ 是连通的. 由于 $|E_{i,j}(CK_4)| = (n-1)! = 6 > 4 \geqslant |F_i| + |F_j|$, $CK_4[V(H_i - F_i) \cup V(H_j - F_j)]$ 是连通的, 其中 $i, j \in \{1, 2, 3, 4\}$. 因此, $CK_4 - F$

是连通的, $\kappa(CK_4) \geqslant 6$. 由于 $\delta(CK_4) = 6 \geqslant \kappa(CK_4) \geqslant 6$, 有 $\kappa(CK_4) = 6$. 当 $n = k - 1$ 时, 假设 $\kappa(CK_{k-1}) = \delta(CK_{k-1}) = \dfrac{(k-1)(k-2)}{2}$. 当 $n = k$ 时, 设 $F \leqslant \dfrac{k(k-1)}{2} - 1$, $|F_1| = \max\{|F_i| : i = 1, 2, \cdots, k\}$. 如果 $\dfrac{(k-1)(k-2)}{2} \leqslant |F_1| \leqslant \dfrac{k(k-1)}{2} - 1$, 有 $\sum_{i=2}^{k} |F_i| \leqslant (k-2)$, 那么 $F_k = \varnothing$. 根据引理 4.2.1, H_i 的每一个顶点与 $H_k = H_k - F_k$ 的一个顶点相邻, 其中 $i \in \{1, \cdots, k-1\}$. 那么 $CK_k - F$ 是连通的. 如果 $|F_i| \leqslant \dfrac{(k-1)(k-2)}{2} - 1$, 由假设, $H_i - F_i$ 是连通的. 由于 $|E_{i,j}(CK_k)| = (k-1)! > k^2 - 3k \geqslant |F_i| + |F_j|$, 其中 $k \geqslant 4$, 有 $CK_k[V(H_i - F_i) \cup V(H_j - F_j)]$ 是连通的, 其中 $i, j \in \{1, 2, \cdots, n\}$. 因此, CK_k 是连通的, $\kappa(CK_k) \geqslant \dfrac{k(k-1)}{2}$. 由于 $\delta(CK_k) = \dfrac{k(k-1)}{2} \geqslant \kappa(CK_k) \geqslant \dfrac{k(k-1)}{2}$, 有 $\kappa(CK_k) = \dfrac{k(k-1)}{2}$. 因此, $\kappa(CK_n) = \dfrac{n(n-1)}{2}$. □

引理 4.2.2[57] CK_4 的自然连通度不小于 10, 即 $\kappa^{(1)}(CK_4) \geqslant 10$.

证明   我们沿最后一个位置分解 CK_4, 由 H_i $(i = 1, 2, 3, 4)$ 表示. 于是 H_i 和 CK_3 是同构的. 对于给定的分解, 端点位于不同 H_i 的边称为交叉边. 注意到每个顶点关联到 $(n-1) = 3$ 条交叉边. 由引理 4.2.1, 2 个不同 H_i 之间存在 $(n-1)! = 6$ 条独立交叉边. 设 F 是 CK_4 的一个自然割使得 $|F| \leqslant 9$, $F_i = F \cap V(H_i)$. 不失一般性, 设 $|F_1| \geqslant |F_{i_2}| \geqslant |F_{i_3}| \geqslant |F_{i_4}|$, 其中 $\{i_2, i_3, i_4\} = \{2, 3, 4\}$.

情况 1 $|F_{i_4}| = 0$.

由于 $V(H_i)$ 的每一个点对于 $i \in \{1, i_2, i_3\}$ 与 $H_4 - F_4 = H_4$ 的一个顶点相邻, 所以 $CK_4 - F$ 是连通的. 这与 F 是 CK_4 的一个自然割相矛盾.

情况 2 $|F_{i_4}| = 1$.

由定理 4.2.4, 有 $H_{i_4} - F_{i_4}$ 是连通的. 设 $F_{i_4} = \{u\}$. 对于 $j = 1, 2, 3$ $(H_{i_1} = H_1)$, H_{i_j} 中仅有一个顶点 u_{i_j} 与 u 相邻. 如果 $u_{i_j} \in F$, 其中 $j \in \{1, 2, 3\}$, 那么 $CK_4[V(H_{i_j} - F_{i_j}) \cup V(H_{i_4} - F_{i_4})]$ 是连通的. 从而, $CK_4 - F$ 是连通的. 这与 F 是 CK_4 的一个自然割相矛盾. 于是至少存在一个 $u_{i_j} \notin F$. 不失一般性, 设 $u_{i_1} \notin F$, $u_1 = u_{i_1}$. 由于 F 是 CK_4 的一个自然割, 所以 $CK_4 - F$ 没有孤立点, $d_{CK_4 - F}(u_1) \geqslant 1$. 再结合 u_1 在 H_{i_4} 中只与 u 相邻, 所以存在一个顶点 u_1' 在 $CK_4 - (F \cup V(H_{i_4}))$ 中使得 u_1' 与 u_1 相邻. 注意到 CK_4 中不存在 3 圈. 它推出 u_1' 不与 u 相邻. 因此, u_1' 与 $H_{i_4} - F_{i_4}$ 中的一个顶点相邻, $CK_4[V(H_{i_4} - F_{i_4}) \cup \{u_1', u_1\}]$ 是连通的. 对于 $H_1 - F_1$ 中的其他顶点, 它们每个正好与 $H_{i_4} - F_{i_4}$ 中的一个顶

点相邻. 于是 $CK_4[V(H_{i_4} - F_{i_4}) \cup V(H_1 - F_1) \cup \{u'_1\}]$ 是连通的. $H_{i_2} - F_{i_2}$ 和 $H_{i_3} - F_{i_3}$ 的情况是相似的. 从上面的讨论, $CK_4 - F$ 是连通的. 这与 F 是 CK_4 的一个自然割相矛盾.

情况 3　$|F_{i_4}| = 2$.

对于 $|F| \leqslant 5$, 由定理 4.2.4, 有 $CK_4 - F$ 是连通的. 这与 F 是 CK_4 的一个自然割相矛盾. 于是, 设 $6 \leqslant |F| \leqslant 9$. 再根据 $|F_1| \geqslant |F_{i_2}| \geqslant |F_{i_3}| \geqslant |F_{i_4}|$, 有 $|F_2| = |F_3| = |F_4| = 2$, $2 \leqslant |F_1| \leqslant 3$. 设 $|F_1| = 2$. 注意到 H_i 与 CK_3 同构. 由定理 4.2.4, $CK_3 - F_i$ 是连通的. 所以, $H_i - F_i$ 是连通的. 由于 $V(H_i)$ 的每一个顶点与 H_j 中的一个顶点相邻, 其中 $i, j \in \{1, 2, 3, 4\}$, $|E_{i,j}(CK_4)| = (n-1)! = 6 > 4 \geqslant |F_i| + |F_j|$, 所以 $CK_4[V(H_i - F_i) \cup V(H_j - F_j)]$ 是连通的. 从而, $CK_4 - F$ 是连通的. 这与 F 是 CK_4 的一个自然割相矛盾. 设 $|F_1| = 3$. 假设 $H_1 - F_1$ 中不存在孤立点. 由于 $|E_{1,i}(CK_4)| = (n-1)! = 6 > 5 = |F_1| + |F_i|$, 所以 $CK_4[V(H_1 - F_1) \cup V(H_i - F_i)]$ 是连通的. 从而, $CK_4 - F$ 是连通的. 这与 F 是 CK_4 的一个自然割相矛盾. 设 $H_1 - F_1$ 中存在孤立点. 由于 $H_1 = K_{3,3}$, 所以 $H_1 - F_1$ 有 3 个孤立点. 由于 $CK_4 - F$ 中不存在孤立点, $H_1 - F_1$ 中孤立点都与 $CK_4 - F - H_1$ 中的顶点相邻. 由于 $|E_{i,j}(CK_4)| = (n-1)! = 6 > 4 \geqslant |F_i| + |F_j|$, 其中 $i, j \in \{2, 3, 4\}$, 所以 $CK_4[V(H_i - F_i) \cup V(H_j - F_j)]$ 是连通的. 从而, $CK_n - F$ 是连通的. 这与 F 是 CK_4 的一个自然割相矛盾.

由情况 1—情况 3, 当 $|F| \leqslant 9$ 时, F 不是 CK_4 的一个自然割, $\kappa^{(1)}(CK_4) \geqslant 10$.　　　　　　　　　　　　　　　　　　　　　　　　　　　　　□

引理 4.2.3[57]　　CK_5 的自然连通度不小于 18, 即 $\kappa^{(1)}(CK_5) \geqslant 18$.

证明　沿最后一个位置分解 CK_5, 由 H_i ($i = 1, 2, 3, 4, 5$) 表示. 然后, H_i 和 CK_4 是同构的. 对于给定的分解, 端点位于不同 H_i 的边称为交叉边. 由引理 4.2.1, 每个顶点与 $(n-1) = 4$ 条交叉边相关联, 2 个不同 H_i 之间存在 $(n-1)! = 24$ 条独立交叉边. 设 F 是 CK_5 的自然割使得 $|F| \leqslant 17$, $F_i = F \cap V(H_i)$. 不失一般性, 设 $|F_1| \geqslant |F_{i_2}| \geqslant |F_{i_3}| \geqslant |F_{i_4}| \geqslant |F_{i_5}|$, 其中 $\{i_2, i_3, i_4, i_5\} = \{2, 3, 4, 5\}$.

情况 1　$|F_{i_5}| = 0$.

由于 $V(H_{i_j})$ 的每一个点对于 $j \in \{1, 2, 3, 4\}$ ($i_1 = 1$) 都与 $H_{i_5} - F_{i_5} = H_{i_5}$ 中的顶点相邻, 所以 $CK_5 - F$ 是连通的. 这与 F 是 CK_5 的一个自然割相矛盾.

情况 2　$|F_{i_5}| = 1$.

由定理 4.2.4, $H_{i_5} - F_{i_5}$ 是连通的. 设 $F_{i_5} = \{u\}$. H_{i_j} ($H_{i_1} = H_1$) 中对于 $j \in \{1, 2, 3, 4\}$ 只存在一个顶点 u_{i_j} 使得 u_{i_j} 与 u 相邻. 如果 $u_{i_j} \in F$, 其中 $j \in \{1, 2, 3, 4\}$, 那么 $CK_5[V(H_{i_j} - F_{i_j}) \cup V(H_{i_5} - F_{i_5})]$ 是连通的. 从而, $CK_5 - F$ 是连通的. 这与 F 是 CK_5 的一个自然割相矛盾. 因此, 至少存在一个 $u_{i_j} \notin F$. 不失一般性, 设它是 u_1. 由于 F 是 CK_5 的一个自然割, 所以 $CK_5 - F$ 没有孤立点,

$d_{CK_5-F}(u_1) \geqslant 1$. 再结合 u_1 在 H_{i_5} 中只与 u 相邻, 所以在 $CK_5 - (F \cup V(H_{i_5}))$ 中存在一个顶点 u_1' 使得 u_1' 与 u_1 相邻. 注意到 CK_5 中不存在 3 圈. 它推出 u_1' 与 u 不相邻. 于是, u_1' 与 $H_{i_5} - F_{i_5}$ 中的一个顶点相邻, $CK_5[V(H_{i_5} - F_{i_5}) \cup \{u_1', u_1\}]$ 是连通的. 对于 $H_1 - F_1$ 中的顶点, 它们每一个与 $H_{i_5} - F_{i_5}$ 中的点相邻. 那么有 $CK_5[V(H_{i_5} - F_{i_5}) \cup V(H_1 - F_1) \cup \{u_1'\}]$ 是连通的. $H_i - F_i$ 对于 $i \in \{2, 3, 4\}$ 的情况是相似的. 从上面的讨论可得 $CK_5 - F$ 是连通的. 这与 F 是 CK_5 的一个自然割相矛盾.

情况 3 $|F_{i_5}| = 2$.

容易地看到 $|F_1| + |F_{i_2}| \leqslant 17 - 3 \times 2 = 11$. 由定理 4.2.4, 只有 F_1 满足 $|F_1| \geqslant 6 = \kappa(CK_4)$. 由引理 4.2.2, $|F_1| \leqslant 17 - 4 \times 2 = 9 < 10 \leqslant \kappa^{(1)}(CK_4)$. 设 $6 \leqslant |F_1| \leqslant 9$. 注意到 $|F_{i_j}| < 6$, 其中 $j \in \{2, 3, 4, 5\}$. 根据定理 4.2.4, 有 $H_{i_j} - F_{i_j}$ 对于 $j \in \{2, 3, 4, 5\}$ 是连通的. 由于 $|E_{i,j}(CK_5)| = (n-1)! = 24 > 7 \geqslant |F_i| + |F_j|$, 所以 $CK_5[V(H_i - F_i) \cup V(H_j - F_j)]$ 是连通的, 其中 $i, j \in \{2, 3, 4, 5\}$. 设 $H_1 - F_1$ 没有孤立点. 由于 $|E_{1,i}(CK_5)| = (n-1)! = 24 > 11 \geqslant |F_1| + |F_i|$, 所以 $CK_5[V(H_1 - F_1) \cup V(H_i - F_i)]$ 是连通的. 因此, $CK_5 - F$ 是连通的. 这与 F 是 CK_5 的一个自然割相矛盾. 于是, $H_1 - F_1$ 中存在孤立点. 由于 $CK_5 - F$ 中不存在孤立点, 所以 $H_1 - F_1$ 中那些孤立点分别相邻到 $CK_5 - F - V(H_1)$ 中的顶点. 设 $H_1 - F_1$ 中存在一个分支 G_1 使得 $|V(G_1)| = 2$. 由于 $|N_{H_1}(V(G_1))| = (n-1)(n-2) - 2 = 10 > 9 \geqslant |F_1|$, 这产生矛盾. 于是, $|V(G_1)| \geqslant 3$. 由于 $3(n-1) = 12 > 17 - 6 = 11$, 所以 $CK_n[V(G_1) \cup V(H_i)]$ 是连通的, 其中至少一个 $i \in \{2, 3, 4, 5\}$. $H_1 - F_1$ 中另外的分支是相似的. 从上面的讨论, $CK_5 - F$ 是连通的. 这与 F 是 CK_5 的一个自然割相矛盾.

情况 4 $|F_{i_5}| = 3$.

容易地看到 $|F_1| \leqslant 17 - 4 \times 3 = 5$. 由定理 4.2.4, 那么有 $|F_i| < \kappa(CK_4) = 6$, 其中 $i \in \{1, 2, 3, 4, 5\}$. 从而, $H_i - F_i$ 是连通的. 因为 $|E_{i,j}(CK_5)| = (n-1)! = 24 > 8 \geqslant |F_i| + |F_j|$, 所以 $CK_5[V(H_i - F_i) \cup V(H_j - F_j)]$ 是连通的. 因此, $CK_5 - F$ 是连通的. 这与 F 是 CK_5 的一个自然割相矛盾.

由情况 1—情况 4, 当 $|F| \leqslant 17$ 时, F 不是 CK_5 的一个自然割, $\kappa^{(1)}(CK_5) \geqslant 18$. $\square$

定理 4.2.5[57] 对于 $n \geqslant 4$, CK_n 的自然连通度是 $n^2 - n - 2$, 即 $\kappa^{(1)}(CK_n) = n^2 - n - 2$.

证明 由性质 4.2.1, CK_n 的围长是 4. 由定理 4.2.1, 设 $(12) \in E(K_n)$ 和 $A = \{(1), (12)\}$. 于是, $CK_n[A] = K_2$. 由于 CK_n 没有 3 圈, 它的正则度是 $\dfrac{n(n-1)}{2}$, 所以 $|N_{CK_n}(A)| = n(n-1) - 2 = n^2 - n - 2$. 设 $F_1 = N_{CK_n}(A)$,

$F_2 = A \cup N_{CK_n}(A)$. 注意到 $|N((1)) \setminus (12)| = \dfrac{n(n-1)}{2} - 1$. 设 $a \in (N((1)) \setminus (12))$. 对于任意的 $x \in S_n \setminus F_2$, 设 a 与 x 相邻. 由于 CK_n 是偶图, 所以 x 不与 $(N((12)) \setminus (1))$ 的任意顶点相邻. 因此, $d_{CK_n[S_n \setminus F_2]}(x) \geqslant \dfrac{n(n-1)}{2} - \left(\dfrac{n(n-1)}{2} - 1 \right) = 1$, $\delta(CK_n - F_1 - F_2) \geqslant 1$. 从而, F_1 是 CK_n 的一个自然割. 因此, $\kappa^{(1)}(CK_n) \leqslant n^2 - n - 2$. 下面证明当 $|F| \leqslant n^2 - n - 3$ 时 F 不是 CK_n 的一个自然割.

我们沿最后一个位置分解 CK_n, 由 H_i ($i = 1, 2, \cdots, n$) 表示. H_i 和 CK_{n-1} 是同构的. 对于给定的分解, 交叉边的端点位于不同的 H_i. 由引理 4.2.1, 每个顶点与 $(n-1)$ 条交叉边相关联, 2 个不同 H_i 之间存在 $(n-1)!$ 条独立交叉边. 设 $F_i = F \cap V(H_i)$. 不失一般性, 设 $|F_1| \geqslant |F_{i_2}| \geqslant \cdots \geqslant |F_{i_{n-1}}| \geqslant |F_{i_n}|$, 其中 $\{i_2, \cdots, i_{n-1}, i_n\} = \{2, \cdots, n-1, n\}$. 证明过程对 n 进行归纳. 对于 $4 \leqslant n \leqslant 5$, 由引理 4.2.2 和引理 4.2.3, 当 $|F| \leqslant n^2 - n - 3$ 时 F 不是 CK_n 的一个自然割. 假设当 $|F| \leqslant (n-1)^2 - (n-1) - 3$ 时 F 不是 CK_{n-1} 的一个自然割. 现在对于 $n \geqslant 6$ 考虑 CK_n. 用反正法. 假设当 $|F| \leqslant n^2 - n - 3$ 时, F 是 CK_n 的一个自然割. 我们考虑下面的情况.

情况 1　$|F_1| < \dfrac{(n-1)(n-2)}{2}$.

由于 $|F_1| \geqslant |F_{i_2}| \geqslant \cdots \geqslant |F_{i_{n-1}}| \geqslant |F_{i_n}|$, $|F_1| < \dfrac{(n-1)(n-2)}{2}$, 所以 $|F_{i_j}| < \dfrac{(n-1)(n-2)}{2}$, 其中 $j = 2, 3, \cdots, n$. 由定理 4.2.4, $H_i - F_i$ 是连通的. 由于 2 个不同 H_i 中存在 $(n-1)!$ 条独立交叉边和 $(n-1)! \geqslant 2 \cdot \dfrac{(n-1)(n-2)}{2} > |F_i| + |F_j|$, 所以 $CK_n[V(H_i - F_i) \cup V(H_j - F_j)]$ 是连通的. 因此, $CK_n - F$ 是连通的. 这与 F 是 CK_n 的一个自然割相矛盾.

情况 2　$\dfrac{(n-1)(n-2)}{2} \leqslant |F_1| \leqslant (n-1)^2 - (n-1) - 3$.

由于 $2 \cdot \dfrac{(n-1)(n-2)}{2} < n^2 - n - 3 < 3 \cdot \dfrac{(n-1)(n-2)}{2}$, 其中 $n \geqslant 6$, 所以仅 F_{i_2} 能有 $\dfrac{(n-1)(n-2)}{2} \leqslant |F_{i_2}| \leqslant (n-1)^2 - (n-1) - 3$. 对于 $j \in \{3, \cdots, n\}$, $|F_{i_j}| < \dfrac{(n-1)(n-2)}{2}$.

情况 2.1　$\dfrac{(n-1)(n-2)}{2} \leqslant |F_2| \leqslant (n-1)^2 - (n-1) - 3$.

为了方便, 令 $i_2 = 2$. 由于 $\dfrac{(n-1)(n-2)}{2} \leqslant |F_i| \leqslant (n-1)^2 - (n-1) - 3$, 其

中 $i \in \{1,2\}$, 由归纳假设, $H_i - F_i$ 或者有孤立点或者是连通的.

情况 2.1.1 $H_1 - F_1$ 和 $H_2 - F_2$ 都没有孤立点.

在这种情况里, $H_1 - F_1$ 和 $H_2 - F_2$ 其中之一是连通的. 由于 $|F \setminus (F_1 \cup F_2)| < \dfrac{(n-1)(n-2)}{2}$, 与情况 1 相似, $CK_n[V(H_i - F_i) \cup V(H_j - F_j)]$ 是连通的, 其中 $i, j \in \{3, \cdots, n\}$. 由于 $|V(H_1 - F_1)|(n-2) \geqslant [(n-1)! - (n-1)^2 + (n-1) + 3](n-2) > (n^2 - n - 3) - (n-1)(n-2) \geqslant |F \setminus (F_1 \cup F_2)|$, 所以 $CK_n[V(H_1 - F_1) \cup V(H_i - F_i)]$ 是连通的, 其中至少一个 $i \in \{3, \cdots, n\}$. $H_2 - F_2$ 的情况是相似的. 于是 $CK_n - F$ 是连通的. 这与 F 是 CK_n 的一个自然割相矛盾.

情况 2.1.2 $H_1 - F_1$ 和 $H_2 - F_2$ 其中一个有孤立点.

不失一般性, 设它是 $H_1 - F_1$. 根据性质 4.2.2, 两个顶点最多有三个公共的相邻顶点. 注意到 $2 \cdot \dfrac{(n-1)(n-2)}{2} - 3 = (n-1)^2 - (n-1) - 3$. 于是, $H_1 - F_1$ 最多有 2 个孤立点. 设 $H_1 - F_1$ 中存在 2 个孤立点 a 和 b. 由于 F 是 CK_n 的一个自然割, 所以 $CK_n - F$ 中不存在孤立点, $CK_n - F$ 中 a 和 b 都不是孤立点. 注意到 $|F_1| = (n-1)^2 - (n-1) - 3$. 由于 $|F| - |F_1| - |F_2| \leqslant n^2 - n - 3 - (n-1)^2 + (n-1) + 3 - \dfrac{(n-1)(n-2)}{2} < (n-2)$, $|F_1| \geqslant |F_2| \geqslant \cdots \geqslant |F_n|$, 所以 $|F_n| = 0$. 由于 $CK_n[\bigcup_{i=1}^{n-1} V(H_i - F_i)]$ 的每一个顶点与 $H_n - F_n = H_n$ 中的一个顶点相邻, 所以 $CK_n - F$ 是连通的, 这与 F 是 CK_n 的一个自然割相矛盾. 于是, $H_1 - F_1$ 最多有一个孤立点. 如果 $H_1 - F_1$ 中仅存在一个孤立点, 设它是 $a, H_1 - F_1 - a$ 的分支是 $G_1, G_2, \cdots, G_k$, 其中 $k \geqslant 1$. 由于 F 是 CK_n 的一个自然割, 所以 a 至少与一个 $H_i - F_i$ 中的点相邻, 其中 $i \in \{2, \cdots, n\}$. 对于 G_r $(1 \leqslant r \leqslant k)$, 有 $|V(G_r)| \geqslant 2$. 由于 $\left(n^2 - n - 3 - 2 \cdot \dfrac{(n-1)(n-2)}{2}\right) = 2n - 5 < 2(n-2) \leqslant |N(V(G_r)) \setminus (V(H_1) \cup V(H_2))|$, 所以对于至少一个 $i \in \{3, \cdots, n\}$, $CK_n[V(G_r) \cup V(H_i - F_i)]$ 是连通的. 对于 $H_1 - F_1$ 中其他的分支, 情况是相似的. 与情况 1 的证明是相似的, $CK_n[V(H_i - F_i) \cup V(H_j - F_j)]$ 是连通的, 其中 $i, j \in \{3, \cdots, n\}$. 与情况 2.1.1 的证明相似, 对于至少一个 $i \in \{3, \cdots, n\}$, $CK_n[V(H_2 - F_2) \cup V(H_i - F_i)]$ 是连通的. 因此, $CK_n - F$ 是连通的. 这与 F 是 CK_n 的一个自然割相矛盾.

情况 2.1.3 $H_1 - F_1$ 和 $H_2 - F_2$ 都有孤立点.

设 $H_1 - F_1$ 有 2 个孤立点. 于是, $|F_1| = (n-1)^2 + (n-1) + 3$. 由于 $|F| - |F_1| - |F_2| \leqslant n^2 - n - 3 - (n-1)^2 + (n-1) + 3 - \dfrac{(n-1)(n-2)}{2} < (n-2)$,

$|F_1| \geqslant |F_2| \geqslant \cdots \geqslant |F_n|$, 所以 $|F_n| = 0$. 由于 $CK_n[\bigcup_{i=1}^{n-1} V(H_i - F_i)]$ 的每一个顶点与 $H_n - F_n = H_n$ 中的一个顶点相邻, $CK_n - F$ 是连通的. 这与 F 是 CK_n 的一个自然割相矛盾. 于是, $H_1 - F_1$ 有 1 个孤立点. 如果 $H_2 - F_2$ 有 2 个孤立点, 同样可得 $|F_n| = 0$. 由于 $CK_n[\bigcup_{i=1}^{n-1} V(H_i - F_i)]$ 的每一个顶点与 $H_n - F_n = H_n$ 中的一个顶点相邻, 所以 $CK_n - F$ 是连通的, 这与 F 是 CK_n 的一个自然割相矛盾. 于是, $H_1 - F_1$ 和 $H_2 - F_2$ 中每个都有 1 个孤立点. 设它们分别是 a, b. 设 $H_1 - F_1 - a$ 的分支是 $G_1^1, G_2^1, \cdots, G_k^1$, 其中 $k \geqslant 1$; $H_2 - F_2 - b$ 中的分支是 $G_1^2, G_2^2, \cdots, G_l^2$, 其中 $l \geqslant 1$. 那么有 $|V(G_r^1)| \geqslant 2$, $|V(G_s^2)| \geqslant 2$, 其中 $1 \leqslant r \leqslant k, 1 \leqslant s \leqslant l$. 注意到 $CK_n - F$ 中不存在孤立点. 如果 a 与 b 不相邻, 那么 a 至少与一个 $H_i - F_i$ 中的顶点或者一个 G_s^2 中的顶点相邻, 其中 $i \in \{3, \cdots, n\}, 1 \leqslant s \leqslant l$; b 至少与一个 $H_i - F_i$ 中的顶点或者一个 G_r^1 中的顶点相邻, 其中 $i \in \{3, \cdots, n\}, 1 \leqslant r \leqslant k$. 对于 G_r^1, 由于 $\left(n^2 - n - 3 - 2 \cdot \dfrac{(n-1)(n-2)}{2}\right) = 2n - 5 < 2(n-2) \leqslant |N(V(G_r)) \setminus$

$(V(H_1) \cup V(H_2))|$, 所以对于至少一个 $i \in \{3, \cdots, n\}$, $CK_n[V(G_r^1) \cup V(H_i - F_i)]$ 是连通的. 相似地, 对于至少一个 $i \in \{3, \cdots, n\}$, $CK_n[V(G_s^2) \cup V(H_i)]$ 是连通的. 对于 $H_1 - F_1$ 和 $H_2 - F_2$ 中另外的分支, 情况是相似的. 同情况 1 的证明相似, $CK_n[V(H_i - F_i) \cup V(H_j - F_j)]$ 是连通的, 其中 $i, j \in \{3, \cdots, n\}$. 因此, $CK_n - F$ 是连通的, 这与 F 是 CK_n 的一个自然割相矛盾. 设 a 与 b 相邻. 同前面的证明相似, 对于至少一个 $i \in \{3, \cdots, n\}$, $CK_n[V(G_r^1) \cup V(H_i - F_i)]$ 和 $CK_n[V(G_s^2) \cup V(H_i - F_i)]$ 是连通的, $CK_n[V(H_i - F_i) \cup V(H_j - F_j)]$ 是连通的, 其中 $i, j \in \{3, \cdots, n\}$. 对于 $H_1 - F_1$ 和 $H_2 - F_2$ 中另外的分支, 情况是相似的. $CK_n[\{a, b\}]$ 割掉整个交叉边, 我们需要删掉 H_i 中 $2(n-2)$ 个顶点, 其中 $i \in \{3, \cdots, n\}$. 由于 $|F \setminus (F_1 \cup F_2)| \leqslant n^2 - n - 3 - (n-1)(n-2) = 2n - 5$, 那么对于至少一个 $i \in \{3, \cdots, n\}$, $CK_n[V(H_i - F_i) \cup \{a, b\}]$ 是连通的. 因此, $CK_n - F$ 是连通的. 这与 F 是 CK_n 的一个自然割相矛盾.

情况 2.2　$|F_2| < \dfrac{(n-1)(n-2)}{2}$.

情况 2.2.1　$H_1 - F_1$ 没有孤立点.

由归纳假设, $H_1 - F_1$ 是连通的. 同情况 2.1.1 的证明相似, 至少有一个 $i \in \{2, \cdots, n\}$ 满足 $CK_n[V(H_1 - F_1) \cup V(H_i - F_i)]$ 是连通的. 同情况 1 的证明相似, $CK_n[V(H_i - F_i) \cup V(H_j - F_j)]$ 是连通的, 其中 $i, j \in \{2, \cdots, n\}$. 因此, $CK_n - F$ 是连通的. 这与 F 是 CK_n 的一个自然割相矛盾.

情况 2.2.2　$H_1 - F_1$ 有孤立点.

根据性质 4.2.2, 两个顶点最多有三个公共的邻点. 注意到 $2 \cdot \dfrac{(n-1)(n-2)}{2} -$

$3 = (n-1)^2 - (n-1) - 3$. 于是, $H_1 - F_1$ 最多有 2 个孤立点. 设 $H_1 - F_1$ 有 2 个孤立点 a 和 b. 由于 $CK_n - F$ 中不存在孤立点, 所以 $CK_n - F$ 中 a 和 b 都不是孤立点. 因此, a 和 b 都至少与一个 $H_i - F_i$ 中的顶点相邻, 其中 $i \in \{2, \cdots, n\}$. 设 $H_1 - F_1 - a - b$ 的分支是 $G_1, G_2, \cdots, G_k$, 其中 $k \geqslant 1$. 我们有 $|V(G_r)| \geqslant 2$, 其中 $1 \leqslant r \leqslant k$. 设 $|V(G_1)| = 2$. 由于 $|N_{H_1}(V(G_1))| = (n-1)(n-2) - 2 = n^2 - 3n > (n-1)^2 - (n-1) - 3 \geqslant |F_1|$, 这产生矛盾. 于是, $|V(G_r)| \geqslant 3$. 由于 $3(n-1) > n^2 - n - 3 - [(n-1)^2 - (n-1) - 3]$, 所以对于至少一个 $i \in \{2, \cdots, n\}$, $CK_n[V(G_r) \cup V(H_i - F_i)]$ 是连通的. 对于 $H_1 - F_1$ 另外的分支, 情况是相似的. 同情况 1 的证明相似, $CK_n[V(H_i - F_i) \cup V(H_j - F_j)]$ 是连通的, 其中 $i, j \in \{2, \cdots, n\}$. 于是, $CK_n - F$ 是连通的. 这与 F 是 CK_n 的一个自然割相矛盾. 因此, $H_1 - F_1$ 中仅存在一个孤立点. 设它是 a, $H_1 - F_1 - a$ 的分支是 $G_1, G_2, \cdots, G_k$, 其中 $k \geqslant 1$. 注意到 $CK_n - F$ 没有孤立点. 于是, a 是与 $H_i - F_i$ 相邻的一个顶点, 对于至少一个 $i \in \{2, \cdots, n\}$. 对于 G_r 有 $|V(G_r)| \geqslant 2$, 其中 $1 \leqslant r \leqslant k$. 设 $|V(G_1)| = 2$. 由于 $|N_{H_1}(V(G_1))| = (n-1)(n-2) - 2 = n^2 - 3n > (n-1)^2 - (n-1) - 3$, 这产生矛盾. 因此, $|V(G_r)| \geqslant 3$. 由于 $3(n-1) > n^2 - n - 3 - [(n-1)^2 - (n-1) - 3]$, 所以, 对于至少一个 $i \in \{2, \cdots, n\}$ $CK_n[V(G_r) \cup V(H_i - F_i)]$ 是连通的. 对于 $H_1 - F_1$ 另外的分支, 情况是相似的. 同情况 1 的证明相似, $CK_n[V(H_i - F_i) \cup V(H_j - F_j)]$ 是连通的, 其中 $i, j \in \{2, \cdots, n\}$. 因此, $CK_n - F$ 是连通的. 这与 F 是 CK_n 的一个自然割相矛盾.

情况 3 $(n-1)^2 - (n-1) - 3 < |F_1| \leqslant n^2 - n - 3$.

由于 $2[(n-1)^2 - (n-1) - 3] = 2n^2 - 6n - 2 > n^2 - n - 3$, 其中 $n \geqslant 6$, 所以仅存在一个 F_1 使得 $(n-1)^2 - (n-1) - 3 \leqslant |F_1| \leqslant n^2 - n - 3$.

对于另外的 F_i $(i \in \{2, \cdots, n\})$, 由于 $|F - F_1| < n^2 - n - 3 - (n^2 - 3n - 1) = 2n - 2$, 即 $|F - F_1| \leqslant 2n - 3$, 所以 $2n - 3 < \dfrac{(n-1)(n-2)}{2}$, 其中 $n \geqslant 6$. 因此, 不存在 F_i 使得 $\dfrac{(n-1)(n-2)}{2} \leqslant |F_i| \leqslant (n-1)^2 - (n-1) - 3$, 其中 $i \in \{2, \cdots, n\}$, $n \geqslant 6$. 从而, 对于每一个 $i \in \{2, \cdots, n\}$, $|F_i| < \dfrac{(n-1)(n-2)}{2}$.

同情况 1 的证明相似, $CK_n[\bigcup_{i=2}^{n} V(H_i - F_i)]$ 是连通的. 设 $H_1 - F_1$ 是连通的. 由于 $|E_{1,i}(CK_n)| = (n-1)! > n^2 - n - 3 + \dfrac{(n-1)(n-2)}{2} \geqslant |F_1| + |F_i|$, 其中 $i \in \{2, \cdots, n\}$, 所以 $CK_n[V(H_1 - F_1) \cup V(H_n - F_n)]$ 是连通的, $CK_n - F$ 是连通的. 这与 F 是 CK_n 的一个自然割相矛盾. 设 F_1 是 H_1 的一个自然割, $H_1 - F_1$ 的分支

是 $G_1, G_2, \cdots, G_k$，其中 $k \geqslant 1$. 注意到 $|V(G_r)| \geqslant 2$，其中 $1 \leqslant r \leqslant k$. 于是，每一个 G_r 关联的交叉边的数目至少是 $2(n-1)$. 注意到 $|F - F_1| \leqslant 2n-3 < 2(n-1)$，所以对于至少一个 $i \in \{2, \cdots, n\}$，$CK_n[V(G_r) \cup V(H_i - F_i)]$ 是连通的. 对于 $H_1 - F_1$ 另外的分支，情况是相似的. 因此，$CK_n - F$ 是连通的. 这与 F 是 CK_n 的一个自然割相矛盾. 如果 $H_1 - F_1$ 有孤立点，设它们是 $\{v_1, \cdots, v_t\}$，其中 $t \geqslant 1$. 由于 $2 \cdot \dfrac{n(n-1)}{2} - 3 = n^2 - n - 3$，所以 $CK_n - F$ 中最多存在 2 个孤立点. 注意到 $CK_n - F$ 中不存在孤立点. 于是，对于至少一个 $i \in \{2, \cdots, n\}$，$H_1 - F_1$ 中每一个孤立点与 $H_i - F_i$ 的一个顶点相邻. 设 $H_1 - F_1 - \bigcup_{i=1}^{t} v_i$ 的分支是 $G_1, G_2, \cdots, G_k$，其中 $k \geqslant 1$. 于是，$|V(G_r)| \geqslant 2$，其中 $1 \leqslant r \leqslant k$. 由于 $|F| - |F_1| \leqslant n^2 - n - 3 - (n-1)^2 + (n-1) + 3 - 1 = 2n - 3 < 2(n-1) \leqslant |N(V(G_r)) \setminus V(H_1)|$，所以对于至少一个 $i \in \{2, \cdots, n\}$，$CK_n[V(G_r) \cup V(H_i - F_i)]$ 是连通的. 对于 $H_1 - F_1$ 另外的分支，情况是相似的. 同情况 1 的证明相似，$CK_n[V(H_i - F_i) \cup V(H_j - F_j)]$ 是连通的，其中 $i, j \in \{2, \cdots, n\}$. 因此，$CK_n - F$ 是连通的. 这与 F 是 CK_n 的一个自然割相矛盾.

由情况 1—情况 3，当 $|F| \leqslant n^2 - n - 3$ 时 F 不是 CK_n 的一个自然割. 因此，如果 F 是 CK_n 一个自然割，那么 $|F| \geqslant n^2 - n - 2$. 再结合 $K^{(1)}(CK_n) \leqslant n^2 - n - 2$，$\kappa^{(1)}(CK_n) = n^2 - n - 2$. □

4.2.3　巢图在 PMC 模型下的自然诊断度

在这节我们将给出巢图在 PMC 模型下的自然诊断度.

引理 4.2.4[57]　设 $A = \{(1), (12)\}$，CK_n 表示巢图. 如果 $n \geqslant 4$，$F_1 = N_{CK_n}(A)$，$F_2 = A \cup N_{CK_n}(A)$，那么 $|F_1| = n^2 - n - 2$，$|F_2| = n^2 - n$，$\delta(CK_n - F_1) \geqslant 1$，$\delta(CK_n - F_2) \geqslant 1$.

证明　由 $A = \{(1), (12)\}$，有 $CK_n[A] \cong CK_2 = K_2$. 由于 CK_n 没有 3 圈，所以 $|N_{CK_n}(A)| = n^2 - n - 2$. 从而，$|F_1| = n^2 - n - 2$，$|F_2| = |A| + |F_1| = n^2 - n$.

我们将证明 F_1 中最多有三个顶点与 $S_n \setminus F_2$ 中的一个顶点 x 相邻，即 $|N_{CK_n}(x) \cap F_2| \leqslant 3$ 对于任意的 $x \in S_n \setminus F_2$. 注意到 $CK_n - F_1$ 有 2 部分 $CK_n - F_2$ 和 CK_2（为了方便记作）. 由于 $F_1 = N_{CK_n}(A)$，所以 x 与 $V(CK_2) = A$ 的任意顶点不相邻. 如果 $|N(x) \cap N((1))| \neq 0$，那么由定理 4.2.1，$|N(x) \cap N((12))| = 0$. 由性质 4.2.2，$|N(x) \cap N((1))| \leqslant 3$. 于是，$\delta(CK_n - F_2) \geqslant \dfrac{n(n-1)}{2} - 3$. 注意到 $\delta(CK_2) = 1$. 当 $n \geqslant 4$ 时，$\delta(CK_n - F_2) \geqslant \dfrac{n(n-1)}{2} - 3 \geqslant 1$. 因此，$\delta(CK_n - F_1) \geqslant 1$，其中 $n \geqslant 4$. □

引理 4.2.5[57]   设 $n \geqslant 4$. CK_n 在 PMC 模型下的自然诊断度小于或等于 $n^2 - n - 1$, 即 $t_1^{PMC}(CK_n) \leqslant n^2 - n - 1$.

证明 A 的定义引理 4.2.4, $F_1 = N_{CK_n}(A)$, $F_2 = A \cup N_{CK_n}(A)$ (图 4.3). 由引理 4.2.4, $|F_1| = n^2 - n - 2$, $|F_2| = n^2 - n$, $\delta(CK_n - F_1) \geqslant 1$, $\delta(CK_n - F_2) \geqslant 1$. 因此, F_1, F_2 是 CK_n 的 2 个自然集, $|F_1| = n^2 - n - 2$, $|F_2| = n^2 - n$. 注意到 $n! = |V(CK_n)|$, $|F_2| = n^2 - n$, $n! - (n^2 - n) > 0$. 因此, $V(CK_n - F_1 - F_2) \neq \varnothing$. 由于 $A = F_1 \triangle F_2$, $N_{CK_n}(A) = F_1 \subset F_2$, 所以 $V(CK_n) \backslash (F_1 \cup F_2)$ 和 $F_1 \triangle F_2$ 之间不存在 CK_n 的边. 由定理 3.1, 有 CK_n 在 PMC 模型下不是自然 $(n^2 - n)$ 可诊断的. 因此, 由自然诊断度的定义, CK_n 的自然诊断度小于 $(n^2 - n)$, 即 $t_1^{PMC}(CK_n) \leqslant n^2 - n - 1$. $\square$

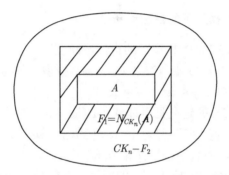

图 4.3   关于引理 4.2.4 和引理 4.2.5 的证明图例

引理 4.2.6[57]   设 $n \geqslant 4$. CK_n 在 PMC 模型下的自然诊断度大于或等于 $n^2 - n - 1$, 即 $t_1^{PMC}(CK_n) \geqslant n^2 - n - 1$.

证明   由自然诊断度的定义, 只需证明 CK_n 是自然 $(n^2 - n - 1)$ 可诊断的. 设 F_1 和 F_2 是 $V(CK_n)$ 中任意 2 个不同的自然集, 其中 $|F_1| \leqslant n^2 - n - 1$, $|F_2| \leqslant n^2 - n - 1$. 当 $n \geqslant 4$ 时, $n! > 2(n^2 - n - 1)$. 因此, $V(CK_n - F_1 - F_2) \neq \varnothing$. 由定理 3.1, 等价于证明对于 $V(CK_n)$ 的每一对不同的自然集 F_1 和 F_2, 存在一条边 $uv \in E(CK_n)$ 满足 $u \in V(CK_n) \backslash (F_1 \cup F_2)$, $v \in F_1 \triangle F_2$, 其中 $|F_1| \leqslant n^2 - n - 1$, $|F_2| \leqslant n^2 - n - 1$.

用反证法证明. 设 $V(CK_n)$ 中存在 2 个不同的自然集 F_1, F_2, 满足 $|F_1| \leqslant n^2 - n - 1$, $|F_2| \leqslant n^2 - n - 1$, 但 (F_1, F_2) 不满足定理 3.1 的条件, 即 $V(CK_n) \backslash (F_1 \cup F_2)$ 和 $F_1 \triangle F_2$ 之间没有边. 不失一般性, 假设 $F_2 \backslash F_1 \neq \varnothing$.

由于 $V(CK_n) \backslash (F_1 \cup F_2)$ 和 $F_1 \triangle F_2$ 之间没有边, F_1 是一个自然集, 所以 $CK_n - F_1$ 有 2 部分 $CK_n - F_1 - F_2$ 和 $CK_n[F_2 \backslash F_1]$, 其中 $\delta(CK_n - F_1 - F_2) \geqslant 1$, $\delta(CK_n[F_2 \backslash F_1]) \geqslant 1$. 相似地, 当 $F_1 \backslash F_2 \neq \varnothing$ 时, $\delta(CK_n[F_1 \backslash F_2]) \geqslant 1$. 因此, $F_1 \cap F_2$ 也是一个自然集. 由于 $V(CK_n - F_1 - F_2)$ 和 $F_1 \triangle F_2$ 之间没有边, 所以

$F_1 \cap F_2$ 是一个自然割. 由于 $n \geqslant 4$ 和定理 4.2.5, 有 $|F_1 \cap F_2| \geqslant n^2 - n - 2$. 由于 $\delta(CK_n[F_2 \setminus F_1]) \geqslant 1$, 所以 $|F_2 \setminus F_1| \geqslant 2$. 因此, $|F_2| = |F_2 \setminus F_1| + |F_1 \cap F_2| \geqslant 2 + n^2 - n - 2 = n^2 - n$, 它与 $|F_2| \leqslant n^2 - n - 1$ 相矛盾. 设 $F_1 \setminus F_2 = \varnothing$. 于是, $F_1 \subseteq F_2$. 由于 F_1 是 CK_n 的一个自然集, 所以 $\delta(CK_n[F_2 \setminus F_1]) \geqslant 1$, $\delta(CK_n - F_1 - F_2) \geqslant 1$. 由于 $V(CK_n - F_1 - F_2)$ 和 $CK_n[F_2 \setminus F_1]$ 之间没有边, 所以 F_1 是 CK_n 的一个自然割. 因此, $|F_2| = |F_2 \setminus F_1| + |F_1 \cap F_2| = |F_2 \setminus F_1| + |F_1| \geqslant 2 + n^2 - n - 2 = n^2 - n$, 与 $|F_2| \leqslant n^2 - n - 1$ 相矛盾. 故 CK_n 是自然 $(n^2 - n - 1)$ 可诊断的. 由 $t_1^{PMC}(CK_n)$ 的定义, $t_1^{PMC}(CK_n) \geqslant n^2 - n - 1$. 　　□

根据引理 4.2.5 和引理 4.2.6, 有下面的定理.

定理 4.2.6[57]　　设 $n \geqslant 4$. CK_n 在 PMC 模型下的自然诊断度是 $n^2 - n - 1$.

4.2.4　巢图在 MM* 模型下的自然诊断度

本节将给出巢图在 MM* 模型下的自然诊断度.

引理 4.2.7[57]　　设 $n \geqslant 4$. CK_n 在 MM* 模型下的自然诊断度小于或等于 $n^2 - n - 1$, 即 $t_1^{MM^*}(CK_n) \leqslant n^2 - n - 1$.

证明　　A, F_1 和 F_2 的定义见引理 4.2.4 (图 4.3). 由引理 4.2.4, $|F_1| = n^2 - n - 2$, $|F_2| = n^2 - n$, $\delta(CK_n - F_1) \geqslant 1$, $\delta(CK_n - F_2) \geqslant 1$. 因此, F_1 和 F_2 是自然集. 注意到 $n! = |V(CK_n)|$, $|F_2| = n^2 - n$ 和 $n! - (n^2 - n) > 0$. 因此, $V(CK_n - F_1 - F_2) \neq \varnothing$. 由 F_1 和 F_2 的定义, $F_1 \triangle F_2 = A$. 注意到 $F_1 \setminus F_2 = \varnothing$, $F_2 \setminus F_1 = A$, $(V(CK_n) \setminus (F_1 \cup F_2)) \cap A = \varnothing$. 于是, F_1 和 F_2 不满足定理 3.2 的条件, CK_n 不是自然 $(n^2 - n)$ 可诊断的. 因此, $t_1^{MM^*}(CK_n) \leqslant n^2 - n - 1$. 　　□

引理 4.2.8[57]　　设 $n \geqslant 5$. CK_n 在 MM* 模型下的自然诊断度大于或等于 $n^2 - n - 1$, 即 $t_1^{MM^*}(CK_n) \geqslant n^2 - n - 1$.

证明　　由自然诊断度的定义, 只需证明 CK_n 是自然 $(n^2 - n - 1)$ 可诊断的. 设 F_1 和 F_2 是 $V(CK_n)$ 中任意 2 个不同的自然集以及 $|F_1| \leqslant n^2 - n - 1$, $|F_2| \leqslant n^2 - n - 1$. 当 $n \geqslant 5$ 时, $n! > 2(n^2 - n - 1)$. 因此, $V(CK_n - F_1 - F_2) \neq \varnothing$. 用反证法证明. 由定理 3.2, 假设 CK_n 中存在 2 个不同的自然集 F_1 和 F_2 满足 $|F_1| \leqslant n^2 - n - 1$, $|F_2| \leqslant n^2 - n - 1$, 但 (F_1, F_2) 不满足定理 3.2 中任意条件. 不失一般性, 设 $F_2 \setminus F_1 \neq \varnothing$.

断言　　$CK_n - F_1 - F_2$ 没有孤立点.

假设 $CK_n - F_1 - F_2$ 至少有 1 个孤立点 w. 由于 F_1 是一个自然集, 所以存在一个顶点 $u \in F_2 \setminus F_1$ 使得 u 与 w 相邻. 由于 (F_1, F_2) 不满足定理 3.2 中任意条件, 所以最多存在一个顶点 $u \in F_2 \setminus F_1$ 使得 u 与 w 相邻. 从而, 只存在一个顶点 $u \in F_2 \setminus F_1$ 使得 u 与 w 相邻. 相似地, 当 $F_1 \setminus F_2 \neq \varnothing$ 时, 只存在一个顶点 $v \in F_1 \setminus F_2$ 使得 v 与 w 相邻. 设 $W \subseteq S_n \setminus (F_1 \cup F_2)$ 是 $CK_n[S_n \setminus (F_1 \cup F_2)]$ 中的一个

孤立点集, H 是由顶点集 $S_n \setminus (F_1 \cup F_2 \cup W)$ 导出的子图. 于是, 当 $F_1 \setminus F_2 \neq \varnothing$ 时, 对于任意的 $w \in W$, 在 $F_1 \cap F_2$ 中存在 $\frac{n(n-1)}{2} - 2$ 个邻点. 由于 $|F_2| \leqslant n^2 - n - 1$, 所以 $\sum_{w \in W} |N_{CK_n[(F_1 \cap F_2) \cup W]}(w)| = |W| \left(\frac{n(n-1)}{2} - 2 \right) \leqslant \sum_{v \in F_1 \cap F_2} d_{CK_n}(v) = |F_1 \cap F_2| \frac{n(n-1)}{2} \leqslant (|F_2| - 1) \frac{n(n-1)}{2} \leqslant \frac{(n-2)(n-1)n(n+1)}{2}$. 另外, $|W| \leqslant \frac{(n-2)(n-1)n(n+1)}{n^2-n-4} \leqslant \frac{(n-2)(n-1)n(n+1)}{(n-2)(n-1)} = n(n+1)$, 其中 $n \geqslant 5$. 注意到 $|F_1 \cup F_2| = |F_1| + |F_2| - |F_1 \cap F_2| \leqslant 2(n^2 - n - 1) - \frac{n(n-1)}{2} + 2 = \frac{3}{2}n(n-1)$. 设 $V(H) = \varnothing$. 于是, $n! = |S_n| = |V(CK_n)| = |F_1 \cup F_2| + |W| \leqslant \frac{3}{2}n(n-1) + n(n+1)$. 当 $n \geqslant 5$ 时不等式矛盾. 因此, $V(H) \neq \varnothing$. 由于 (F_1, F_2) 不满足定理 3.2 的任意条件, $V(H)$ 的任意顶点在 H 中不是孤立点, 我们推出 $V(H)$ 和 $F_1 \triangle F_2$ 之间没有边. 从而, $F_1 \cap F_2$ 是 CK_n 的一个顶点割, $\delta(CK_n - (F_1 \cap F_2)) \geqslant 1$, 即 $F_1 \cap F_2$ 是 CK_n 的一个自然割. 由定理 4.2.5, $|F_1 \cap F_2| \geqslant n^2 - n - 2$. 因为 $|F_1| \leqslant n^2 - n - 1$, $|F_2| \leqslant n^2 - n - 1$, $F_1 \setminus F_2$ 和 $F_2 \setminus F_1$ 都不是空的, 所以 $|F_1 \setminus F_2| = |F_2 \setminus F_1| = 1$. 设 $F_1 \setminus F_2 = \{v_1\}$, $F_2 \setminus F_1 = \{v_2\}$. 因此, 对于任意的顶点 $w \in W$ 与 v_1 和 v_2 相邻. 根据性质 4.2.2, 对于 CK_n 的任意一对顶点最多存在 3 个共同的邻点. 于是, $CK_n - F_1 - F_2$ 中最多存在 3 个孤立点.

设 $CK_n - F_1 - F_2$ 中恰有一个孤立点 v. 设 v_1 和 v_2 与 v 相邻. 于是, $N_{CK_n}(v) \setminus \{v_1, v_2\} \subseteq F_1 \cap F_2$. 由于 CK_n 没有三角形, 所以 $N_{CK_n}(v_j) \setminus \{v\} \subseteq F_1 \cap F_2$, $[N_{CK_n}(v) \setminus \{v_1, v_2\}] \cap [N_{CK_n}(v_j) \setminus \{v\}] = \varnothing$, 其中 $j \in \{1, 2\}$. 由性质 4.2.2, 对于 CK_n 的任意一对顶点最多存在 3 个共同的邻点. 从而, $|\bigcap_{j=1}^{2}[N_{CK_n}(v_j) \setminus \{v\}]| \leqslant 2$, $|F_1 \cap F_2| \geqslant |N_{CK_n}(v) \setminus \{v_1, v_2\}| + \sum_{j=1}^{2} |N_{CK_n}(v_j) \setminus \{v\}| - |\bigcap_{j=1}^{2}[N_{CK_n}(v_j) \setminus \{v\}]| = \frac{n(n-1)}{2} - 2 + 2 \left(\frac{n(n-1)}{2} - 1 \right) - 2 = \frac{3}{2}n(n-1) - 6$. 由于 $|F_2| = |F_2 \setminus F_1| + |F_1 \cap F_2| \geqslant 1 + \frac{3}{2}n(n-1) - 6 = \frac{3}{2}n(n-1) - 5 > n^2 - n - 1$, 其中 $n \geqslant 5$, 这与 $|F_2| \leqslant n^2 - n - 1$ 相矛盾.

设 $CK_n - F_1 - F_2$ 中恰有 2 个孤立点 v_1', v_2'. 设 v_1, v_2 分别与 v_1' 和 v_2' 相邻. 于是, $N_{CK_n}(v_i') \setminus \{v_1, v_2\} \subseteq F_1 \cap F_2$, 其中 $i \in \{1, 2\}$. 由于 CK_n 没有三角形, 所以 $N_{CK_n}(v_j) \setminus \{v_1', v_2'\} \subseteq F_1 \cap F_2$, $[N_{CK_n}(v_i') \setminus \{v_1, v_2\}] \cap [N_{CK_n}(v_j) \setminus \{v_1', v_2'\}] = \varnothing$, 其中 $i, j \in \{1, 2\}$. 由性质 4.2.2, 对于 CK_n 的任意一对顶点最多存在 3 个共同的邻点. 从而, $|\bigcap_{j=1}^{2}[N_{CK_n}(v_j) \setminus \{v_1', v_2'\}]| = 1$, $|F_1 \cap F_2| \geqslant \sum_{i=1}^{2} |N_{CK_n}(v_i') \setminus \{v_1, v_2\}| +

$\sum_{j=1}^{2} |N_{CK_n}(v_j) \setminus \{v_1', v_2'\}| - |\bigcap_{j=1}^{2} [N_{CK_n}(v_j) \setminus \{v_1', v_2'\}]| = 4\left(\dfrac{n(n-1)}{2} - 2\right) - 1 =$

$2n(n-1) - 9$. 于是, $|F_2| = |F_2 \setminus F_1| + |F_1 \cap F_2| \geqslant 2n(n-1) - 8 > n^2 - n - 1$, 其中 $n \geqslant 5$, 这与 $|F_2| \leqslant n^2 - n - 1$ 相矛盾.

设 $CK_n - F_1 - F_2$ 中恰有 3 个孤立点 v_i', 其中 $i \in \{1, 2, 3\}$. 设 v_1, v_2 都与 v_i' 相邻. 于是, $N_{CK_n}(v_i') \setminus \{v_1, v_2\} \subseteq F_1 \cap F_2$. 由于 CK_n 没有三角形, 所以 $N_{CK_n}(v_j') \setminus \{v_1', v_2', v_3'\} \subseteq F_1 \cap F_2$, $[N_{CK_n}(v_i') \setminus \{v_1, v_2\}] \cap [N_{CK_n}(v_j) \setminus \{v_1', v_2', v_3'\}] = \varnothing$, 其中 $i \in \{1, 2, 3\}$, $j \in \{1, 2\}$. 由性质 4.2.2, 对于 CK_n 的任意一对顶点最多存在 3 个共同的邻点. 从而, $|\bigcap_{j=1}^{2} [N_{CK_n}(v_j) \setminus \{v_1', v_2', v_3'\}]| = 0$, $|F_1 \cap F_2| \geqslant$

$\sum_{i=1}^{3} |N_{CK_n}(v_i') \setminus \{v_1, v_2\}| + \sum_{j=1}^{2} |N_{CK_n}(v_j) \setminus \{v_1', v_2', v_3'\}| = \dfrac{5}{2}n(n-1) - 12$. 于是, $|F_2| = |F_2 \setminus F_1| + |F_1 \cap F_2| \geqslant \dfrac{5}{2}n(n-1) - 11 > n^2 - n - 1$, 其中 $n \geqslant 5$, 这与 $|F_2| \leqslant n^2 - n - 1$ 相矛盾.

设 $F_1 \setminus F_2 = \varnothing$. 于是, $F_1 \subseteq F_2$. 由于 F_2 是一个自然集, 所以 $CK_n - F_2 = S_n - F_1 - F_2$ 没有孤立点. 断言证毕.

设 $u \in V(CK_n) \setminus (F_1 \cup F_2)$. 由断言, u 在 $CK_n - F_1 - F_2$ 中至少有一个邻点. 由于 (F_1, F_2) 不满足定理 3.2 的任意条件, 所以对于任意的一对相邻顶点 $u, w \in V(CK_n) \setminus (F_1 \cup F_2)$, 不存在顶点 $v \in F_1 \triangle F_2$ 使得 $uw \in E(CK_n)$, $vw \in E(CK_n)$. 于是, u 在 $F_1 \triangle F_2$ 中没有邻点. 由 u 的任意性, $V(CK_n) \setminus (F_1 \cup F_2)$ 和 $F_1 \triangle F_2$ 之间没有边. 由于 $F_2 \setminus F_1 \neq \varnothing$, F_1 是一个自然集, 所以 $\delta_{CK_n}([F_2 \setminus F_1]) \geqslant 1$. 由于 $\delta(CK_n[F_2 \setminus F_1]) \geqslant 1$, 所以 $|F_2 \setminus F_1| \geqslant 2$. 由于 F_1, F_2 是自然集, $V(CK_n) \setminus (F_1 \cup F_2)$ 和 $F_1 \triangle F_2$ 之间没有边, 所以 $F_1 \cap F_2$ 是 CK_n 的一个自然割. 由定理 4.2.5, $|F_1 \cap F_2| \geqslant n^2 - n - 2$. 所以, $|F_2| = |F_2 \setminus F_1| + |F_1 \cap F_2| \geqslant 2 + n^2 - n - 2 = n^2 - n$, 与 $|F_2| \leqslant n^2 - n - 1$ 相矛盾. 因此, CK_n 是自然 $(n^2 - n - 1)$ 可诊断的, $t_1^{MM^*}(CK_n) \geqslant n^2 - n - 1$. $\qquad \square$

根据引理 4.2.7 和引理 4.2.8, 有下面的定理.

定理 4.2.7[57]   设 $n \geqslant 5$. CK_n 在 MM^* 模型下的自然诊断度是 $n^2 - n - 1$.

4.3   泡型星图的连通度和自然诊断度

4.3.1   预备知识

设 $[n] = \{1, 2, \cdots, n\}$, S_n 是 $[n]$ 上的对称群. 注意到 $\{(1i) : i = 2, 3, \cdots, n\}$ 是 S_n 的一个生成集. 于是, $\{(1, i) : i = 2, 3, \cdots, n\} \cup \{(i, i+1) : i = 2, 3, \cdots, n-1\}$ 也是 S_n 的一个生成集.

定义 4.3.1 一个 n 维泡型星图 BS_n[59,60] 是一个图. 它的顶点集 $V(BS_n) = S_n$. 2 个顶点 u, v 是相邻的当且仅当 $u = v(1, i)$, $2 \leqslant i \leqslant n$ 或 $u = v(i, i+1)$, $2 \leqslant i \leqslant n - 1$.

图 4.4 是泡型星图 BS_2, BS_3 和 BS_4 的图例.

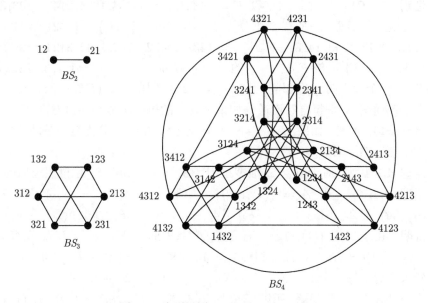

图 4.4　泡型星图 BS_2, BS_3 和 BS_4

由定义 4.3.1 知, BS_n 是一个 $(2n - 3)$ 正则图, 有 $n!$ 个顶点. 注意到 BS_n 是一个特别的凯莱图. 于是, BS_n 有下面的性质.

性质 4.3.1 对于整数 $n \geqslant 1$, BS_n 是 $(2n - 3)$ 正则的、点传递的.

由于 BS_n 的生成集中的元素是对换的, 所以有下面的性质.

性质 4.3.2 对于整数 $n \geqslant 2$, BS_n 是一个偶图.

由 $(1), (12), (12)(34), (23), (1)$ 是 BS_n 的一个 4 圈, 所以有下面的性质.

性质 4.3.3 对于整数 $n \geqslant 3$, BS_n 的围长是 4.

我们可以把 BS_n 划分成 n 个子图 $BS_n^1, BS_n^2, \cdots, BS_n^n$, 其中每个顶点 $u = x_1 x_2 \cdots x_n \in V(BS_n)$, 在最后一个位置 x_n 有固定的整数 i, 其中 $i \in [n]$. 容易证明 BS_n^i 同构于 BS_{n-1}, 其中 $i \in [n]$. 设 $v \in V(BS_n^i)$. 于是, $v(1n)$ 和 $v(n-1, n)$ 称为 v 的外邻点.

性质 4.3.4[59] 设 BS_n^i 定义如上. 两个不同的 H_i 之间存在 $2(n - 2)!$ 条独立交叉边.

性质 4.3.5[59] 设 BS_n 是泡型星图. 如果两个顶点 u, v 是相邻的, 那么 u, v 不存在公共邻点, 即 $|N(u) \cap N(v)| = 0$. 如果两个顶点 u, v 不是相邻的, 那么 u, v

最多存在 3 个公共邻点, 即 $|N(u) \cap N(v)| \leqslant 3$.

4.3.2　泡型星图的连通度

引理 4.3.1　泡型星图 BS_4 的自然连通度 $\kappa^{(1)}(BS_4)$ 是 8.

证明　在 BS_4 上 (图 4.4), 设 $F = \{4321, 2341, 3214, 1234, 2143, 4123, 3412,$ $1432\}$. 于是, 在 BS_4 中 F 有 2 个分支 H_1, H_2, 其中 $V(H_1) = \{3421, 3241, 4231,$ $2431, 2413, 4213, 1243, 1423\}$, $V(H_2) = \{4312, 4132, 3142, 1342, 3124, 1324, 2314,$ $2134\}$. 注意到 $|F| = 8$, F 是 BS_4 的一个 g 好邻割, 对于 $g = 1, 2, 3$. 注意到 F 是 BS_4 的一个最小的 g 好邻割, 其中 $g = 1, 2, 3$. 因此, $\kappa^{(g)}(BS_4) = 8$. □

一个连通图 G 是超自然连通的如果 $V(G)$ 的每一个最小的自然割 F 能够孤立出来一条边. 此外, 如果 $G - F$ 有 2 个分支, 其中一个分支是一条边, 那么 G 是紧 $|F|$ 超自然连通的.

定理 4.3.1[50]　对于 $n \geqslant 5$, 泡型星图 BS_n 是紧 $(4n - 8)$ 超自然连通的.

引理 4.3.2[61]　设 $A = \{(1), (12)\}$. 如果 $n \geqslant 4$, $F_1 = N_{BS_n}(A)$, $F_2 = A \cup N_{BS_n}(A)$, 那么 $|F_1| = 4n-8$, $|F_2| = 4n-6$, $\delta(BS_n - F_1) \geqslant 1$, $\delta(BS_n - F_2) \geqslant 1$.

证明　由于 $A = \{(1), (12)\}$, 有 $BS_n[A] \cong BS_2 = K_2$. 由于 BS_n 没有 3 圈, 所以 $|N_{BS_n}(A)| = 4n - 8$. 注意到 $|F_1| = 4n - 8$, $|F_2| = |A| + |F_1| = 4n - 6$.

断言　对于每一个 $x \in S_n \setminus F_2$, $|N_{BS_n}(x) \cap F_2| \leqslant 2n - 4$.

由于 BS_n 是一个偶图, 所以 BS_n 不存在 5 圈 $(1), (ki), x, (12)(lj), (12), (1)$, 其中 $(ki), (lj) \in S \setminus (12)$. 设 $u \in N_{BS_n}((1)) \setminus (12)$. 如果 u 是与 x 相邻的, 那么 x 与 $N_{BS_n}((12)) \setminus (1)$ 的每一个顶点不相邻. 由于 $|N_{BS_n}((1)) \setminus (12)| = 2n - 4$, 所以 x 最多与 F_1 中的 $(2n - 4)$ 个顶点相邻. 断言证毕.

由断言, 对于每一个 $x \in S_n \setminus F_2$, $|N_{BS_n}(x) \cap F_2| \leqslant 2n-4$. 于是, $\delta(BS_n - F_2) \geqslant 2n - 3 - (2n - 4) = 1$, $BS_n - F_1$ 有 2 个分支 $BS_n - F_2$, BS_2. 注意到 $\delta(BS_2) = 1$. 因此, $\delta(BS_n - F_1) \geqslant 1$. □

4.3.3　泡型星图在 PMC 模型下的自然诊断度

本节将证明泡型星图在 PMC 模型下的自然诊断度.

引理 4.3.3　最小度为 1 的图至少两个顶点.

这个引理的证明是平凡的. □

引理 4.3.4[61]　设 $n \geqslant 4$. 泡型星图 BS_n 在 PMC 模型下的自然诊断度小于或等于 $4n - 7$, 即 $t_1^{PMC}(BS_n) \leqslant 4n - 7$.

证明　设 A 定义如同引理 4.3.2 所定义, $F_1 = N_{BS_n}(A)$, $F_2 = A \cup N_{BS_n}(A)$. 由引理 4.3.2, $|F_1| = 4n - 8$, $|F_2| = 4n - 6$, $\delta(BS_n - F_1) \geqslant 1$, $\delta(BS_n - F_2) \geqslant 1$. 因此, F_1, F_2 是 BS_n 的 2 个自然集以及 $|F_1| = 4n - 8$, $|F_2| = 4n - 6$. 注意到

$n! > 4n - 6$. 所以 $V(BS_n - F_1 - F_2) \neq \varnothing$. 由于 $A = F_1 \triangle F_2$, $N_{BS_n}(A) = F_1 \subset F_2$, 所以 $V(BS_n) \backslash (F_1 \cup F_2)$ 和 $F_1 \triangle F_2$ 之间没有 BS_n 的边. 由定理 3.1, 有 BS_n 在 PMC 模型下不是自然 $(4n - 6)$ 可诊断的. 因此, 由自然诊断度的定义, 有 BS_n 的自然诊断度小于 $4n - 6$, 即 $t_1^{PMC}(BS_n) \leqslant 4n - 7$. □

引理 4.3.5[61] 设 $n \geqslant 4$. 泡型星图 BS_n 在 PMC 模型下的自然诊断度大于或等于 $4n - 7$, 即 $t_1^{PMC}(BS_n) \geqslant 4n - 7$.

证明 由自然诊断度的定义, 只需证明 BS_n 是自然 $(4n - 7)$ 可诊断的. 设 F_1, F_2 是 BS_n 中任意 2 个不同的自然集以及 $|F_1| \leqslant 4n - 7$, $|F_2| \leqslant 4n - 7$. 注意到当 $n \geqslant 4$ 时, $n! > 2(4n - 7)$. 于是, $V(BS_n - F_1 - F_2) \neq \varnothing$. 由定理 3.1, 等价于证明对于 $V(BS_n)$ 的每一对不同的自然集 F_1, F_2, 存在一条边 $uv \in E(BS_n)$ 满足 $u \in V(BS_n) \backslash (F_1 \cup F_2)$, $v \in F_1 \triangle F_2$, 其中 $|F_1| \leqslant 4n - 7$, $|F_2| \leqslant 4n - 7$.

用反证法证明. 假设 BS_n 中存在 2 个自然集 F_1, F_2 以及 $|F_1| \leqslant 4n - 7$, $|F_2| \leqslant 4n - 7$, 但 (F_1, F_2) 不满足定理 3.1 的条件, 即 $V(BS_n) \backslash (F_1 \cup F_2)$ 和 $F_1 \triangle F_2$ 之间没有边. 不失一般性, 设 $F_2 \backslash F_1 \neq \varnothing$.

由于 $V(BS_n) \backslash (F_1 \cup F_2)$ 和 $F_1 \triangle F_2$ 之间没有边, F_1 是一个自然集, 所以 $BS_n - F_1$ 有 2 部分 $BS_n - F_1 - F_2$, $BS_n[F_2 \backslash F_1]$. 从而, $\delta(BS_n - F_1 - F_2) \geqslant 1$, $\delta(BS_n[F_2 \backslash F_1]) \geqslant 1$. 相似地, 当 $F_1 \backslash F_2 \neq \varnothing$ 时, $\delta(BS_n[F_1 \backslash F_2]) \geqslant 1$. 因此, $F_1 \cap F_2$ 也是一个自然集. 当 $F_1 \backslash F_2 = \varnothing$ 时, $F_1 \cap F_2 = F_1$ 也是一个自然集. 由于 $V(BS_n - F_1 - F_2)$ 和 $F_1 \triangle F_2$ 之间没有边, 所以 $F_1 \cap F_2$ 是一个自然割. 由 $n \geqslant 4$ 和定理 4.3.1, $|F_1 \cap F_2| \geqslant 4n - 8$. 由引理 4.3.3, $|F_2 \backslash F_1| \geqslant 2$. 于是, $|F_2| = |F_2 \backslash F_1| + |F_1 \cap F_2| \geqslant 2 + 4n - 8 = 4n - 6$, 与 $|F_2| \leqslant 4n - 7$ 相矛盾. 因此, BS_n 是自然 $(4n - 7)$ 可诊断的. 由 $t_1^{PMC}(BS_n)$ 的定义, $t_1^{PMC}(BS_n) \geqslant 4n - 7$. □

根据引理 4.3.4 和引理 4.3.5, 有下面的定理.

定理 4.3.2[61] 设 $n \geqslant 4$. 泡型星图 BS_n 在 PMC 模型下的自然诊断度是 $4n - 7$.

4.3.4 泡型星图在 MM* 模型下的自然诊断度

本节将证明泡型星图在 MM* 模型下的自然诊断度.

引理 4.3.6[61] 设 $n \geqslant 4$. 泡型星图 BS_n 在 MM* 模型下的自然诊断度小于或等于 $4n - 7$, 即 $t_1^{MM^*}(BS_n) \leqslant 4n - 7$.

证明 设 A, F_1 和 F_2 的定义如同引理 4.3.2 中的定义. 由引理 4.3.2, $|F_1| = 4n - 8$, $|F_2| = 4n - 6$, $\delta(BS_n - F_1) \geqslant 1$, $\delta(BS_n - F_2) \geqslant 1$. 于是, F_1 和 F_2 是自然集. 因为 $n! > 4n - 6$, 所以 $V(BS_n - F_1 - F_2) \neq \varnothing$. 由 F_1 和 F_2 的定义, $F_1 \triangle F_2 = A$. 注意到 $F_1 \backslash F_2 = \varnothing$, $F_2 \backslash F_1 = A$, $(V(BS_n) \backslash (F_1 \cup F_2)) \cap A = \varnothing$. 于是, F_1 和 F_2 不满足定理 3.2 的任意条件, BS_n 不是自然 $(4n - 6)$ 可诊断的. 因此, $t_1^{MM^*}(BS_n) \leqslant$

$4n-7$. 　　　　　　　　　　　　　　　　　　　　　　　　　　　□

引理 4.3.7[61]　设 $n \geqslant 5$. 泡型星图 BS_n 在 MM* 模型下的自然诊断度大于或等于 $4n-7$, 即 $t_1^{MM^*}(BS_n) \geqslant 4n-7$.

证明　由自然诊断度的定义, 只需证明 BS_n 是自然 $(4n-7)$ 可诊断的. 设 F_1, F_2 是 BS_n 中任意 2 个不同的自然集以及 $|F_1| \leqslant 4n-7$, $|F_2| \leqslant 4n-7$. 因为当 $n \geqslant 5$ 时, $n! > 2(4n-7)$, 所以 $V(BS_n - F_1 - F_2) \neq \varnothing$. 用反证法证明. 由定理 3.2, 假设 BS_n 存在 2 个不同的自然集 F_1, F_2 以及 $|F_1| \leqslant 4n-7$, $|F_2| \leqslant 4n-7$, 但 (F_1, F_2) 不满足定理 3.2 中的任意条件. 不失一般性, 设 $F_2 \setminus F_1 \neq \varnothing$.

断言　$BS_n - F_1 - F_2$ 没有孤立点.

假设 $BS_n - F_1 - F_2$ 至少有一个孤立点 w. 由于 F_1 是一个自然集, 所以存在一个顶点 $u \in F_2 \setminus F_1$ 使得 u 与 w 相邻. 由于 (F_1, F_2) 不满足定理 3.2 的任意条件, 所以最多存在一个顶点 $u \in F_2 \setminus F_1$ 使得 u 和 w 相邻. 从而, 只存在一个顶点 $u \in F_2 \setminus F_1$ 使得 u 和 w 相邻. 相似地, 当 $F_1 \setminus F_2 \neq \varnothing$ 时, 只存在一个顶点 $v \in F_1 \setminus F_2$ 使得 v 和 w 相邻. 设 $W \subseteq S_n \setminus (F_1 \cup F_2)$ 是 $BS_n[S_n \setminus (F_1 \cup F_2)]$ 中的一个孤立点集, H 是一个由顶点集 $S_n \setminus (F_1 \cup F_2 \cup W)$ 导出的子图. 于是, 对于每一个顶点 $w \in W$, 在 $F_1 \cap F_2$ 中存在 $(2n-5)$ 个邻点. 由于 $|F_2| \leqslant 4n-7$, 所以 $\sum_{w \in W} |N_{BS_n[(F_1 \cap F_2) \cup W]}(w)| = |W|(2n-5) \leqslant \sum_{v \in F_1 \cap F_2} d_{BS_n}(v) \leqslant |F_1 \cap F_2|(2n-3) \leqslant (|F_2|-1)(2n-3) \leqslant (4n-8)(2n-3) = 8n^2 - 28n + 24$. 于是, $|W| \leqslant \dfrac{8n^2-28n+24}{2n-5} < 4n-3$, 其中 $n \geqslant 5$. 注意到 $|F_1 \cup F_2| = |F_1| + |F_2| - |F_1 \cap F_2| \leqslant 2(4n-7) - (2n-5) = 6n-9$. 假设 $V(H) = \varnothing$. 于是, $n! = |S_n| = |V(BS_n)| = |F_1 \cup F_2| + |W| < 6n-9+4n-3 = 10n-11$. 当 $n \geqslant 5$ 时不等式矛盾. 因此, $V(H) \neq \varnothing$. 由于 (F_1, F_2) 不满足定理 3.2 的任意条件, $V(H)$ 的每一个顶点在 H 中不是孤立点, 所以 $V(H)$ 和 $F_1 \triangle F_2$ 之间没有边. 从而, $F_1 \cap F_2$ 是 BS_n 的一个顶点割, $\delta(BS_n - (F_1 \cap F_2)) \geqslant 1$, 即 $F_1 \cap F_2$ 是 BS_n 的一个自然割. 由定理 4.3.1, $|F_1 \cap F_2| \geqslant 4n-8$. 因为 $|F_1| \leqslant 4n-7$, $|F_2| \leqslant 4n-7$, $F_1 \setminus F_2$ 和 $F_2 \setminus F_1$ 都不是空的, 所以 $|F_1 \setminus F_2| = |F_2 \setminus F_1| = 1$. 设 $F_1 \setminus F_2 = \{v_1\}$, $F_2 \setminus F_1 = \{v_2\}$. 于是, 对于每一个顶点 $w \in W$, w 与 v_1 和 v_2 相邻. 根据性质 4.3.5, BS_n 中每一对顶点最多存在 3 个共同的邻点. 于是, $BS_n - F_1 - F_2$ 中最多存在 3 个孤立顶点, 即 $|W| \leqslant 3$.

假设 $BS_n - F_1 - F_2$ 中存在一个孤立顶点 v. 设 v_1 和 v_2 都与 v 相邻. 于是, $N_{BS_n}(v) \setminus \{v_1, v_2\} \subseteq F_1 \cap F_2$. 由于 BS_n 没有三角形, 所以 $N_{BS_n}(v_1) \setminus \{v\} \subseteq F_1 \cap F_2$, $N_{BS_n}(v_2) \setminus \{v\} \subseteq F_1 \cap F_2$, $[N_{BS_n}(v) \setminus \{v_1, v_2\}] \cap [N_{BS_n}(v_1) \setminus \{v\}] = \varnothing$, $[N_{BS_n}(v) \setminus \{v_1, v_2\}] \cap [N_{BS_n}(v_2) \setminus \{v\}] = \varnothing$. 由性质 4.3.5, $|[N_{BS_n}(v_1) \setminus \{v\}] \cap [N_{BS_n}(v_2) \setminus \{v\}]| \leqslant 2$. 从而, $|F_1 \cap F_2| \geqslant |N_{BS_n}(v) \setminus \{v_1, v_2\}| + |N_{BS_n}(v_1) \setminus$

$|\{v\}| + |N_{BS_n}(v_2) \setminus \{v\}| = (2n-5) + (2n-4) + (2n-4) - 2 = 6n - 15$. 于是, $|F_2| = |F_2 \setminus F_1| + |F_1 \cap F_2| \geqslant 1 + 6n - 15 = 6n - 14 > 4n - 7 \ (n \geqslant 5)$, 与 $|F_2| \leqslant 4n - 7$ 矛盾.

假设 $BS_n - F_1 - F_2$ 中存在 2 个孤立点 v, w. 设 v_1, v_2 分别相邻到 v, w. 于是, $N_{BS_n}(v) \setminus \{v_1, v_2\} \subseteq F_1 \cap F_2$. 由于 BS_n 没有三角形, 所以 $N_{BS_n}(v_1) \setminus \{v, w\} \subseteq F_1 \cap F_2$, $N_{BS_n}(v_2) \setminus \{v, w\} \subseteq F_1 \cap F_2$, $[N_{BS_n}(v) \setminus \{v_1, v_2\}] \cap [N_{BS_n}(v_1) \setminus \{v, w\}] = \varnothing$, $[N_{BS_n}(v) \setminus \{v_1, v_2\}] \cap [N_{BS_n}(v_2) \setminus \{v, w\}] = \varnothing$. 由性质 4.3.5, BS_n 中每一对顶点最多存在 3 个共同的邻点. 从而, $|[N_{BS_n}(v_1) \setminus \{v, w\}] \cap [N_{BS_n}(v_2) \setminus \{v, w\}]| \leqslant 1$. 然后, $|F_1 \cap F_2| \geqslant |N_{BS_n}(v) \setminus \{v_1, v_2\}| + |N_{BS_n}(w) \setminus \{v_1, v_2\}| + |N_{BS_n}(v_1) \setminus \{v, w\}| + |N_{BS_n}(v_2) \setminus \{v, w\}| = (2n-5) + (2n-5) - 1 + (2n-5) + (2n-5) - 1 = 8n - 22$. 于是, $|F_2| = |F_2 \setminus F_1| + |F_1 \cap F_2| \geqslant 1 + 8n - 22 = 8n - 21 > 4n - 7 \ (n \geqslant 5)$, 与 $|F_2| \leqslant 4n - 7$ 矛盾.

假设 $BS_n - F_1 - F_2$ 中存在 3 个孤立顶点 u, v, w. 设 v_1, v_2 分别与 u, v, w 相邻. 于是, $N_{BS_n}(v) \setminus \{v_1, v_2\} \subseteq F_1 \cap F_2$. 由于 BS_n 没有三角形, 所以 $N_{BS_n}(v_1) \setminus \{u, v, w\} \subseteq F_1 \cap F_2$, $N_{BS_n}(v_2) \setminus \{u, v, w\} \subseteq F_1 \cap F_2$, $[N_{BS_n}(v) \setminus \{v_1, v_2\}] \cap [N_{BS_n}(v_1) \setminus \{u, v, w\}] = \varnothing$, $[N_{BS_n}(v) \setminus \{v_1, v_2\}] \cap [N_{BS_n}(v_2) \setminus \{u, v, w\}] = \varnothing$. 由性质 4.3.5, BS_n 中每一对顶点最多存在 3 个共同的邻点. 从而, $|[N_{BS_n}(v_1) \setminus \{u, v, w\}] \cap [N_{BS_n}(v_2) \setminus \{u, v, w\}]| = 0$. 然后, $|F_1 \cap F_2| \geqslant |N_{BS_n}(u) \setminus \{v_1, v_2\}| + |N_{BS_n}(v) \setminus \{v_1, v_2\}| + |N_{BS_n}(w) \setminus \{v_1, v_2\}| + |N_{BS_n}(v_1) \setminus \{u, v, w\}| + |N_{BS_n}(v_2) \setminus \{u, v, w\}| = (2n-5) + (2n-5) + (2n-5) + (2n-6) + (2n-6) - 3 = 10n - 30$. 于是, $|F_2| = |F_2 \setminus F_1| + |F_1 \cap F_2| \geqslant 1 + 10n - 30 = 10n - 29 > 4n - 7 \ (n \geqslant 5)$, 与 $|F_2| \leqslant 4n - 7$ 矛盾.

假设 $F_1 \setminus F_2 = \varnothing$. 于是, $F_1 \subseteq F_2$. 由于 F_2 是一个自然集, 所以 $BS_n - F_2 = BS_n - F_1 - F_2$ 没有孤立顶点. 断言证毕.

设 $u \in V(BS_n) \setminus (F_1 \cup F_2)$. 由断言, u 在 $BS_n - F_1 - F_2$ 中至少有一个邻点. 由于 (F_1, F_2) 不满足定理 3.2 的任意条件, 所以, 对于每一对相邻顶点 $u, w \in V(BS_n) \setminus (F_1 \cup F_2)$, 不存在顶点 $v \in F_1 \triangle F_2$ 使得 $uw \in E(BS_n)$, $vw \in E(BS_n)$. 于是, 在 $F_1 \triangle F_2$ 中 u 没有邻点. 由 u 的任意性, $V(BS_n) \setminus (F_1 \cup F_2)$ 和 $F_1 \triangle F_2$ 之间没有边. 由于 $F_2 \setminus F_1 \neq \varnothing$, F_1 是一个自然集, 所以 $\delta_{BS_n}([F_2 \setminus F_1]) \geqslant 1$. 由引理 4.3.3, $|F_2 \setminus F_1| \geqslant 2$. 由于 F_1, F_2 是自然集且 $V(BS_n) \setminus (F_1 \cup F_2)$ 和 $F_1 \triangle F_2$ 之间没有边, 所以 $F_1 \cap F_2$ 是 BS_n 的一个自然割. 由定理 4.3.1, $|F_1 \cap F_2| \geqslant 4n - 8$. 因此, $|F_2| = |F_2 \setminus F_1| + |F_1 \cap F_2| \geqslant 2 + (4n - 8) = 4n - 6$, 与 $|F_2| \leqslant 4n - 7$ 矛盾. 于是, BS_n 是自然 $(4n-7)$ 可诊断的, $t_1^{MM^*}(BS_n) \geqslant 4n - 7$. $\qquad \square$

根据引理 4.3.6 和引理 4.3.7, 有下面的定理.

定理 4.3.3[61] 设 $n \geqslant 5$. 泡型星图 BS_n 在 MM* 模型下的自然诊断度是

$4n - 7$.

引理 4.3.8 泡型星图在 MM* 模型下的自然诊断度 BS_4 大于或等于 8, 即 $t_1^{MM^*}(BS_4) \geqslant 8$.

证明 由自然诊断度的定义, 只需证明 BS_4 是自然 8 可诊断的. 设 F_1, F_2 是 BS_4 的任意 2 个不同的自然集以及 $|F_1| \leqslant 8$, $|F_2| \leqslant 8$. 因为 $4! > 2 \times 8$, 所以 $V(BS_4 - F_1 - F_2) \neq \varnothing$. 用反证法证明. 由定理 3.2, 假设 BS_4 存在 2 个不同的自然集 F_1, F_2 以及 $|F_1| \leqslant 8$, $|F_2| \leqslant 8$, 但 (F_1, F_2) 不满足定理 3.2 中任意条件. 不失一般性, 设 $F_2 \setminus F_1 \neq \varnothing$, $W \subseteq S_4 \setminus (F_1 \cup F_2)$ 是 $BS_4[S_4 \setminus (F_1 \cup F_2)]$ 中的一个孤立点集, H 是一个由顶点集 $S_4 \setminus (F_1 \cup F_2 \cup W)$ 导出的子图. 当 $F_1 \setminus F_2 = \varnothing$ 时, $F_1 \subseteq F_2$. 由于 F_2 是一个自然集, 所以 $BS_4 - F_1 - F_2$ 没有孤立点. 我们讨论下面的情况.

情况 1 $V(H) \neq \varnothing$.

注意到 $F_2 \triangle F_1 \neq \varnothing$. 由于 (F_1, F_2) 不满足定理 3.2 的任意条件, 所以 $V(H)$ 和 $F_2 \triangle F_1$ 之间没有边. 由于 F_1 是一个自然集, 所以存在 $\delta((F_2 \setminus F_1) \cup W) \geqslant 1$. 当 $F_1 \setminus F_2 \neq \varnothing$ 时, 由于 F_2 是一个自然集, 所以存在 $\delta((F_1 \setminus F_2) \cup W) \geqslant 1$. 因此, $F_1 \cap F_2$ 是一个自然割. 如果 $F_1 \setminus F_2 = \varnothing$, 那么 $F_1 \subseteq F_2$. 相似地, $F_1 \cap F_2$ 是一个自然割. 由引理 4.3.1, $|F_1 \cap F_2| \geqslant 8$. 注意到 $|F_2| = |F_2 \setminus F_1| + |F_1 \cap F_2| \geqslant 1 + 8 = 9$. 这个与 $|F_2| \leqslant 8$ 矛盾.

情况 2 $V(H) = \varnothing$.

在这种情况下, $W \neq \varnothing$, $F_1 \setminus F_2 \neq \varnothing$. 设 $w \in W$. 由于 F_1 是一个自然集, 所以存在一个顶点 $u \in F_2 \setminus F_1$ 使得 u 与 w 相邻. 由于 (F_1, F_2) 不满足定理 3.2 的任意条件, 所以最多存在一个顶点 $u \in F_2 \setminus F_1$ 使得 u 与 w 相邻. 从而, 存在一个顶点 $u \in F_2 \setminus F_1$ 使得 u 与 w 相邻. 相似地, 确有一个顶点 $v \in F_1 \setminus F_2$ 使得 v 与 w 相邻. 于是, $N_{BS_4}(w) \setminus \{u, v\} \subseteq F_1 \cap F_2$, $|F_1 \cap F_2| \geqslant 3$. 由于 $|F_1| \leqslant 8$, $|F_2| \leqslant 8$, 所以 $|F_1 \cup F_2| = |F_2| + |F_1 \setminus F_2| \leqslant 8 + 5 = 13$. 因此, $|W| = 24 - |F_1 \cup F_2| \geqslant 24 - 13 = 11$, $11 \leqslant |W| \leqslant 12$.

由于 $|F_2| \leqslant 8$, $F_2 \setminus F_1 \neq \varnothing$, 所以 $|F_1 \cap F_2| \leqslant 7$. 设 $5 \leqslant |F_1 \cap F_2| \leqslant 7$. 注意到 BS_4 的独立数是 12. 设 $|F_1 \cap F_2| = 5, 6, 7$. 于是, $|F_1 \cup F_2| = |F_2| + |F_1 \setminus F_2| \leqslant 8 + 3 = 11$. 这与 $|W| \geqslant 13$ 矛盾.

设 $|F_1 \cap F_2| = 4$. 如果 $|F_1 \setminus F_2|$ 和 $|F_2 \setminus F_1|$ 中有一个小于或者等于 3, 那么 $|W| \geqslant 13$, 这又产生矛盾. 因此, $|F_2 \setminus F_1| = 4$, $|F_1 \setminus F_2| = 4$. 从而, $|W| = 12$. 这时 $F_1 \cup F_2$ 也是一个独立集. 注意到 $F_2 \setminus F_1$ 中不存在 2 个顶点使得它们与 W 中的 1 个顶点相邻, BS_4 的正则度是 5. 由于 $F_2 \setminus F_1$ 是孤立点, $|F_2 \setminus F_1| = 4$, 所以 $|W| = 20$, 这又产生矛盾.

设 $|F_1 \cap F_2| = 3$. 于是, $11 \leqslant |W| \leqslant 12$. 如果 $|F_1 \setminus F_2|$ 和 $|F_2 \setminus F_1|$ 中有一个

小于或者等于 3, 那么 $|W| \geqslant 13$, 这又产生矛盾. 因此, $|F_2 \setminus F_1| = 4$, $|F_1 \setminus F_2| = 4$, 或者 $|F_2 \setminus F_1| = 4$, $|F_1 \setminus F_2| = 5$, 或者 $|F_2 \setminus F_1| = 5$, $|F_1 \setminus F_2| = 4$. 不失一般性, 设 $|F_2 \setminus F_1| = 5$, $|F_1 \setminus F_2| = 4$. 此时, $|W| = 12$. 然后, 与上面的讨论相似产生矛盾. 从而, 设 $|F_2 \setminus F_1| = 4$, $|F_1 \setminus F_2| = 4$. 这时 $|W| = 11$. 注意到 $F_2 \setminus F_1$ 和 $F_1 \setminus F_2$ 其中一个有 3 个孤立点. 于是, $|W| \geqslant 15$ 产生矛盾.　　　　　　□

　　本节的最后举例说明泡型星图 BS_4 在 MM* 模型下的自然诊断度不是 9. 在图 4.4 中, 设 $F_1 = \{2431, 3241, 2134, 3412, 3142, 1234, 2143, 1423, 4123\}$, $F_2 = \{2431, 3241, 2134, 3412, 3142, 1234, 4213, 1423, 4123\}$. 于是, $BS_4 - F_1 - F_2$ 有 2 个孤立顶点 1243, 2413. 注意到 F_1, F_2 在 BS_4 中是自然集, $|F_1| = |F_2| = 9$, 但 (F_1, F_2) 不满足定理 3.2 的任意条件, 所以 BS_4 在 MM* 模型下的自然诊断度小于或等于 8. 再根据引理 4.3.8, 有下面的性质.

　　性质 4.3.6　泡型星图 BS_4 在 MM* 模型下的自然诊断度是 8.

　　评论　由定理 4.3.2, 泡型星图 BS_4 在 PMC 模型下的自然诊断度是 9. 然而, 泡型星图 BS_4 在 PMC 模型下和在 MM* 模型下的自然诊断度是不同的.

4.4　轮图的连通度和自然诊断度

4.4.1　预备知识

　　设 $[n] = \{1, 2, \cdots, n\}$, S_n 是 $[n]$ 上的对称群. 注意到 $\{(1i) : i = 2, 3, \cdots, n\}$ 是 S_n 的一个生成集. 于是, $\{(1, i) : i = 2, 3, \cdots, n\} \cup \{(i, i+1) : i = 2, 3, \cdots, n-1\} \cup \{(2, n)\}$ 也是 S_n 的一个生成集.

　　定义 4.4.1　n 维轮图 CW_n 是一个图, 它的顶点集 $V(CW_n) = S_n$, 2 个顶点 u, v 是相邻的当且仅当 $u = v(1, i)$, $2 \leqslant i \leqslant n$, 或 $u = v(i, i+1)$, $2 \leqslant i \leqslant n-1$, 或 $u = v(2, n)$.

　　图 4.5 是轮图 CW_4 的图例.

　　注意到 CW_n 是一个特别的凯莱图. CW_n 有下面的性质.

　　性质 4.4.1　对于整数 $n \geqslant 4$, CW_n 是 $(2n-2)$ 正则的、点传递的.

　　由于 CW_n 的生成集的元素是对换的, 所以有下面的性质.

　　性质 4.4.2　对于整数 $n \geqslant 4$, CW_n 是偶图.

　　由于 $(1), (12), (12)(34), (23), (1)$ 是 CW_n 的一个 4 圈, 所以有下面的性质.

　　性质 4.4.3　对于整数 $n \geqslant 4$, CW_n 的围长是 4.

　　我们可以把 CW_n 划分成 n 个不相交子图 $CW_n^1, CW_n^2, \cdots, CW_n^n$, 其中每个顶点 $u = u_1 u_2 \cdots u_n \in V(CW_n^i)$, 对于 $i \in \{1, 2, \cdots, n\}$ 在最后一个位置 u_n 有固定的整数 i. 容易看到 $CW_n^i \cong BS_n^i$, 其中 BS_n^i ($i = 1, 2, \cdots, n$) 是泡型星图 BS_n 的一个子图, 其中每个顶点 $u = u_1 u_2 \cdots u_n \in V(BS_n^i)$, 对于 $i \in \{1, 2, \cdots, n\}$ 在

最后一个位置 u_n 有固定的整数 i. 注意到 BS_n^i 与 BS_{n-1} 同构. 设 $v \in V(BS_n^i)$. 于是, $v(1n)$, $v(n-1,n)$, $v(2n)$ 被称为 v 的外邻点. 如果一条边的两个顶点位于不同的 BS^i 中, 那么该边称为给定的相关分解的交叉边.

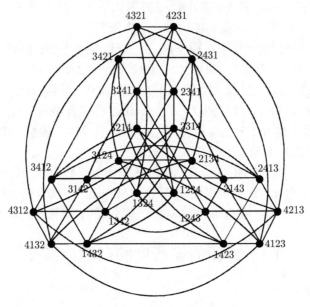

图 4.5　轮图 CW_4

性质 4.4.4　设 $v \in V(CW_n^i)$ $(i = 1, 2, \cdots, n)$ 定义如上. 于是, $v(1n)$, $v(n-1,n)$, $v(2n)$ 属于三个不同的 CW_n^j $(j \neq i)$.

证明　由性质 4.4.1, 不失一般性, 假设 $v = (1)$, 即 v 是 S_n 的单位元. 于是, 有 $v(1n) = (1n) \in V(BS_n^1)$, $v(n-1,n) = (n-1,n) \in V(BS_n^{n-1})$, $v(2n) = (2n) \in V(BS_n^2)$. 因此, $v(1n)$, $v(n-1,n)$, $v(2n)$ 属于 3 个不同的 CW_n^j $(j \neq i)$. □

性质 4.4.5　设 CW_n^i 定义如上. 在 2 个不同的 CW_n^i 之间存在 $3(n-2)!$ 条独立的交叉边.

证明　由性质 4.4.4, 2 个不同的 CW_n^i 之间的交叉边是独立的, 它构成 2 个 CW_n^i 之间的一个匹配. 于是, CW_n 中存在 $\dfrac{3n!}{2}$ 条交叉边. 因此, 2 个不同的 CW_n^i 之间存在 $\dfrac{\dfrac{3n!}{2}}{\mathrm{C}_n^2} = 3(n-2)!$ 条独立的交叉边. □

定理 4.4.1　设 CW_n 是轮图. 如果 2 个顶点 u, v 是相邻的, 那么 u, v 不存在公共邻点, 即 $|N(u) \cap N(v)| = 0$. 如果 2 个顶点 u, v 不是相邻的, 那么 u, v 存在最多 3 个公共邻点, 即 $|N(u) \cap N(v)| \leqslant 3$.

证明 如果 2 个顶点是相邻的并且有一个公共邻点, 那么这 3 个顶点构成一个 3 圈. 这与性质 4.4.2 矛盾. 因此, 2 个相邻的顶点不存在公共邻点.

设 2 个顶点 u, v 是不相邻的. 用反证法. 设 $|N(u) \cap N(v)| \geqslant 4$. 由性质 4.4.1, 不失一般性, 假设 $u = (1)$, 即 u 是单位元. 设 $\{(ia), (jb), (kc), (ld)\} \subseteq N(u)$ 使得 $\{(ia), (jb), (kc), (ld)\} \subseteq N(u) \cap N(v)$, $|\{(ia), (jb), (kc), (ld)\}| = 4$. 我们考虑下面的情况.

情况 1 (ia) 和 (jb) 是不相交的.

注意到 $(1), (ia), (ia)(jb), (jb), (1)$ 是一个 4 圈, 其中 $v = (ia)(jb)$. 因为 (kc) 是一个生成元, $(kc) \subseteq N(u) \cap N(v)$, 所以存在一个生成元 (xy) 使得 $(kc)(xy) = v = (ia)(jb)$. 由定理 4.2.2, $(kc) = (ia)$ 或 $(kc) = (jb)$. 如果 $(kc) = (ia)$, 则与 $|\{(ia), (jb), (kc), (ld)\}| = 4$ 相矛盾. 情况 $(kc) = (jb)$ 是相似的.

情况 2 (ia) 和 (jb) 是相交的.

不失一般性, 设 $a = j$. 于是, $v = (ia)(jb) = (iab)$. 因为 (kc) 是一个生成元, $(kc) \subseteq N(u) \cap N(v)$, 所以存在一个生成元 (xy) 使得 $(kc)(xy) = v = (iab)$. 由定理 4.2.2, x 等于 k, c 其中之一, 或 y 等于 k, c 其中之一. 设 $x = k$. 于是, $(xc)(xy) = (xyc) = v = (iab)$. 从而, i 等于 x, y, c 其中之一. 设 $i = x$. 于是, $y = a, c = b$. 因此, 有 $(kc) = (ib)$, $(xy) = (ia)$, $v = (iab) = (ia)(ab) = (ab)(ib) = (ib)(ia)$. 注意到事实上 (iab) 仅有上面的 3 种情况, 所以 (ld) 等于 $\{(ia), (ab), (ib)\}$ 其中之一. 这与 $|\{(ia), (jb), (kc), (ld)\}| = 4$ 矛盾. 剩余的情况是相似的. $\qquad\square$

4.4.2 轮图的自然连通度

本小节将展示 n 维轮图 CW_n 的自然连通度.

性质 4.4.6[48] 对于一个图 $G = (V, E)$, $\kappa(G) \leqslant \delta(G)$.

性质 4.4.7[59] 设 BS_n 是泡型星图. 连通度 $\kappa(BS_n) = 2n - 3$, 其中 $n \geqslant 4$.

引理 4.4.1[59] 设 $n \geqslant 4$, $F \subseteq V(BS_n)$ 以及 $|F| \leqslant 4n - 9$. 如果 $BS_n - F$ 不是连通的, 则 $BS_n - F$ 满足下列条件之一:

(1) $BS_n - F$ 有两个分支, 其中一个分支是孤立点;

(2) $BS_n - F$ 有三个分支, 其中两个分支是孤立点.

一个连通的图 G 是超连通的如果 G 的每个最小割 F 能分割出一个孤立点. 此外, 如果 $G - F$ 有两个分支, 其中一个分支是孤立点, 那么 G 是紧 $|F|$ 超连通的.

定理 4.4.2[50] 对于 $n \geqslant 4$, 泡型星图 BS_n 是紧 $(2n - 3)$ 超连通的.

定理 4.4.3[62] 设 CW_n 是 n 维轮图. CW_n 的连通度是 $(2n - 2)$, 其中 $n \geqslant 4$, 即 $\kappa(CW_n) = 2n - 2$.

证明 由性质 4.4.6, 有 $\kappa(CW_n) \leqslant \delta(CW_n) = 2n - 2$. 设 F 是 S_n 的一个子

集使得 $|F| \leqslant 2n - 3$. 沿着最后一个位置分解 CW_n, 表示为 $H_i(i = 1, 2, \cdots, n)$. 于是, H_i 和 BS_{n-1} 是同构的. 设 $F_i = F \cap V(H_i)$, 其中 $i \in [n]$ 以及 $|F_1| \geqslant |F_{i_2}| \geqslant \cdots \geqslant |F_{i_n}|$, 其中 $\{F_{i_2}, \cdots, F_{i_n}\} = \{F_2, \cdots, F_n\}$. 我们考虑下面的情况.

情况 1　$|F_1| \leqslant 2n - 6$.

在这种情况中, 对于 $i \in \{1, 2, 3, \cdots, n\}$, $|F_i| \leqslant 2n - 6$. 由于 $n \geqslant 4$, 由性质 4.4.7, $H_i - F_i$ 是连通的, 其中 $i = 1, 2, \cdots, n$. 由性质 4.4.5, 2 个不同的 H_i 之间存在 $3(n-2)!$ 条独立的交叉边, 其中 $i \in \{1, 2, \cdots, n\}$. 由于 $n \geqslant 4$, 所以对于 $i, j \in [n], i \neq j$, 有 $3(n-2)! > 2(2n-6) \geqslant |F_i| + |F_j|$, $CW_n[V(H_i - F_i) \cup V(H_j - F_j)]$ 是连通的. 因此, $CW_n - F$ 是连通的.

情况 2　$|F_1| = 2n - 5$.

在这种情况中, $|F_i| \leqslant 2$ $(i = 2, 3, \cdots, n)$. 由于 $n \geqslant 4$, 由性质 4.4.7, $H_i - F_i$ 是连通的, 其中 $i = 2, \cdots, n$. 由性质 4.4.5, 2 个不同的 H_i 之间存在 $3(n-2)!$ 条独立的交叉边, 其中 $i \in \{2, \cdots, n\}$. 由于 $n \geqslant 4$, 有 $3(n-2)! > 2 + 2 \geqslant |F_i| + |F_j|$, $CW_n[V(H_i - F_i) \cup V(H_j - F_j)]$ 是连通的, 其中 $i, j \in \{2, \cdots, n\}, i \neq j$. 我们考虑下面的情况.

情况 2.1　$H_1 - F_1$ 是连通的.

由性质 4.4.5, 2 个不同的 H_i 之间存在 $3(n-2)!$ 条独立的交叉边. 由于 $n \geqslant 4$, 所以有 $3(n-2)! > 2n - 5 + 2 \geqslant |F_1| + |F_i|$, $CW_n[V(H_1 - F_1) \cup V(H_i - F_i)]$ 是连通的, 其中 $i \in \{2, \cdots, n\}$. 因此, $CW_n - F$ 是连通的.

情况 2.2　$H_1 - F_1$ 不是连通的.

由于当 $n \geqslant 4$ 时, $|F_1| = 2n - 5 \leqslant 4(n-1) - 9 = 4n - 13$. 由引理 4.4.1, ① $H_1 - F_1$ 有两个分支, 其中一个分支是孤立点; ② $H_1 - F_1$ 有三个分支, 其中两个分支是孤立点. 由于 $|N(x) \cap (V(H_2) \cup \cdots \cup V(H_n))| = 3$, 其中 $x \in V(H_1)$, $|F_2| + \cdots + |F_n| \leqslant 2$, 有 $CW_n - F$ 是连通的.

情况 3　$2n - 4 \leqslant |F_1| \leqslant 2n - 3$.

在这种情况中, $|F_i| \leqslant 1$ $(i = 2, 3, \cdots, n)$, 与情况 2 相似, $CW_n - F$ 是连通的.

由情况 1—情况 3, 当 $|F| \leqslant 2n - 3$ 时 F 不是 CW_n 的割. 因此, 有 $\kappa(CW_n) = 2n - 2$. 　　□

定理 4.4.4[62]　对于 $n \geqslant 5$, n 维轮图的自然连通度是 $4n - 6$, 即 $\kappa^{(1)}(CW_n) = 4n - 6$.

证明　设 $S = \{(12), (13), \cdots, (1n), (23), (34), \cdots, (n-1, n), (2n)\}$, $A = \{(1), (12)\}$. 于是, $CW[A] \cong K_2$. 由性质 4.4.2, CW_n 没有 3 圈. 因此, $|N_{CW_n}(A)| = 4n - 6$. 设 $F_1 = N_{CW_n}(A)$, $F_2 = A \cup N_{CW_n}(A)$. 可以把 CW_n 划分成 n 个子图 $BS_n^1, BS_n^2, \cdots, BS_n^n$, 其中每个顶点 $u = x_1 x_2 \cdots x_n \in V(BS_n^i)$, 在最后一个位

置 x_n 有一个固定整数 $i \in [n]$. 注意到 BS_n^i 与 BS_{n-1} 同构, 其中 $i \in [n]$. 于是, $A \subseteq V(BS_n^n)$. 设 $F_i^1 = F_1 \cap V(BS_n^i)$, 其中 $i = 1, 2, \cdots, n$. 设 $v \in V(BS_n^i)$. 于是, $v(1n), v(n-1,n), v(2n)$ 是 v 的外邻点. 令 $v^+ = v(1n), v^- = v(n-1,n)$, $v^* = v(2n)$.

断言 1 $CW_n - F_2$ 是连通的.

注意到 $(1)^+ = (1n), (1)^- = (n-1,n), (1)^* = (2n), (12)^+ = (1n2), (12)^- = (12)(n-1,n), (12)^* = (12n)$. 于是, $|F_i^1| \leqslant 2$, 其中 $i \in \{1, 2, \cdots, n-1\}$. 由于 $n \geqslant 5$, 由性质 4.4.7, $BS_n^i - F_i^1$ 是连通的, 其中 $i \in \{1, 2, \cdots, n-1\}$. 由性质 4.4.5, 不同的 2 个 BS_n^i 之间存在 $3(n-2)!$ 条独立的交叉边. 由于 $n \geqslant 5$, 所以有 $3(n-2)! > 4n - 10 + 2 \geqslant |F_i^1| + |F_j^1|$, $CW_n[V(BS_n^i - F_i^1) \cup V(BS_n^j - F_j^1)]$ 是连通的, 其中 $i, j \in [n], i \neq j$. 设 $x \in V(BS_n^n - F_2)$. 由性质 4.4.4, $N(x) \cap \{(1)^+, (1)^-, (1)^*, (12)^+, (12)^-, (12)^*\} = \varnothing$. 因此, $CW_n - F_2$ 是连通的. 断言 1 证毕.

由断言 1, $\delta(CW_n - F_2) \geqslant 1$. 注意到 $CW_n - F_1$ 有两个分支 $CW_n - F_2$, $CW_n[A] \cong K_2$, 并且 $\delta(K_2) = 1$. 于是, F_1 是一个自然割. 从而, $\kappa^{(1)}(CW_n) \leqslant 4n - 6$.

设 F 是 CW_n 的一个自然割且 $|F| \leqslant 4n - 7$. 把 CW_n 从最后一个位置划分成 n 个子图, 由 BS_n^i $(i = 1, \cdots, n)$ 表示. 于是, BS_n^i 和 BS_{n-1} 是同构的. 设 $F_i = F \cap V(BS_n^i)$, 其中 $i \in \{1, 2, \cdots, n\}$ 以及 $|F_1| \geqslant |F_{i_2}| \geqslant \cdots \geqslant |F_{i_n}|$, $\{F_{i_2}, \cdots, F_{i_n}\} = \{F_2, \cdots, F_n\}$.

断言 2 $|F_{i_3}| \geqslant 1, 1 \leqslant |F_{i_2}| \leqslant 2n - 4$.

如果 $|F_{i_3}| = 0$, 则 $|F_{i_3}| = |F_{i_4}| = \cdots = |F_{i_n}| = 0$. 由性质 4.4.5 和性质 4.4.7, $CW_n[V(BS_n^{i_3}) \cup V(BS_n^{i_4}) \cup \cdots \cup V(BS_n^{i_n})]$ 是连通的. 由性质 4.4.4, $CW_n - F$ 连通的. 这与 F 是 CW_n 的一个自然割相矛盾. 于是, $|F_{i_3}| \geqslant 1$. 由于 $|F_{i_2}| \geqslant |F_{i_3}|$, $|F_{i_3}| \geqslant 1$, 所以有 $|F_{i_2}| \geqslant 1$. 如果 $|F_{i_2}| = 2n - 4$, 则 $4n - 7 \geqslant |F| \geqslant 2(2n-4) + 1 = 4n - 7$. 因此, $|F_{i_2}| \leqslant 2n - 4$. 断言 2 证毕.

我们考虑下面的情况.

情况 1 $|F_1| \leqslant 2n - 6 = 2(n-1) - 4$.

由于 $|F_1| \geqslant |F_{i_2}| \geqslant \cdots \geqslant |F_{i_n}|$, 所以 $|F_{i_j}| \leqslant 2n - 6$. 由性质 4.4.7, $BS_n^{i_j} - F_{i_j}$ 是连通的. 由性质 4.4.5, 2 个不同的 BS_n^i 之间存在 $3(n-2)!$ 条独立的交叉边. 当 $n \geqslant 5$ 时, $3(n-2)! > 2n - 6 + 2n - 6 = 4n - 12 \geqslant |F_i| + |F_j|$. 有 $CW_n[V(BS_n^i - F_i) \cup V(BS_n^j - F_j)]$ 是连通的, 其中 $i, j \in [n], i \neq j$. 从而, $CW_n - F$ 是连通的. 这与 F 是 CW_n 的一个自然割相矛盾.

情况 2 $2n - 5 = 2(n-1) - 3 \leqslant |F_1| \leqslant 4n - 13 = 4(n-1) - 9$.

情况 2.1 $|F_{i_2}| \leqslant 2n - 6$.

由于 $|F_1| \geqslant |F_{i_2}| \geqslant \cdots \geqslant |F_{i_n}|$, 所以有 $|F_i| \leqslant 2n-6$, 其中 $i \in \{2, 3, \cdots, n\}$. 由性质 4.4.7, $BS_n^j - F_j$ 是连通的, 其中 $j \in \{2, 3, \cdots, n\}$. 由于 $3(n-2)! > 2n-6+2n-6 = 4n-12 \geqslant |F_i| + |F_j|$, 其中 $i, j \in \{2, 3, \cdots, n\}$, 由性质 4.4.5 有 $CW_n[V(BS_n^i - F_i) \cup V(BS_n^j - F_j)]$ 是连通的. 因此, $CW_n[V(BS_n^2 - F_2) \cup \cdots \cup V(BS_n^n - F_n)]$ 是连通的.

首先设 $BS_n^1 - F_1$ 是连通的. 如果 $|F_{i_n}| = 2$, 则 $2(n-1) + (2n-5) = 4n-7 \geqslant |F|$. 因此, $|F_{i_n}| \leqslant 2$. 由于当 $n \geqslant 5$ 时 $3(n-2)! > 4n-13+2 = 4n-11 \geqslant |F_1| + |F_{i_n}|$, 所以由性质 4.4.5, $CW_n[V(BS_n^1 - F_1) \cup V(BS_n^{i_n} - F_{i_n})]$ 是连通的. 从而, $CW_n - F$ 是连通的. 这与 F 是 CW_n 的一个自然割相矛盾. 再设 $BS_n^1 - F_1$ 是不连通的. 由于 $|F_1| \leqslant 4n-13 = 4(n-1)-9$, 所以由引理 4.4.1, ① $BS_n^1 - F_1$ 有两个分支, 其中一个分支是孤立点; ② $BS_n^1 - F_1$ 有三个分支, 其中两个分支是孤立点. 设 B 是 $BS_n^1 - F_1$ 的最大分支. 由于当 $n \geqslant 5$ 时 $3(n-2)! > 4n-13+2+2 = 4n-9 \geqslant |F_1| + |F_{i_n}|$, 所以由性质 4.4.5, $CW_n[V(B) \cup V(BS_n^2 - F_2) \cup \cdots \cup V(BS_n^n - F_n)]$ 是连通的. 这与 F 是 CW_n 的一个自然割相矛盾.

情况 2.2　$|F_{i_2}| = 2n-5$.

在这种情况中, $|F_{i_3}| + \cdots + |F_{i_n}| \leqslant 3$, $2n-5 \leqslant |F_1| \leqslant 2n-3$. 由性质 4.4.7, $BS_n^j - F_j$ 是连通的, 其中 $j \in \{i_3, i_4, \cdots, i_n\}$. 由于 $3(n-2)! > 3 \geqslant |F_i| + |F_j|$, 其中 $i, j \in \{i_3, i_4, \cdots, i_n\}$, 所以由性质 4.4.5, 有 $CW_n[V(BS_n^i - F_i) \cup V(BS_n^j - F_j)]$ 是连通的. 因此, $CW_n[V(BS_n^{i_3} - F_{i_3}) \cup \cdots \cup V(BS_n^{i_n} - F_{i_n})]$ 是连通的.

情况 2.2.1　$BS_n^{i_2} - F_{i_2}$ 是连通的.

同情况 2.1 相似.

情况 2.2.2　$BS_n^{i_2} - F_{i_2}$ 是不连通的.

由定理 4.4.2, $BS_n^{i_2} - F_{i_2}$ 有两个分支, 其中一个分支是孤立点 u. 设 B' 是 $BS_n^{i_2} - F_{i_2}$ 的最大分支. 由于当 $n \geqslant 5$ 时 $3(n-2)! > 2n-5+2+2 = 2n-1 \geqslant |F_{i_2}| + |F_{i_n}|$, 所以由性质 4.4.5, 有 $CW_n[V(B') \cup V(BS_n^{i_3} - F_{i_3}) \cup \cdots \cup V(BS_n^{i_n} - F_{i_n})]$ 是连通的.

情况 2.2.2.1　$BS_n^1 - F_1$ 是连通的.

由于当 $n \geqslant 5$ 时 $3(n-2)! > 4n-13+2 = 4n-11 \geqslant |F_1| + |F_n|$, 所以由性质 4.4.5, $CW_n[V(BS_n^1 - F_1) \cup V(BS_n^3 - F_3) \cup V(BS_n^4 - F_4) \cup \cdots \cup V(BS_n^n - F_n)]$ 是连通的. 这与 F 是 CW_n 的一个自然割相矛盾.

情况 2.2.2.2　$BS_n^1 - F_1$ 是不连通的.

在这种情况中, $2(n-1)-3 = 2n-5 \leqslant |F_1| \leqslant 4n-13$, $n \geqslant 5$. 注意到 $|F_{i_2}| = 2n-5$, $|F| \leqslant 4n-7$, $|F_{i_3}| + |F_{i_4}| + \cdots + |F_{i_n}| \leqslant 3$. 因为 $n \geqslant 5$, 所以 $|F_{i_n}| \leqslant 1$. 注意到 $n \geqslant 5$, $|F_1| \leqslant 4(n-1)-9 = 4n-13$. 由引理 4.4.1,

① $BS_n^1 - F_1$ 有两个分支, 其中一个分支是孤立点; ② $BS_n^1 - F_1$ 有三个分支, 其中两个分支是孤立点. 设 B 是 $BS_n^1 - F_1$ 的最大分支. 由于 $|F_{i_n}| \leqslant 1, 3(n-2)! > 4n - 13 + 1 + 2 \geqslant |F_1| + |F_{i_n}|$, 所以由性质 4.4.5 有 $CW_n[V(B) \cup V(BS_n^{i_n} - F_{i_n})]$ 是连通的. 因此, $CW_n[V(B) \cup (V(BS_n^{i_3} - F_{i_3}) \cup \cdots \cup V(BS_n^{i_n} - F_{i_n}))]$ 是连通的. 从而, $CW_n[V(B) \cup V(B')] \cup CW_n[V(BS_n^{i_3} - F_{i_3}) \cup \cdots \cup V(BS_n^{i_n} - F_{i_n})]$ 是连通的.

设 $BS_n^1 - F_1$ 有三个分支, 其中两个分支是孤立点 v_1, v_2. 由于 $|F_{i_3}| + |F_{i_4}| + \cdots + |F_{i_n}| \leqslant 3$, 由性质 4.4.4, 存在 v_1, v_2 其中一个. 不失一般性, 设 v_1 使得 $CW_n[\{v_1\} \cup V(B) \cup V(B')] \cup CW_n[V(BS_n^{i_3} - F_{i_3}) \cup \cdots \cup V(BS_n^{i_n} - F_{i_n})]$ 是连通的. 由于 $|F_{i_3}| + |F_{i_4}| + \cdots + |F_{i_n}| \leqslant 3$, 由性质 4.4.4, 存在 u, v_2 之一. 不失一般性, 设 u 使得 $CW_n[\{u, v_1\} \cup V(B) \cup V(B')] \cup CW_n[V(BS_n^{i_3} - F_{i_3}) \cup \cdots \cup V(BS_n^{i_n} - F_{i_n})]$ 是连通的. 因此, $CW_n - F$ 是连通的或 $CW_n - F$ 有两个分支, 其中一个分支是孤立点. 这与 F 是 CW_n 的一个自然割相矛盾.

情况 2.3 $|F_{i_2}| = 2n - 4$.

在这种情况中, $|F_1| = |F_{i_2}| = 2n - 4, |F_{i_3}| = 1, |F_{i_4}| = \cdots = |F_n| = 0$. 同情况 2.2 的方法相似.

情况 3 $4n - 12 \leqslant |F_1| \leqslant 4n - 7$.

由断言 2, $|F_{i_2}|, |F_{i_3}| \geqslant 1, 4n - 12 \leqslant |F_1| \leqslant 4n - 9$. 在这种情况中, $|F_{i_2}| + |F_{i_3}| + |F_{i_4}| + \cdots + |F_{i_n}| \leqslant 5$. 由于 $|F_{i_3}| \geqslant 1, |F_{i_2}| \leqslant 4$. 在这种情况中, $|F_i| \leqslant 4$, 其中 $i \in \{2, 3, \cdots, n\}$. 由性质 4.4.5 和性质 4.4.7, $CW_n[V(BS_n^{i_2} - F_{i_2}) \cup V(BS_n^{i_3} - F_{i_3}) \cup \cdots \cup V(BS_n^{i_n} - F_{i_n})]$ 是连通的, 其中 $n \geqslant 5$. 设 $BS_n^1 - F_1$ 是连通的. 由于 $3(n-2)! > 5$, 由性质 4.4.5, $CW_n[V(BS_n^1 - F_1) \cup V(BS_n^{i_2} - F_{i_2}) \cup \cdots \cup V(BS_n^n - F_n)]$ 是连通的. 这与 F 是 CW_n 的一个自然割相矛盾. 设 $BS_n^1 - F_1$ 是不连通的, $BS_n^1 - F_1$ 的分支是 $G_1, G_2, \cdots, G_k$, 其中 $k \geqslant 2$. 如果 $|V(G_r)| \geqslant 2$ $(1 \leqslant r \leqslant k - 1)$, 由性质 4.4.4, $|N(V(G_r)) \cap (V(BS_n^{i_2}) \cup \cdots \cup V(BS_n^{i_n}))| \geqslant 6$. 再结合 $|F_{i_2}| + |F_3| + |F_4| + \cdots + |F_n| \leqslant 5$, 有 $CW_n[V(G_r) \cup V(BS_n^{i_2} - F_{i_2}) \cup \cdots \cup V(BS_n^n - F_n)]$ 是连通的. 因此, 对于 $|V(G_r)| \geqslant 2, G_r$ 不是 $CW_n - F$ 的 1 个分支. 如果 $k = 3$, 由性质 4.4.4, $|(N(V(G_1) \cup \cdots \cup V(G_{k-1}))) \cap (V(BS_n^{i_2}) \cup \cdots \cup V(BS_n^n))| \geqslant 6$. 再结合 $|F_{i_2}| + |F_3| + |F_4| + \cdots + |F_n| \leqslant 5, CW_n - F$ 是连通的或 $CW_n - F$ 有两个分支, 其中一个分支是孤立点. 这与 F 是 CW_n 的一个自然割相矛盾.

由情况 1—情况 3, 当 $|F| \leqslant 4n - 7$ 时, F 不是 CW_n 的一个自然割. 因此, $\kappa^{(1)}(CW_n) = 4n - 6$. □

引理 4.4.2[62] 设 $A = \{(1), (12)\}$. 如果 $n \geqslant 4, F_1 = N_{CW_n}(A), F_2 = A \cup N_{CW_n}(A)$, 则 $|F_1| = 4n - 6, |F_2| = 4n - 4, \delta(CW_n - F_1) \geqslant 1, \delta(CW_n - F_2) \geqslant 1$.

证明 由 $A = \{(1), (12)\}$, 有 $CW_n[A] \cong K_2$. 由于 CW_n 没有 3 圈, 所以

$|N_{CW_n}(A)| = 4n - 6$. 从而, 有 $|F_1| = 4n - 6$, $|F_2| = |A| + |F_1| = 4n - 4$.

设 $S = \{(12), (13), \cdots, (1n), (23), (34), \cdots, (n-1, n), (2n)\}$, $x \in S_n \setminus F_2$. 由于 CW_n 是一个偶图, 所以 CW_n 不存在 5 圈 $(1), (ki), x, (12)(lj), (12), (1)$, 其中 $(ki), (lj) \in S \setminus (12)$. 设 $u \in N_{CW_n}((1)) \setminus (12)$. 如果 u 与 x 相邻, 则 x 与 $N_{CW_n}((12)) \setminus (1)$ 的每一个点不相邻. 由于 $|N_{CW_n}((1)) \setminus (12)| = 2n - 3$, 所以有 x 最多与 F_1 中 $(2n - 3)$ 个顶点相邻. 因此, $\delta(CW_n - F_2) \geqslant 2n - 2 - (2n - 3) = 1$. 注意到 $CW_n - F_1$ 有 2 部分 $CW_n - F_2$, $CW_n[A] \cong K_2$, 并且 $\delta(CW_n[A]) = 1$. 因此, $\delta(CW_n - F_1) \geqslant 1$. □

4.4.3　轮图在 PMC 模型下的自然诊断度

本小节将证明轮图在 PMC 模型下的自然诊断度.

引理 4.4.3　一个最小度为 1 的图至少有 2 个顶点.

这个引理的证明是平凡的.

引理 4.4.4[62]　设 $n \geqslant 4$. 轮图 CW_n 在 PMC 模型下的自然诊断度小于或等于 $4n - 5$, 即 $t_1^{PMC}(CW_n) \leqslant 4n - 5$.

证明　设 A 的定义如同引理 4.4.2 中, $F_1 = N_{CW_n}(A)$, $F_2 = A \cup N_{CW_n}(A)$. 由引理 4.4.2, $|F_1| = 4n - 6$, $|F_2| = 4n - 4$, $\delta(CW_n - F_1) \geqslant 1$, $\delta(CW_n - F_2) \geqslant 1$. 因此, F_1, F_2 是 CW_n 的 2 个自然集以及 $|F_1| = 4n - 6$, $|F_2| = 4n - 4$. 因为当 $n \geqslant 4$ 时 $n! > 4n - 4$, 所以 $V(CW_n - F_1 - F_2) \neq \varnothing$. 由于 $A = F_1 \triangle F_2$, $N_{CW_n}(A) = F_1 \subset F_2$, $V(CW_n) \setminus (F_1 \cup F_2)$ 与 $F_1 \triangle F_2$ 之间不存在 CW_n 的边. 由定理 3.1, 有 CW_n 在 PMC 模型下不是自然 $(4n - 4)$ 可诊断的. 因此, 由自然诊断度的定义, 有 CW_n 的自然诊断度小于或等于 $4n - 4$, 即 $t_1^{PMC}(CW_n) \leqslant 4n - 5$. □

引理 4.4.5[62]　设 $n \geqslant 5$. 轮图 CW_n 在 PMC 模型下的自然诊断度大于或等于 $4n - 5$, 即 $t_1^{PMC}(CW_n) \geqslant 4n - 5$.

证明　由自然诊断度的定义, 只需证明 CW_n 是自然 $(4n - 5)$ 可诊断的. 设 F_1, F_2 是 CW_n 的任意 2 个不同的自然集, 其中 $|F_1| \leqslant 4n - 5$, $|F_2| \leqslant 4n - 5$. 因为当 $n \geqslant 5$ 时 $n! > 2(4n - 5)$, 所以 $V(CW_n - F_1 - F_2) \neq \varnothing$. 由定理 3.1, 证明 CW_n 是自然 $(4n - 5)$ 可诊断的等价于证明对于 CW_n 中任意 2 个不同的自然集 F_1, F_2 以及 $|F_1| \leqslant 4n - 5$, $|F_2| \leqslant 4n - 5$, 存在一条边 $uv \in E(CW_n)$, 其中 $u \in V(CW_n) \setminus (F_1 \cup F_2)$, $v \in F_1 \triangle F_2$. 不失一般性, $F_2 \setminus F_1 \neq \varnothing$.

证明用反证法. 设 CW_n 存在 2 个不同的自然集 F_1, F_2 以及 $|F_1| \leqslant 4n - 5$, $|F_2| \leqslant 4n - 5$, 但 (F_1, F_2) 不满足定理 3.1 的任意条件, 即 $V(CW_n) \setminus (F_1 \cup F_2)$ 和 $F_1 \triangle F_2$ 之间不存在边. 由于 $V(CW_n) \setminus (F_1 \cup F_2)$ 和 $F_1 \triangle F_2$ 之间不存在边, F_1 是一个自然集, 所以 $CW_n - F_1$ 有 2 部分 $CW_n - F_1 - F_2$, $CW_n[F_2 \setminus F_1]$

以及 $\delta(CW_n - F_1 - F_2) \geqslant 1$, $\delta(CW_n[F_2 \setminus F_1]) \geqslant 1$. 相似地, 当 $F_1 \setminus F_2 \neq \varnothing$ 时 $\delta(CW_n[F_1 \setminus F_2]) \geqslant 1$. 因此, $F_1 \cap F_2$ 也是一个自然集. 当 $F_1 \setminus F_2 = \varnothing$ 时, $F_1 \cap F_2 = F_1$ 也是一个自然集. 由于 $V(CW_n - F_1 - F_2)$ 和 $F_1 \triangle F_2$ 之间不存在边, 所以 $F_1 \cap F_2$ 是一个自然割. 由 $n \geqslant 5$ 和定理 4.4.4, $|F_1 \cap F_2| \geqslant 4n - 6$. 由引理 4.4.3, $|F_2 \setminus F_1| \geqslant 2$. 于是, $|F_2| = |F_2 \setminus F_1| + |F_1 \cap F_2| \geqslant 2 + 4n - 6 = 4n - 4$, 与 $|F_2| \leqslant 4n - 5$ 矛盾. 因此, CW_n 是自然 $(4n - 5)$ 可诊断的. 由 $t_1^{PMC}(CW_n)$ 的定义, $t_1^{PMC}(CW_n) \geqslant 4n - 5$. □

根据引理 4.4.4 和引理 4.4.5, 有下面的定理.

定理 4.4.5[62] 设 $n \geqslant 5$. 轮图 CW_n 在 PMC 模型下的自然诊断度是 $4n - 5$.

4.4.4 轮图在 MM* 模型下的自然诊断度

本小节将证明轮图在 MM* 模型下的自然诊断度.

引理 4.4.6[62] 设 $n \geqslant 5$. 轮图 CW_n 在 MM* 模型下的自然诊断度小于或等于 $4n - 5$, 即 $t_1^{MM^*}(CW_n) \leqslant 4n - 5$.

证明 设 A, F_1 和 F_2 的定义如同引理 4.4.2 中. 由引理 4.4.2, $|F_1| = 4n - 6$, $|F_2| = 4n - 4$, $\delta(CW_n - F_1) \geqslant 1$, $\delta(CW_n - F_2) \geqslant 1$. 于是, F_1 和 F_2 是 2 个自然集. 注意到当 $n \geqslant 5$ 时 $n! > 4n - 4$. 于是, $V(CW_n - F_1 - F_2) \neq \varnothing$. 由 F_1 和 F_2 的定义, $F_1 \triangle F_2 = A$. 因为 $F_1 \setminus F_2 = \varnothing$, $F_2 \setminus F_1 = A$, $(V(CW_n) \setminus (F_1 \cup F_2)) \cap A = \varnothing$, 所以 F_1 和 F_2 不满足定理 3.1 的任意条件. 因此, CW_n 不是自然 $(4n - 4)$ 可诊断的. 从而, $t_1^{MM^*}(CW_n) \leqslant 4n - 5$. □

引理 4.4.7[62] 设 $n \geqslant 5$. 轮图 CW_n 在 MM* 模型下的自然诊断度大于或等于 $4n - 5$, 即 $t_1^{MM^*}(CW_n) \geqslant 4n - 5$.

证明 由自然诊断度的定义, 只需证明 CW_n 是自然 $(4n - 5)$ 可诊断的. 设 F_1, F_2 是 CW_n 的任意 2 个不同的自然集以及 $|F_1| \leqslant 4n - 5$, $|F_2| \leqslant 4n - 5$. 因为当 $n \geqslant 5$ 时 $n! > 2(4n - 5)$, 所以 $V(CW_n - F_1 - F_2) \neq \varnothing$.

证明用反证法. 由定理 3.2, 设 CW_n 存在 2 个不同的自然集 F_1, F_2, 其中 $|F_1| \leqslant 4n - 5$, $|F_2| \leqslant 4n - 5$, 但 (F_1, F_2) 不满足定理 3.2 的任意条件. 不失一般性, 假设 $F_2 \setminus F_1 \neq \varnothing$.

断言 $CW_n - F_1 - F_2$ 没有孤立点.

如果 $F_1 \setminus F_2 = \varnothing$, 那么 $F_1 \subseteq F_2$. 由于 F_2 是一个自然割, 所以 $CW_n - F_2 = CW_n - F_1 - F_2$ 没有孤立点. 因此, 设 $F_1 \setminus F_2 \neq \varnothing$, $CW_n - F_1 - F_2$ 至少有一个孤立点 w. 由于 F_1 是一个自然集, 所以存在一个顶点 $u \in F_2 \setminus F_1$ 使得 u 与 w 相邻. 由于 (F_1, F_2) 不满足定理 3.2 的任意条件, 所以存在最多一个顶点 $u \in F_2 \setminus F_1$ 使得 u 与 w 相邻. 从而, 存在一个顶点 $u \in F_2 \setminus F_1$ 使得 u 与 w 相邻. 相似地, 存在一个顶点 $v \in F_1 \setminus F_2$ 使得 v 与 w 相邻. 设 $W \subseteq S_n \setminus (F_1 \cup F_2)$ 是 $CW_n[S_n \setminus (F_1 \cup F_2)]$ 中的

孤立点集, H 是由 $S_n \setminus (F_1 \cup F_2 \cup W)$ 导出的子图. 对于任意 $w \in W$, 存在 $(2n-4)$ 个邻点在 $F_1 \cap F_2$ 中. 由于 $|F_2| \leqslant 4n-5$, 所以有 $\sum_{w \in W} |N_{CW_n[(F_1 \cap F_2) \cup W]}(w)| \leqslant |W|(2n-4) \leqslant \sum_{v \in F_1 \cap F_2} d_{CW_n}(v) \leqslant |F_1 \cap F_2|(2n-2) \leqslant (|F_2|-1)(2n-2) \leqslant (4n-6)(2n-2) = 8n^2 - 20n + 10$. 然后, 对于 $n \geqslant 5$, $|W| \leqslant \dfrac{8n^2 - 20n + 10}{2n-4} < 4n-1$. 于是, $|F_1 \cup F_2| = |F_1| + |F_2| - |F_1 \cap F_2| \leqslant 2(4n-5) - (2n-4) = 6n-6$. 设 $V(H) = \varnothing$. 从而, $n! = |S_n| = |V(CW_n)| = |F_1 \cup F_2| + |W| < 6n-6 + 4n-1 = 10n-7$. 当 $n \geqslant 5$ 时不等式矛盾. 于是, $V(H) \neq \varnothing$. 由于 (F_1, F_2) 不满足定理 3.2 的任意条件, $V(H)$ 的每一个点在 H 中不是孤立点, 所以 $V(H)$ 和 $F_1 \triangle F_2$ 之间不存在边. 因为 $F_1 \triangle F_2 \neq \varnothing$, 所以 $F_1 \cap F_2$ 是 CW_n 的一个割. 由于 F_1 是 CW_n 的一个自然集, 所以 $\delta(CW_n[(F_2 \setminus F_1) \cup W]) \geqslant 1$. 相似地, $\delta(CW_n[(F_1 \setminus F_2) \cup W]) \geqslant 1$. 因此, $\delta(CW_n[(F_1 \triangle F_2) \cup W]) \geqslant 1$. 注意到 $CW_n - (F_1 \cap F_2)$ 有 2 部分 H 和 $CW_n[(F_1 \triangle F_2) \cup W]$. 于是, $\delta(CW_n - (F_1 \cap F_2)) \geqslant 1$, 即 $F_1 \cap F_2$ 是 CW_n 的一个自然割. 由定理 4.4.4, $|F_1 \cap F_2| \geqslant 4n-6$. 因为 $|F_1| \leqslant 4n-5$, $|F_2| \leqslant 4n-5$, 以及 $F_1 \setminus F_2$ 和 $F_2 \setminus F_1$ 都不是空的, 所以有 $|F_1 \setminus F_2| = |F_2 \setminus F_1| = 1$. 设 $F_1 \setminus F_2 = \{v_1\}$, $F_2 \setminus F_1 = \{v_2\}$. 对于任意顶点 $w \in W$, w 与 v_1 和 v_2 相邻. 根据定理 4.4.1, 对于 CW_n 中任意一对顶点最多存在 3 个公共邻点. 从而, $CW_n - F_1 - F_2$ 中最多存在 3 个孤立点, 即 $|W| \leqslant 3$.

设 $CW_n - F_1 - F_2$ 中存在一个孤立点 v. 设 v_1 和 v_2 与 v 相邻. 于是, $N_{CW_n}(v) \setminus \{v_1, v_2\} \subseteq F_1 \cap F_2$. 由于 CW_n 没有三角形, 所以 $N_{CW_n}(v_1) \setminus \{v\} \subseteq F_1 \cap F_2$, $N_{CW_n}(v_2) \setminus \{v\} \subseteq F_1 \cap F_2$, $[N_{CW_n}(v) \setminus \{v_1, v_2\}] \cap [N_{CW_n}(v_1) \setminus \{v\}] = \varnothing$, $[N_{CW_n}(v) \setminus \{v_1, v_2\}] \cap [N_{CW_n}(v_2) \setminus \{v\}] = \varnothing$. 由定理 4.4.1, $|[N_{CW_n}(v_1) \setminus \{v\}] \cap [N_{CW_n}(v_2) \setminus \{v\}]| \leqslant 2$. 从而, $|F_1 \cap F_2| \geqslant |N_{CW_n}(v) \setminus \{v_1, v_2\}| + |N_{CW_n}(v_1) \setminus \{v\}| + |N_{CW_n}(v_2) \setminus \{v\}| = (2n-4) + (2n-3) + (2n-3) - 2 = 6n-10$. 于是, $|F_2| = |F_2 \setminus F_1| + |F_1 \cap F_2| \geqslant 1 + 6n-10 = 6n-9 > 4n-5$ $(n \geqslant 5)$, 与 $|F_2| \leqslant 4n-5$ 矛盾.

设 $CW_n - F_1 - F_2$ 中存在 2 个孤立点 v, w. 设 v_1, v_2 分别与 v, w 相邻. 于是, $N_{CW_n}(v) \setminus \{v_1, v_2\} \subseteq F_1 \cap F_2$. 由于 CW_n 没有三角形, 所以 $N_{CW_n}(v_1) \setminus \{v, w\} \subseteq F_1 \cap F_2$, $N_{CW_n}(v_2) \setminus \{v, w\} \subseteq F_1 \cap F_2$, $[N_{CW_n}(v) \setminus \{v_1, v_2\}] \cap [N_{CW_n}(v_1) \setminus \{v, w\}] = \varnothing$, $[N_{CW_n}(v) \setminus \{v_1, v_2\}] \cap [N_{CW_n}(v_2) \setminus \{v, w\}] = \varnothing$. 由定理 4.4.1, 对于 CW_n 中任意一对顶点最多存在 3 个公共邻点. 从而, $|[N_{CW_n}(v_1) \setminus \{v, w\}] \cap [N_{CW_n}(v_2) \setminus \{v, w\}]| \leqslant 1$. 因此, $|F_1 \cap F_2| \geqslant |N_{CW_n}(v) \setminus \{v_1, v_2\}| + |N_{CW_n}(w) \setminus \{v_1, v_2\}| + |N_{CW_n}(v_1) \setminus \{v, w\}| + |N_{CW_n}(v_2) \setminus \{v, w\}| = (2n-4) + (2n-4) + (2n-4) + (2n-4) - 1 = 8n-17$. 于是, $|F_2| = |F_2 \setminus F_1| + |F_1 \cap F_2| \geqslant 1 + 8n-17 = 8n-16 > 4n-5$ $(n \geqslant 5)$, 与 $|F_2| \leqslant 4n-5$ 矛盾.

设 $CW_n - F_1 - F_2$ 中存在 3 个孤立点 u, v, w. 设 v_1, v_2 分别与 u, v, w 相邻. 于是, $N_{CW_n}(v) \setminus \{v_1, v_2\} \subseteq F_1 \cap F_2$. 由于 CW_n 没有三角形, 所以 $N_{CW_n}(v_1) \setminus \{u, v, w\} \subseteq F_1 \cap F_2$, $N_{CW_n}(v_2) \setminus \{u, v, w\} \subseteq F_1 \cap F_2$, $[N_{CW_n}(v) \setminus \{v_1, v_2\}] \cap [N_{CW_n}(v_1) \setminus \{u, v, w\}] = \varnothing$, $[N_{CW_n}(v) \setminus \{v_1, v_2\}] \cap [N_{CW_n}(v_2) \setminus \{u, v, w\}] = \varnothing$. 由定理 4.4.1, 对于 CW_n 中任意一对顶点最多存在 3 个公共邻点. 从而, $|[N_{CW_n}(v_1) \setminus \{u, v, w\}] \cap [N_{CW_n}(v_2) \setminus \{u, v, w\}]| = 0$. 然后, $|F_1 \cap F_2| \geqslant |N_{CW_n}(u) \setminus \{v_1, v_2\}| + |N_{CW_n}(v) \setminus \{v_1, v_2\}| + |N_{CW_n}(w) \setminus \{v_1, v_2\}| + |N_{CW_n}(v_1) \setminus \{u, v, w\}| + |N_{CW_n}(v_2) \setminus \{u, v, w\}| = (2n-4) + (2n-4) + (2n-4) + (2n-5) + (2n-5) = 10n - 18$. 因此, $|F_2| = |F_2 \setminus F_1| + |F_1 \cap F_2| \geqslant 1 + 10n - 18 = 10n - 17 > 4n - 5$ $(n \geqslant 5)$, 与 $|F_2| \leqslant 4n - 5$ 矛盾. 断言证毕.

设 $u \in V(CW_n) \setminus (F_1 \cup F_2)$. 由断言, u 在 $CW_n - F_1 - F_2$ 中至少有一个邻点. 由于 (F_1, F_2) 不满足定理 3.2 的任意条件, 所以对于任意一对相邻顶点 $u, w \in V(CW_n) \setminus (F_1 \cup F_2)$, 不存在顶点 $v \in F_1 \triangle F_2$ 使得 $uw \in E(CW_n)$, $vw \in E(CW_n)$. 于是, u 在 $F_1 \triangle F_2$ 中没有邻点. 由 u 的任意性, $V(CW_n) \setminus (F_1 \cup F_2)$ 和 $F_1 \triangle F_2$ 之间没有边. 由于 $F_2 \setminus F_1 \neq \varnothing$, F_1 是一个自然集, 所以 $\delta_{CW_n}([F_2 \setminus F_1]) \geqslant 1$. 由引理 4.4.3, $|F_2 \setminus F_1| \geqslant 2$. 由于 F_1, F_2 都是自然集, $V(CW_n) \setminus (F_1 \cup F_2)$ 和 $F_1 \triangle F_2$ 之间没有边, 所以 $F_1 \cap F_2$ 是 CW_n 的一个自然割. 由定理 4.4.4, 有 $|F_1 \cap F_2| \geqslant 4n - 6$. 所以, $|F_2| = |F_2 \setminus F_1| + |F_1 \cap F_2| \geqslant 2 + (4n - 6) = 4n - 4$, 与 $|F_2| \leqslant 4n - 5$ 矛盾. 因此, CW_n 是自然 $(4n-5)$ 可诊断的, $t_1^{MM^*}(CW_n) \geqslant 4n - 5$. $\qquad \square$

结合引理 4.4.6 和引理 4.4.7, 有下面的定理.

定理 4.4.6[62] 设 $n \geqslant 5$. 轮图 CW_n 在 MM* 模型下的自然诊断度是 $4n - 5$.

4.5 对换树生成的凯莱图的自然诊断度

4.5.1 对换树生成的凯莱图的连通性

当对换简单图是树 Γ_n 时, 称为对换树[56]. Γ_n 对应的凯莱图表示为 CT_n. 注意到 CT_n 是一个特别的凯莱图. CT_n 有下面的性质.

定理 4.5.1 CT_n 是点传递的.

由于 CT_n 的生成集的元素是对换的, 所以有下面的性质.

定理 4.5.2[52] CT_n 是偶图.

性质 4.5.1[63] 设 CT_n 是星图. 如果 2 个顶点 u, v 是相邻的, 那么 u, v 不存在公共的邻点, 即 $|N(u) \cap N(v)| = 0$. 如果 2 个顶点 u, v 不是相邻的, 那么 u, v 最多有一个公共的邻点, 即 $|N(u) \cap N(v)| \leqslant 1$.

性质 4.5.2[52] 设 CT_n 不是星图. (1) 如果 2 个顶点 u, v 是相邻的, 那么 u, v 不存在公共的邻点, 即 $|N(u) \cap N(v)| = 0$. (2) 如果 2 个顶点 u, v 不是相邻

的, 那么 u, v 最多存在 2 个公共的邻点, 即 $|N(u) \cap N(v)| \leqslant 2$.

证明   在这个证明中, 置换用不相交的轮换乘积表示. 证明用反证法. 对于情况 (1), 如果 2 个顶点是相邻的, 它们有一个公共的邻点, 那么这 3 个顶点构成一个 3 圈. 这与定理 4.5.2 矛盾. 对于情况 (2), 设 2 个顶点不是相邻的. 设 $|N(u) \cap N(v)| \geqslant 3$. 由定理 4.5.1, 不失一般性, 假设 $u = (1)$, 即 u 是单位元. 于是, $v \notin E(\Gamma_n)$. 设 $\{(ia), (jb), (kc)\} \subseteq E(\Gamma_n)$, $\{(ia), (jb), (kc)\} \subseteq N(u) \cap N(v)$, $|\{(ia), (jb), (kc)\}| = 3$. 由于 CT_n 不是星图, 所以 CT_n 的围长是 4. 由于 $u, (ia), v, (jb), u$ 是一个 4 圈, 所以有 $v = (ia)(jb)$, (ia) 与 (jb) 相邻. 由于 $u, (ia), v, (kc), u$ 也是一个 4 圈, 所以有 $v = (ia)(kc)$, (ia) 与 (kc) 相邻. 由定理 4.2.2, $v = (ia)(jb) = (ia)(kc)$. 从而, $(jb) = (kc)$. 这与 $|\{(ia), (jb), (kc)\}| = 3$ 矛盾. 因此, $|N(u) \cap N(v)| \leqslant 2$. □

引理 4.5.1[64]   对于 $n \geqslant 3$, 设 S_n^* 表示星图. $\kappa^{(g)}(S_n^*) = (g + 1)!(n - g - 1)$ $(0 \leqslant g \leqslant n - 2)$.

引理 4.5.2[52]   对于 $n \geqslant 3$, CT_n 的连通度是 $n - 1$, 即 $\kappa(CT_n) = n - 1$.

证明   对 n 进行归纳. 当 $n = 3$ 时, Γ_n 是一个星. 由引理 4.5.1, $\kappa(CT_n) = n - 1 = 2$. 结果成立. 假设当 $n \geqslant 4$ 时, $\kappa(CT_{n-1}) = (n - 1) - 1 = n - 2$. 现在考虑 CT_n. 设 F 是 CT_n 的任意一个子集以及 $|F| \leqslant n - 2$.

由于 Γ_n 是一棵对换树, 所以我们能把 Γ_n 的 1 度顶点标号为 n. 沿着最后一个位置划分 $Cay(\Gamma_n, S_n)$, 记为 $H_i\ (i = 1, 2, \cdots, n)$. 于是, H_i 和 $Cay(\Gamma_n - n, S_{n-1})$ 是同构的. 对于给定的分解, 端点在不同的 H_i 中的边称为交叉边. 注意到每一个顶点与一条交叉边相关联, 2 个不同的 H_i 之间存在 $(n - 2)!$ 条独立的交叉边. 设 $F_i = F \cap V(H_i)$. 我们考虑下面的情况.

情况 1 $|F_i| \leqslant n - 3$.

在这个情况中, 由归纳假设, $H_i - F_i$ 是连通的. 由于 2 个不同的 H_i 之间存在 $(n - 2)!$ 条独立的交叉边, 所以当 $n \geqslant 5$ 时, $(n - 2)! > n - 2$. 因此, $CT_n - F$ 是连通的. 当 $n = 4$ 时, $|F| \leqslant n - 2 = 2$. 当 $|F| \leqslant n - 2 = 1$ 时, $(n - 2)! > n - 2$. 因此, $CT_n - F$ 是连通的. 当 $|F| = 2$ 时, $(n - 2)! = n - 2$. 注意到在这种条件下只有 2 个 $H_i - F_i$ 之间没有交叉边, 其他 $H_i - F_i$ 之间有交叉边. 因此, $CT_n - F$ 是连通的.

情况 2 $|F_1| = n - 2$.

在这个情况中, $|F_i| = 0$ 和 $H_i - F_i\ (i = 2, \cdots, n)$ 是连通的. 由于 2 个不同的 H_i 之间存在 $(n - 2)!$ 条独立的交叉边, 所以 $CT_n[V(H_2 - F_2) \cup \cdots \cup V(H_n - F_n)]$ 是连通的. 注意到 $H_1 - F_1$ 的每一个点与 $H_i - F_i$ 的一个点相邻. 因此, $CT_n - F$ 是连通的.

由情况 1—情况 2, $\kappa(CT_n) \geqslant n - 1$. 注意到 CT_n 的正则度是 $n - 1$. 由性质

4.4.6, $\kappa(C\Gamma_n) \leqslant n-1$. 因此, $\kappa(C\Gamma_n) = n-1$. □

引理 4.5.3[52] 对于 $n \geqslant 4$, $C\Gamma_n$ 是超连通的.

证明 设 F 是 $C\Gamma_n$ 的任意一个最小割. 由引理 4.5.2, $|F| = n-1$.

由于 Γ_n 是一棵对换树, 所以我们能把 Γ_n 的 1 度顶点标号为 n. 沿着最后一个位置划分 $Cay(\Gamma_n, S_n)$, 记为 H_i $(i = 1, 2, \cdots, n)$. 于是, H_i 和 $Cay(\Gamma_n-n, S_{n-1})$ 是同构的. 对于给定的分解, 端点在不同 H_i 中的边称为交叉边. 注意到每一个顶点与一条交叉边关联, 2 个不同的 H_i 之间存在 $(n-2)!$ 条独立的交叉边. 设 $F_i = F \cap V(H_i)$. 我们考虑下面的情况.

情况 1 $|F_i| \leqslant n-3$.

在这个情况中, 由引理 4.5.2, $H_i - F_i$ 是连通的. 由于 2 个不同的 H_i 之间存在 $(n-2)!$ 条独立的交叉边, 并且当 $n \geqslant 5$ 时, $(n-2)! > n-2$, 所以 $C\Gamma_n - F$ 是连通的. 当 $n = 4$ 时, $|F| \leqslant n-2 = 2$. 当 $|F| \leqslant n-2 = 1$ 时, $(n-2)! > n-2$. 因此, $C\Gamma_n - F$ 是连通的. 当 $|F| = 2$ 时, $(n-2)! = n-2$. 注意到在这种条件下只有 2 个 $H_i - F_i$ 之间没有交叉边, 其他 $H_i - F_i$ 之间有交叉边. 因此, $C\Gamma_n - F$ 是连通的.

情况 2 $|F_1| = n-2$.

在这个情况中, $|F_i| \leqslant 1$ $(i = 2, \cdots, n)$. 由引理 4.5.2, $H_i - F_i$ $(i = 2, \cdots, n)$ 是连通的. 由于 2 个不同的 H_i 之间存在 $(n-2)!$ 条独立的交叉边, $(n-2)! > 1$, 所以 $C\Gamma_n[V(H_2 - F_2) \cup \cdots \cup V(H_n - F_n)]$ 是连通的. 如果 $H_1 - F_1$ 是连通的, 那么 $H_1 - F_1$ 中存在一个顶点与 $H_i - F_i$ $(2 \leqslant i \leqslant n)$ 的一个顶点相邻. 因此, $C\Gamma_n - F$ 是连通的. 设 $H_1 - F_1$ 不是连通的, $H_1 - F_1$ 的最小分支是 B. 如果 $|V(B)| \geqslant 2$, 那么由 $|F_i| \leqslant 1$ 可得 B 的一个顶点与 $H_i - F_i$ $(2 \leqslant i \leqslant n)$ 的一个顶点相邻. 其他分支同理. 因此, $C\Gamma_n - F$ 是连通的. 于是, $|V(B)| = 1$. 假如 $H_1 - F_1$ 有 2 个孤立点 u, v. 由性质 4.5.1 和性质 4.5.2, 在 H_1 中 $|N(\{u,v\})| \geqslant 2(n-2)-2 = 2n-6$. 如果 $n \geqslant 5$, 那么 $2n-6 > n-2 = |F_1|$ 产生矛盾. 于是, 当 $n \geqslant 5$ 时, $H_1 - F_1$ 仅有 1 个孤立点. 当 $n = 4$ 时, H_1 是一个 6 圈. 于是, $H_1 - F_1$ 仅有 1 个孤立点. 因此, $H_1 - F_1$ 有 2 个分支, 其中一个分支是孤立点. 注意到 $|V(H_1 - F_1 - V(B))| \geqslant (n-1)! - (n-2) - 1 > 2$. 从而, $H_1 - F_1 - V(B)$ 中存在一个顶点与 $H_i - F_i$ $(2 \leqslant i \leqslant n)$ 的一个顶点相邻. 因此, $C\Gamma_n[V(H_1-F_1-V(B)) \cup V(H_2-F_2) \cup \cdots \cup V(H_n-F_n)]$ 是连通的. 设 $\{u\} = V(B)$. 如果 $N(u) \notin F_2 \cup \cdots \cup F_n$, 那么 $C\Gamma_n - F$ 是连通的. 如果 $N(u) \in F_2 \cup \cdots \cup F_n$, 那么 $C\Gamma_n - F$ 有两个分支, 其中一个分支是孤立点.

情况 3 $|F_1| = n-1$.

在这个情况中, $|F_i| = 0$ $(i = 2, \cdots, n)$. 于是, $C\Gamma_n[V(H_2-F_2) \cup \cdots \cup V(H_n-F_n)]$ 是连通的. 由于 $H_1 - F_1$ 的一个顶点与 $H_i - F_i$ $(2 \leqslant i \leqslant n)$ 的一个顶点相

邻, $CT_n - F$ 是连通的.

由情况 1—情况 3, 对于 CT_n 的任意一个最小割 F, $CT_n - F$ 有两个分支, 其中一个分支是孤立点. 即 CT_n 是超连通的. □

定理 4.5.3[52]　对于 $n \geqslant 3$, CT_n 的自然连通度是 $2n - 4$, 即 $\kappa^{(1)}(CT_n) = 2n - 4$.

证明　由引理 4.5.1, 如果 CT_n 是星图, $\kappa^{(1)}(CT_n) = 2n - 4$. 设 CT_n 不是一个星图和 $n \geqslant 4$ 作为下面的讨论情况. 于是, CT_n 的围长是 4. 设 $(12) \in E(\Gamma_n)$, $A = \{(1), (12)\}$. 于是, $CT_n[A] = K_2$. 由于 CT_n 没有 3 圈, 所以 $|N_{CT_n}(A)| = 2n - 4$. 设 $F_1 = N_{CT_n}(A), F_2 = A \cup N_{CT_n}(A)$.

断言 1　对于任意的 $x \in S_n \setminus F_2$, $|N_{CT_n}(x) \cap F_2| \leqslant 2$.

设 $(ki), (lj) \in E(\Gamma_n)$, 其中 $3 \leqslant i, j \leqslant n$. 由于 CT_n 是一个偶图, 所以 CT_n 中不存在 5 圈 $(1), (ki), x, (12)(lj), (12), (1)$. 注意到 $CT_n - F_1$ 有 2 部分 $CT_n - F_2$, CT_2. 由于 $F_1 = N_{CT_n}(A)$, 所以 x 与 $V(CT_2) = A$ 的每个点不相邻. 由性质 4.5.2, 对于任意的 $x \in S_n \setminus F_2$, $|N_{CT_n}(x) \cap F_2| \leqslant 2$. 断言 1 证毕.

由断言 1, $\delta(CT_n - F_2) \geqslant n - 1 - 2 = n - 3 \geqslant 1$. 由于 $n \geqslant 4$, 所以 $CT_n - F_1$ 有 2 部分 $CT_n - F_2$, $CT_2 = K_2$. 注意到 $\delta(CT_2) = 1$. 于是, $\delta(CT_n - F_1) \geqslant 1$. 从而, F_1 是一个自然割. 因此, $\kappa^1(CT_n) \leqslant 2n - 4$.

设 F 是 S_n 的一个子集满足 $|F| \leqslant 2n - 5$.

断言 2　F 不是 CT_n 的一个自然割.

由于 Γ_n 是一棵对换树, 所以我们能把 Γ_n 的 1 度顶点标号为 n. 沿着最后一个位置划分 $Cay(\Gamma_n, S_n)$, 记为 H_i $(i = 1, 2, \cdots, n)$. 于是, H_i 和 $Cay(\Gamma_n - n, S_{n-1})$ 是同构的. 对于给定的分解, 端点在不同的 H_i 中的边称为交叉边. 注意到每个顶点与一条交叉边相关联, 2 个不同的 H_i 之间存在 $(n - 2)!$ 条独立的交叉边. 设 $F_i = F \cap V(H_i)$, $|F_1| \geqslant |F_{i_2}| \geqslant \cdots \geqslant |F_{i_n}|$, 其中 $\{F_{i_2}, \cdots, F_{i_n}\} = \{F_2, \cdots, F_n\}$. 我们考虑下面的情况.

情况 1　$|F_1| \leqslant n - 3$.

在这个情况中, $|F_i| \leqslant n - 3$. 当 $n = 4$ 时, $|F_i| \leqslant n - 3 = 1$, $H_i - F_i$ 是连通的. 因为 $|F| \leqslant 2n - 5 = 3$, 所以 $|F_{i_4}| = 0$. 由于 2 个不同的 H_i 之间存在 $(n - 2)!$ 条独立的交叉边, 所以 $CT_n - F$ 是连通的. 设 $n \geqslant 5$. 由于 $(n - 2)! > 2n - 5$, 所以 $CT_n[V(H_j - F_j) \cup V(H_{i_n} - F_{i_n})]$ 是连通的, 其中 $j \in \{i_2, \cdots, i_{n-1}\}$, 并且 $CT_n[V(H_2 - F_2) \cup \cdots \cup V(H_n - F_n)]$ 是连通的. 由于当 $n \geqslant 5$ 时 $(n - 1)! - (n - 3) > 2n - 5$, 所以 $CT_n - F$ 是连通的.

情况 2　$|F_1| = n - 2$.

在这个情况中, $|F_i| \leqslant n - 3$. 当 $n = 4$ 时, $|F_i| \leqslant n - 3 = 1$, $H_i - F_i$ 是连通的. 因为 $|F| \leqslant 2n - 5 = 3$, 所以 $|F_{i_4}| = 0$. 由于 2 个不同的 H_i 之间存在 $(n - 2)! = 2$

条独立的交叉边, 所以 $CT_n - F$ 是连通的. 设 $n \geqslant 5$. 由于 $(n-2)! > 2n-5$, 所以 $CT_n[V(H_j - F_j) \cup V(H_{i_n} - F_{i_n})]$ 是连通的, 其中 $j \in \{i_2, \cdots, i_{n-1}\}$, 并且 $CT_n[V(H_2 - F_2) \cup \cdots \cup V(H_n - F_n)]$ 是连通的. 设 $H_1 - F_1$ 是连通的. 由于当 $n \geqslant 5$ 时 $(n-1)! - (n-2) > 2n-5$, 所以 $CT_n - F$ 是连通的. 设 $H_1 - F_1$ 不是连通的. 由引理 4.5.3, $H_1 - F_1$ 有两个分支, 其中一个分支是孤立点. 由于当 $n \geqslant 5$ 时 $(n-1)! - (n-2) - 1 > 2n-5$, 所以 $CT_n - F$ 是连通的或者 $CT_n - F$ 有两个分支, 其中一个分支是孤立点.

情况 3 $n-1 \leqslant |F_1| \leqslant 2(n-1) - 5 = 2n-7$.

在这个情况中, 当 $n = 4$ 时, $|F_i| \leqslant n-3 = 1$, $H_i - F_i$ 是连通的. 注意到 $|F| \leqslant 2n-5 = 3$. 于是, $|F_{i_4}| = 0$. 由于 2 个不同的 H_i 之间存在 $(n-2)! = 2$ 条独立的交叉边, 所以 $CT_n - F$ 是连通的. 设 $n \geqslant 5$. 在这个情况中, $|F_i| \leqslant n-4$ $(i = 2, 3, \cdots, n)$. 由引理 4.5.2, $H_i - F_i$ $(i = 2, 3, \cdots, n)$ 是连通的. 由于当 $n \geqslant 5$ 时 $(n-2)! > 2n-5$, 所以 $CT_n[V(H_2 - F_2) \cup \cdots \cup V(H_n - F_n)]$ 是连通的. 设 $H_1 - F_1$ 是连通的. 由于当 $n \geqslant 5$ 时 $(n-1)! - (2n-7) > n-4$, 所以 $CT_n - F$ 是连通的. 设 $H_1 - F_1$ 不是连通的. 假如 $H_1 - F_1$ 有 2 个孤立点 u, v. 由性质 4.5.1 和性质 4.5.2, 在 H_1 中 $|N(\{u, v\})| \geqslant 2(n-2) - 2 = 2n-6 > 2n-7 \geqslant |F_1|$ 产生矛盾. 假如 $H_1 - F_1$ 有一个 $K_2 = uv$. 由定理 4.5.2, $|N(\{u, v\})| = 2(n-3) = 2n-6 > 2n-7 \geqslant |F_1|$ 产生矛盾. 于是, $H_1 - F_1$ 有一个孤立点分支, 其他分支的基数都大于或等于 3, 或者 $H_1 - F_1$ 的分支的基数都大于或等于 3. 设 $H_1 - F_1$ 的分支的基数都大于或等于 3. 由于 $|F_2 \cup \cdots \cup F_n| \leqslant 2$, 那么 $CT_n - F$ 是连通的. 设 $H_1 - F_1$ 有一个孤立点分支, 其他分支的基数都大于或等于 3. 于是, $CT_n - F$ 是连通的或者 $CT_n - F$ 有两个分支, 其中一个分支是孤立点.

情况 4 $|F_1| = 2n-6$.

在这个情况中, $|F_i| \leqslant 1$ $(i = 2, 3, \cdots, n)$, $|F_{i_n}| = 0$. 因此, $H_i - F_i (i = 2, 3, \cdots, n)$ 是连通的. 由于 $(n-2)! \geqslant 2$, 所以 $CT_n[V(H_j - F_j) \cup V(H_{i_n} - F_{i_n})]$ 是连通的, 其中 $j \in \{i_2, \cdots, i_{n-1}\}$, 并且 $CT_n[V(H_2 - F_2) \cup \cdots \cup V(H_n - F_n)]$ 是连通的. 设 $|F_i| = 0$ $(i = 2, 3, \cdots, n)$. 由于 $H_1 - F_1$ 的每一个顶点与 H_i $(i = 2, 3, \cdots, n)$ 的一个顶点相邻, 所以 $CT_n - F$ 是连通的. 设 $|F_{i_2}| = 1$. 于是, $|F_{i_j}| = 0$ $(j = 3, \cdots, n)$. 由于 $H_1 - F_1$ 的每一个顶点与 $H_i (i = 2, 3, \cdots, n)$ 的一个顶点相邻, 所以 $CT_n - F$ 是连通的或者 $CT_n - F$ 有两个分支, 其中一个分支是孤立点.

情况 5 $|F_1| = 2n-5$.

在这个情况中, $|F_i| = 0$ $(i = 2, 3, \cdots, n)$. 由于 $H_1 - F_1$ 的每一个顶点与 $H_i (i = 2, 3, \cdots, n)$ 的一个顶点相邻, 所以 $CT_n - F$ 是连通的. 断言 2 证毕.

由断言 2, $\kappa^{(1)}(CT_n) \geqslant 2n-4$. 再结合 $\kappa^{(1)}(CT_n) \leqslant 2n-4$ 有 $\kappa^{(1)}(CT_n) =$

$2n - 4$. □

4.5.2 对换树生成的凯莱图在 PMC 模型下的自然诊断度

本小节将给出对换树生成的凯莱图在 PMC 模型下的自然诊断度.

引理 4.5.4[52] 设 $A = \{(1), (12)\}$, CT_n 如上定义. 如果 $n \geqslant 4$, $F_1 = N_{CT_n}(A)$, $F_2 = A \cup N_{CT_n}(A)$, 则 $|F_1| = 2n - 4$, $|F_2| = 2n - 2$, $\delta(CT_n - F_1) \geqslant 1$, $\delta(CT_n - F_2) \geqslant 1$.

证明 由 $A = \{(1), (12)\}$, 有 $CT_n[A] \cong CT_2 = K_2$. 由于 CT_n 没有 3 圈, 所以 $|N_{CT_n}(A)| = 2n - 4$. 从而, 有 $|F_1| = 2n - 4$, $|F_2| = |A| + |F_1| = 2n - 2$.

我们将证明在 F_1 中最多有 2 个顶点相邻到 $S_n \setminus F_2$ 中一个顶点, 即对于任意的 $x \in S_n \setminus F_2$ 有 $|N_{CT_n}(x) \cap F_2| \leqslant 2$. 注意到 $CT_n - F_1$ 有 2 部分 $CT_n - F_2$, CT_2. 由于 $F_1 = N_{CT_n}(A)$, x 不相邻到 $V(CT_2) = A$ 的每一个点. 设 CT_n 的围长是 6. 于是, CT_n 是星图. 由性质 4.5.1, 对于任意的 $x \in S_n \setminus F_2$, $|N_{CT_n}(x) \cap F_2| \leqslant 1$. 设 CT_n 的围长是 4. 于是, CT_n 不是星图. 由性质 4.5.2, 对于任意的 $x \in S_n \setminus F_2$, $|N_{CT_n}(x) \cap F_2| \leqslant 2$. 因此, $\delta(CT_n - F_2) \geqslant n - 1 - 2 = n - 3 \geqslant 1$ ($n \geqslant 4$). $CT_n - F_1$ 有 2 部分 $CT_n - F_2$, CT_2. 注意到 $\delta(CT_2) = 1$. 因此, $\delta(CT_n - F_1) \geqslant 1$. □

引理 4.5.5[52] 设 $n \geqslant 4$. 对换树生成的凯莱图 CT_n 在 PMC 模型下的自然诊断度小于或等于 $2n - 3$, 即 $t_1^{PMC}(CT_n) \leqslant 2n - 3$.

证明 设 A 的定义如同引理 4.5.4, $F_1 = N_{CT_n}(A)$, $F_2 = A \cup N_{CT_n}(A)$. 由引理 4.5.4, $|F_1| = 2n - 4$, $|F_2| = 2n - 2$, $\delta(CT_n - F_1) \geqslant 1$, $\delta(CT_n - F_2) \geqslant 1$. 因此, F_1, F_2 都是 CT_n 的自然集以及 $|F_1| = 2n - 4$, $|F_2| = 2n - 2$. 因为当 $n \geqslant 4$ 时 $n! > 2n - 2$, 所以 $V(CT_n - F_2) = V(CT_n - F_1 - F_2) \neq \varnothing$. 由于 $A = F_1 \triangle F_2$, $N_{CT_n}(A) = F_1 \subset F_2$, $V(CT_n) \setminus (F_1 \cup F_2)$ 和 $F_1 \triangle F_2$ 之间不存在 CT_n 的边. 由定理 3.1, CT_n 在 PMC 模型下不是自然 $(2n - 2)$ 可诊断的. 因此, 由自然诊断度的定义, 有 CT_n 的自然诊断度小于 $2n - 2$, 即 $t_1^{PMC}(CT_n) \leqslant 2n - 3$. □

引理 4.5.6[52] 设 $n \geqslant 4$. 对换树生成的凯莱图 CT_n 在 PMC 模型下的自然诊断度大于或等于 $2n - 3$, 即 $t_1^{PMC}(CT_n) \geqslant 2n - 3$.

证明 由自然诊断度的定义, 只需证明 CT_n 是自然 $(2n - 3)$ 可诊断的. 由定理 3.1, 证明 CT_n 是自然 $(2n - 3)$ 可诊断的等价于证明对于 CT_n 的每一对不同的自然集 F_1, F_2 以及 $|F_1| \leqslant 2n - 3$, $|F_2| \leqslant 2n - 3$, 存在一条边 $uv \in E(CT_n)$, 其中 $u \in V(CT_n) \setminus (F_1 \cup F_2)$, $v \in F_1 \triangle F_2$. 注意到当 $n \geqslant 4$ 时, $n! > 2(2n - 3)$. 于是, $V(CT_n) \neq F_1 \cup F_2$.

证明用反证法. 设 CT_n 存在 2 个不同的自然集 F_1, F_2 以及 $|F_1| \leqslant 2n - 3$, $|F_2| \leqslant 2n - 3$, 但 (F_1, F_2) 不满足定理 3.1 的任意条件, 即 $V(CT_n) \setminus (F_1 \cup F_2)$ 和 $F_1 \triangle F_2$ 之间不存在边. 不失一般性, 假设 $F_2 \setminus F_1 \neq \varnothing$. 由于 $V(CT_n) \setminus (F_1 \cup F_2)$

和 $F_1 \triangle F_2$ 之间不存在边, 并且 F_1 是一个自然集, 所以 $CT_n - F_1$ 有 2 部分 $CT_n - F_1 - F_2$, $CT_n[F_2 \setminus F_1]$, 而且 $\delta(CT_n - F_1 - F_2) \geqslant 1$, $\delta(CT_n[F_2 \setminus F_1]) \geqslant 1$. 相似地, 当 $F_1 \setminus F_2 \neq \varnothing$ 时 $\delta(CT_n[F_1 \setminus F_2]) \geqslant 1$. 因此, $F_1 \cap F_2$ 也是一个自然集. 由于 $V(CT_n - F_1 - F_2)$ 和 $F_1 \triangle F_2$ 之间不存在边, 所以 $F_1 \cap F_2$ 是一个自然割. 由于 $n \geqslant 4$, 以及定理 4.5.3, $|F_1 \cap F_2| \geqslant 2n - 4$. 由引理 4.4.3, $|F_2 \setminus F_1| \geqslant 2$. 因此, $|F_2| = |F_2 \setminus F_1| + |F_1 \cap F_2| \geqslant 2 + 2n - 4 = 2n - 2$, 与 $|F_2| \leqslant 2n - 3$ 矛盾. 于是, CT_n 是自然 $(2n - 3)$ 可诊断的. 由 $t_1^{PMC}(CT_n)$ 的定义, $t_1^{PMC}(CT_n) \geqslant 2n - 3$. □

结合引理 4.5.5 和引理 4.5.6, 有下面的定理.

定理 4.5.4[52] 设 $n \geqslant 4$. 对换树生成的凯莱图 CT_n 在 PMC 模型下的自然诊断度是 $2n - 3$.

4.5.3 对换树生成的凯莱图在 MM* 模型下的自然诊断度

本小节将给出对换树生成的凯莱图在 MM* 模型下的自然诊断度.

引理 4.5.7[52] 设 $n \geqslant 4$. 对换树生成的凯莱图 CT_n 在 MM* 模型下的自然诊断度小于或等于 $2n - 3$, 即 $t_1^{MM^*}(CT_n) \leqslant 2n - 3$.

证明 设 A, F_1 和 F_2 的定义如同引理 4.5.4. 由引理 4.5.4, $|F_1| = 2n - 4$, $|F_2| = 2n - 2$, $\delta(CT_n - F_1) \geqslant 1$, $\delta(CT_n - F_2) \geqslant 1$. 于是, F_1 和 F_2 都是自然集. 因为当 $n \geqslant 4$ 时 $n! > 2n - 2$, 所以 $V(CT_n - F_2) = V(CT_n - F_1 - F_2) \neq \varnothing$. 由 F_1 和 F_2 的定义, $F_1 \triangle F_2 = A$. 注意到 $F_1 \setminus F_2 = \varnothing$, $F_2 \setminus F_1 = A$, $(V(CT_n) \setminus (F_1 \cup F_2)) \cap A = \varnothing$. 于是, F_1, F_2 不满足定理 3.2 的任意条件, CT_n 不是自然 $(2n - 2)$ 可诊断的. 因此, $t_1^{MM^*}(CT_n) \leqslant 2n - 3$. □

引理 4.5.8[52] 设 $n \geqslant 4$. 对换树生成的凯莱图 CT_n(除泡型图 B_4) 在 MM* 模型下的自然诊断度大于或等于 $2n - 3$, 即 $t_1^{MM^*}(CT_n) \geqslant 2n - 3$.

证明 由自然诊断度的定义, 只需证明对于 CT_n 的每一对不同的自然集 F_1, F_2 以及 $|F_1| \leqslant 2n - 3$, $|F_2| \leqslant 2n - 3$, CT_n 是自然 $(2n - 3)$ 可诊断的. 因为当 $n \geqslant 4$ 时 $n! > 2(2n - 3)$, 所以 $V(CT_n) \neq F_1 \cup F_2$.

证明用反证法. 由定理 3.2, 设 CT_n 存在 2 个不同的自然集 F_1, F_2 以及 $|F_1| \leqslant 2n - 3$, $|F_2| \leqslant 2n - 3$, 但 (F_1, F_2) 不满足定理 3.2 的任意条件. 不失一般性, 假设 $F_2 \setminus F_1 \neq \varnothing$.

断言 $CT_n - F_1 - F_2$ 没有孤立点.

当 $F_1 \setminus F_2 = \varnothing$ 时, $F_1 \subseteq F_2$. 由于 F_2 是一个自然集, 所以 $CT_n - F_2 = CT_n - F_1 - F_2$ 没有孤立点. 因此, 设 $F_1 \setminus F_2 \neq \varnothing$.

假设 $CT_n - F_1 - F_2$ 至少有一个孤立点 w. 由于 F_1 是一个自然集, 所以存在一个顶点 $u \in F_2 \setminus F_1$ 使得 u 与 w 相邻. 由于 (F_1, F_2) 不满足定理 3.2 的任意条件, 所以最多存在一个顶点 $u \in F_2 \setminus F_1$ 使得 u 与 w 相邻. 从而, 只存在一个顶

点 $u \in F_2 \setminus F_1$ 使得 u 与 w 相邻. 相似地, 存在一个顶点 $v \in F_1 \setminus F_2$ 使得 v 与 w 相邻. 设 $W \subseteq S_n \setminus (F_1 \cup F_2)$ 是 $CT_n[S_n \setminus (F_1 \cup F_2)]$ 中孤立点的集合, H 是由 $S_n \setminus (F_1 \cup F_2 \cup W)$ 导出的子图. 对于任意的 $w \in W$, 在 $F_1 \cap F_2$ 中存在 $(n-3)$ 个邻点. 由于 $|F_2| \leqslant 2n-3$, 所以有 $\sum_{w \in W} |N_{CT_n[(F_1 \cap F_2) \cup W]}(w)| = |W|(n-3) \leqslant \sum_{v \in F_1 \cap F_2} d_{CT_n}(v) \leqslant |F_1 \cap F_2|(n-1) \leqslant (|F_2|-1)(n-1) \leqslant (2n-4)(n-1) = 2n^2 - 6n + 4$. 于是, $|W| \leqslant 2n+4$. 注意到 $|F_1 \cup F_2| = |F_1| + |F_2| - |F_1 \cap F_2| \leqslant 2(2n-3) - (n-3) = 3n-3$. 设 $V(H) = \varnothing$. 从而, $n! = |S_n| = |V(CT_n)| = |F_1 \cup F_2| + |W| \leqslant 3n-3 + 2n+4 = 5n+1$. 当 $n \geqslant 4$ 时不等式矛盾. 于是, $V(H) \neq \varnothing$. 由于 (F_1, F_2) 不满足定理 3.2 中的任意条件, $V(H)$ 的任意顶点在 H 中不是孤立点, 所以 $V(H)$ 和 $F_1 \triangle F_2$ 之间不存在边. 因此, $F_1 \cap F_2$ 是 CT_n 的一个割. 由于 F_1 是一个自然集, 所以 $\delta(CT_n[(F_2 \setminus F_1) \cup W]) \geqslant 1$. 相似地, $\delta(CT_n[(F_1 \setminus F_2) \cup W]) \geqslant 1$. 因此, $\delta(CT_n - (F_1 \cap F_2)) \geqslant 1$, 即 $F_1 \cap F_2$ 是 CT_n 的一个自然割. 由定理 4.5.3, $|F_1 \cap F_2| \geqslant 2n-4$. 因为 $|F_1| \leqslant 2n-3$, $|F_2| \leqslant 2n-3$, $F_1 \setminus F_2$, $F_2 \setminus F_1$ 都不是空的, 所以有 $|F_1 \setminus F_2| = |F_2 \setminus F_1| = 1$. 设 $F_1 \setminus F_2 = \{v_1\}$, $F_2 \setminus F_1 = \{v_2\}$. 对于任意的顶点 $w \in W$, w 与 v_1, v_2 相邻. 根据性质 4.5.1 和性质 4.5.2, 对于 CT_n 中任意一对顶点最多存在 2 个公共的邻点. 于是, 在 $CT_n - F_1 - F_2$ 中最多存在 2 个孤立点, 即 $|W| \leqslant 2$.

设 $CT_n - F_1 - F_2$ 中存在一个孤立点 v, CT_n 是一个星图, v_1 和 v_2 与 v 相邻. 于是, $N_{CT_n}(v) \setminus \{v_1, v_2\} \subseteq F_1 \cap F_2$. 由于 CT_n 没有三角形, $N_{CT_n}(v_1) \setminus \{v\} \subseteq F_1 \cap F_2$, $N_{CT_n}(v_2) \setminus \{v\} \subseteq F_1 \cap F_2$, $[N_{CT_n}(v) \setminus \{v_1, v_2\}] \cap [N_{CT_n}(v_1) \setminus \{v\}] = \varnothing$, $[N_{CT_n}(v) \setminus \{v_1, v_2\}] \cap [N_{CT_n}(v_2) \setminus \{v\}] = \varnothing$. 由于 CT_n 是一个星图, 根据性质 4.5.1, CT_n 中任意一对顶点最多存在一个公共邻点. 从而, $|[N_{CT_n}(v_1) \setminus \{v\}] \cap [N_{CT_n}(v_2) \setminus \{v\}]| = 0$. 于是, $|F_1 \cap F_2| \geqslant |N_{CT_n}(v) \setminus \{v_1, v_2\}| + |N_{CT_n}(v_1) \setminus \{v\}| + |N_{CT_n}(v_2) \setminus \{v\}| = (n-3) + (n-2) + (n-2) - 0 = 3n-7$. 因此, $|F_2| = |F_2 \setminus F_1| + |F_1 \cap F_2| \geqslant 1 + 3n-7 = 3n-6 > 2n-3 \ (n \geqslant 4)$, 与 $|F_2| \leqslant 2n-3$ 矛盾. 设 CT_n 不是一个星图. 于是, CT_n 包含一个 4 圈 C_4. 设 v_1 和 v_2 与 v 相邻. 于是, $N_{CT_n}(v) \setminus \{v_1, v_2\} \subseteq F_1 \cap F_2$. 由于 CT_n 没有三角形, $N_{S_n}(v_1) \setminus \{v\} \subseteq F_1 \cap F_2$, $N_{CT_n}(v_2) \setminus \{v\} \subseteq F_1 \cap F_2$, $[N_{CT_n}(v) \setminus \{v_1, v_2\}] \cap [N_{S_n}(v_1) \setminus \{v\}] = \varnothing$, $[N_{CT_n}(v) \setminus \{v_1, v_2\}] \cap [N_{CT_n}(v_2) \setminus \{v\}] = \varnothing$. 由于 CT_n 中存在 C_4, 根据性质 4.5.2, 对于 CT_n 中任意一对顶点最多存在 2 个公共邻点. 从而, $|[N_{CT_n}(v_1) \setminus \{v\}] \cap [N_{CT_n}(v_2) \setminus \{v\}]| \leqslant 1$. 于是, $|F_1 \cap F_2| \geqslant |N_{CT_n}(v) \setminus \{v_1, v_2\}| + |N_{CT_n}(v_1) \setminus \{v\}| + |N_{CT_n}(v_2) \setminus \{v\}| - |[N_{CT_n}(v_1) \setminus \{v\}] \cap [N_{CT_n}(v_2) \setminus \{v\}]| = (n-3) + (n-2) + (n-2) - 1 = 3n-8$. 由于 CT_n 不包含 B_4, $|F_2| = |F_2 \setminus F_1| + |F_1 \cap F_2| \geqslant 1 + 3n-8 = 3n-7 > 2n-3 \ (n \geqslant 5)$, 与 $|F_2| \leqslant 2n-3$ 矛盾.

设 $CT_n - F_1 - F_2$ 中存在 2 个孤立点 v, w. 于是, CT_n 不是一个星图. 结

合这个, $CT_4 \neq B_4$, 有 $n \geqslant 5$. 设 v_1, v_2 分别与 v, w 相邻. 于是, $N_{CT_n}(v) \setminus \{v_1, v_2\} \subseteq F_1 \cap F_2$. 由于 CT_n 没有三角形, 所以 $N_{CT_n}(v_1) \setminus \{v, w\} \subseteq F_1 \cap F_2$, $N_{CT_n}(v_2) \setminus \{v, w\} \subseteq F_1 \cap F_2$, $[N_{CT_n}(v) \setminus \{v_1, v_2\}] \cap [N_{CT_n}(v_1) \setminus \{v, w\}] = \varnothing$, $[N_{CT_n}(v) \setminus \{v_1, v_2\}] \cap [N_{CT_n}(v_2) \setminus \{v, w\}] = \varnothing$. 由于 CT_n 不是一个星图, 所以由性质 4.5.2, 对于 CT_n 中任意一对顶点最多存在 2 个公共邻点. 从而, $|[N_{CT_n}(v_1) \setminus \{v, w\}] \cap [N_{CT_n}(v_2) \setminus \{v, w\}]| = 0$. 于是, $|F_1 \cap F_2| \geqslant |N_{CT_n}(v) \setminus \{v_1, v_2\}| + |N_{CT_n}(w) \setminus \{v_1, v_2\}| + |N_{CT_n}(v_1) \setminus \{v, w\}| + |N_{CT_n}(v_2) \setminus \{v, w\}| = (n-3) + (n-3) + (n-3) + (n-3) = 4n - 12$. 因此, $|F_2| = |F_2 \setminus F_1| + |F_1 \cap F_2| \geqslant 1 + 4n - 12 = 4n - 11 > 2n - 3$ $(n \geqslant 5)$, 与 $|F_2| \leqslant 2n - 3$ 矛盾. 断言证毕.

设 $u \in V(CT_n) \setminus (F_1 \cup F_2)$. 由断言, u 至少有一个邻点在 $CT_n - F_1 - F_2$ 中. 由于 (F_1, F_2) 不满足定理 3.2 中任意条件, 所以对于任意一对相邻顶点 $u, w \in V(CT_n) \setminus (F_1 \cup F_2)$, 不存在顶点 $v \in F_1 \triangle F_2$ 使得 $uw \in E(CT_n)$, $vw \in E(CT_n)$. 于是, u 在 $F_1 \triangle F_2$ 中没有邻点. 由 u 的任意性, $V(CT_n) \setminus (F_1 \cup F_2)$ 和 $F_1 \triangle F_2$ 之间不存在边. 由于 $F_2 \setminus F_1 \neq \varnothing$, F_1 是一个自然集, 所以 $\delta_{CT_n}([F_2 \setminus F_1]) \geqslant 1$. 由引理 4.4.3, $|F_2 \setminus F_1| \geqslant 2$. 由于 F_1 和 F_2 都是自然集, 以及 $V(CT_n) \setminus (F_1 \cup F_2)$ 和 $F_1 \triangle F_2$ 之间不存在边, 所以 $F_1 \cap F_2$ 是 CT_n 的一个自然割. 由定理 4.5.3, 有 $|F_1 \cap F_2| \geqslant 2n - 4$. 因此, $|F_2| = |F_2 \setminus F_1| + |F_1 \cap F_2| \geqslant 2 + (2n - 4) = 2n - 2$, 与 $|F_2| \leqslant 2n - 3$ 矛盾. 于是, CT_n 是自然 $(2n - 3)$ 可诊断的, $t_1^{MM^*}(CT_n) \geqslant 2n - 3$. $\qquad\square$

结合引理 4.5.7 和引理 4.5.8, 有下面的定理.

定理 4.5.5[52] 设 $n \geqslant 4$. 对换树生成的凯莱图 CT_n(除泡型图 B_4) 在 MM^* 模型下的自然诊断度是 $2n - 3$.

引理 4.5.9 泡型图 B_4 在 MM^* 模型下的自然诊断度大于或等于 4, 即 $t_1^{MM^*}(B_4) \geqslant 4$.

证明 由自然诊断度的定义, 只需证明对于 B_4 的每一对不同的自然集 F_1, F_2 以及 $|F_1| \leqslant 4$, $|F_2| \leqslant 4$, B_4 是自然 4 可诊断的. 因为 $4! > 8$, 所以 $V(B_4) \neq F_1 \cup F_2$.

证明用反证法. 由定理 3.2, 设 B_4 存在 2 个不相同的自然集 F_1, F_2 及 $|F_1| \leqslant 4$, $|F_2| \leqslant 4$, 但 (F_1, F_2) 不满足定理 3.2 的任意条件. 不失一般性, 假设 $F_2 \setminus F_1 \neq \varnothing$.

同引理 4.5.8 的断言相似, $CT_n - F_1 - F_2$ 不包含孤立点, 也就是 $B_4 - F_1 - F_2$ 不包含孤立点.

设 $u \in V(B_4) \setminus (F_1 \cup F_2)$. 由于 $B_4 - F_1 - F_2$ 不包含孤立点, 所以 u 至少有一个邻点在 $B_4 - F_1 - F_2$ 中. 由于 (F_1, F_2) 不满足定理 3.2 的任意条件, 所以对于任意的一对相邻的顶点 $u, w \in V(B_4) \setminus (F_1 \cup F_2)$, 不存在顶点 $v \in F_1 \triangle F_2$ 使得 $uw \in E(B_4)$, $vw \in E(B_4)$. 从而, u 在 $F_1 \triangle F_2$ 中没有邻点. 由 u 的任意性, $V(B_4) \setminus (F_1 \cup F_2)$ 和 $F_1 \triangle F_2$ 之间不存在边. 由于 $F_2 \setminus F_1 \neq \varnothing$, F_1 是一个自然

集, 所以 $\delta_{B_4}([F_2 \setminus F_1]) \geqslant 1$. 由引理 4.4.3, $|F_2 \setminus F_1| \geqslant 2$. 由于 F_1, F_2 都是自然集, $V(B_4) \setminus (F_1 \cup F_2)$ 和 $F_1 \triangle F_2$ 之间不存在边, 所以 $F_1 \cap F_2$ 是 B_4 的一个自然割. 由定理 4.5.3, 有 $|F_1 \cap F_2| \geqslant 4$. 因此, $|F_2| = |F_2 \setminus F_1| + |F_1 \cap F_2| \geqslant 2 + 4 = 6$, 与 $|F_2| \leqslant 4$ 矛盾. 于是, B_4 是自然 4 可诊断的, $t_1^{MM^*}(B_4) \geqslant 4$. □

最后, 举例说明泡型图 B_4 在 MM* 模型下的自然诊断度不是 5. 如图 4.6 所示, 设 $F_1 = \{(23), (243), (1243), (123), (1)\}$, $F_2 = \{(23), (243), (1243), (123), (12)(34)\}$. 于是, $B_4 - F_1 - F_2$ 有 2 个孤立点 (12), (34). 容易看到 F_1, F_2 都是 B_4 的自然集, $|F_1| = |F_2| = 5$, 但 (F_1, F_2) 不满足定理 3.2 的任意条件. 由引理 4.5.7 和引理 4.5.9, 有下面的性质.

性质 4.5.3 　泡型图 B_4 在 MM* 模型下的自然诊断度是 4.

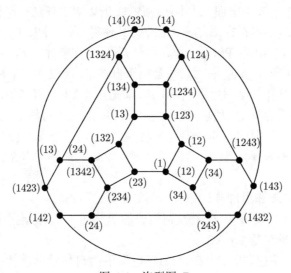

图 4.6　泡型图 B_4

4.6　一些说明

本章主要给出和证明了一些网络的连通度和自然诊断度. 一些继续研究的问题如下:

(1) 继续研究一些网络的连通度和自然诊断度.

(2) 给出网络的连通度的算法.

(3) 给出网络的自然诊断度的算法.

(4) 在自然诊断度的条件下, 给出在实际网络中寻找故障处理器的算法.

第 5 章　网络的高阶好邻诊断度

网络的 g 好邻诊断度概念是 2012 年提出来的. 本章主要给出和证明了超立方体在 MM* 模型下的 g 好邻诊断度、局部扭立方 (局部扭立方体) 的 g 好邻诊断度、泡型图的 g 好邻诊断度和星图的 g 好邻诊断度.

5.1　超立方体的 g 好邻诊断度

关于超立方体在 PMC 模型下的 g 好邻诊断度, 由 2012 年 Peng 等在文献 [43] 中给出. 本书给出超立方体在 MM* 模型下的 g 好邻诊断度.

n 维超立方体 Q_n 由 Saad 和 Schultz[65] 提出, 它是一种著名的多处理器互连网络系统的拓扑结构.

定义 5.1.1　一个 n 维超立方体 Q_n 是一个无向 n 正则图包含 2^n 个顶点, 它的点的形式是 $u_1 u_2 \cdots u_n$, 其中 $u_i \in \{0,1\}$, $1 \leqslant i \leqslant n$. 2 个顶点 $u = u_1 u_2 \cdots u_n$ 和 $v = v_1 v_2 \cdots v_n$ 是相邻的当且仅当只存在一维 j 使得 $u_j \neq v_j$, 其中 $1 \leqslant j \leqslant n$, 即 $\sum_{i=1}^{n} |u_i - v_i| = 1$.

定理 5.1.1[43,65]　设 $n \geqslant 3$, $0 \leqslant g \leqslant n - 2$. 对于整个 $x \in V(Q_n) \setminus F$, 设 F 是 Q_n 的一个最小割, 使得 $|N_{Q_n}(x) \setminus F| \geqslant g$. 于是, $|F| = (n - g)2^g$.

定理 5.1.2[33]　设 H 是 Q_n 的一个子图满足 $\delta(H) \geqslant g$. 于是, $|V(H)| \geqslant 2^g$, 其中 $0 < g \leqslant n$.

设 $X \in \{0,1\}$, $0^n = \underbrace{00 \cdots 0}_{n}$, $X^n = \underbrace{XX \cdots X}_{n}$.

引理 5.1.1[66]　设 $A = \{0^{n-g} X^g\}$, $0 \leqslant g \leqslant n - 3$, $F_1 = N_{Q_n}(A)$, $F_2 = A \cup N_{Q_n}(A)$. 于是, $|F_1| = (n - g)2^g$, $\delta(Q_n - F_1) \geqslant g$, $\delta(Q_n - F_2) \geqslant n - 2$.

证明　由 Q_n 的定义, 有 $|A| = 2^g$. 设 $0 \leqslant p \leqslant n - g - 1$. 于是, $\{0^p 10^{n-g-1-p} X^g\} \subseteq N_{Q_n}(A)$. 注意到 $|\{0^p 10^{n-g-1-p} X^g\}| = 2^g$. 当 $p \neq x$ 时, 容易看到 $0^p 10^{n-g-1-p} X^g \neq 0^x 10^{n-g-1-x} X^g$. 于是, 有 $|F_1| = |N_{Q_n}(A)| = (n - g)2^g$. 注意到 $N(F_2) = N(A \cup N_{Q_n}(A))$ 的形式是 $0^p 10^q 10^{n-g-p-q-2} X^g$, 其中 $0 \leqslant p, q \leqslant n - g - 2$. 从而, $N(F_2)$ 的每一个点与 F_2 中的 2 个顶点相邻, $V(Q_n) \setminus (F_2 \cup N(F_2))$ 的每一个点与 F_2 中的每一个顶点不相邻. 由于 Q_n 是 n 正则的, $\delta(Q_n - F_2) \geqslant n - 2$. 由 A 的定义, $Q_n - F_1$ 有 2 部分 $Q_n[A]$, $Q_n - F_2$. 注意到 $\delta(Q_n[A]) = g$. 因为对于 $0 \leqslant g \leqslant n - 3$ 有 $\delta(Q_n - F_2) \geqslant n - 2$, 所以 $\delta(Q_n - F_1) \geqslant g$.　□

引理 5.1.2[66]   设 $n \geqslant 5$, $0 \leqslant g \leqslant n - 3$. 超立方体 Q_n 在 MM* 模型下的 g 好邻诊断度小于或等于 $(n - g + 1)2^g - 1$, 即 $t_g^{MM^*}(Q_n) \leqslant (n - g + 1)2^g - 1$.

证明 A, F_1 和 F_2 的定义如同引理 5.1.1. 由引理 5.1.1, $|F_1| = (n - g)2^g$, $|F_2| = (n - g)2^g + 2^g = (n - g + 1)2^g$, $\delta(Q_n - F_1) \geqslant g$, $\delta(Q_n - F_2) \geqslant n - 2$. 于是, F_1, F_2 都是 g 好邻集. 注意到 $2^n > (n - g + 1)2^g$. 因此, $V(Q_n - F_2) = V(Q_n - F_1 - F_2) \neq \varnothing$. 由 F_1, F_2 的定义, $F_1 \triangle F_2 = A$. 因为 $F_1 \setminus F_2 = \varnothing$, $F_2 \setminus F_1 = A$, $(V(Q_n) \setminus (F_1 \cup F_2)) \cap A = \varnothing$, 所以 F_1, F_2 不满足定理 3.2 的任意条件且 Q_n 不是 g 好邻 $(n - g + 1)2^g$ 可诊断的. 因此, $t_g^{MM^*}(Q_n) \leqslant (n - g + 1)2^g - 1$.

$\square$

定理 5.1.3[48]   图 $G = (V, E)$ 有完美匹配当且仅当对于所有的 $S \subseteq V$ 使得 $o(G - S) \leqslant |S|$.

引理 5.1.3[66]   设 $n \geqslant 5$, $0 \leqslant g \leqslant n - 3$. 超立方体 Q_n 在 MM* 模型下的 g 好邻诊断度大于或等于 $(n - g + 1)2^g - 1$, 即 $t_g^{MM^*}(Q_n) \geqslant (n - g + 1)2^g - 1$.

证明   由 g 好邻诊断度的定义, 只需证明对于 Q_n 的每一对不同的 g 好邻集 F_1, F_2 以及 $|F_1| \leqslant (n - g + 1)2^g - 1$, $|F_2| \leqslant (n - g + 1)2^g - 1$, Q_n 是 g 好邻 $((n - g + 1)2^g - 1)$ 可诊断的.

设 $f(x) = (n - x + 1)2^x$, 其中 $0 \leqslant x \leqslant n - 3$. 于是, $f(x)$ 是一个增函数, $n + 1 \leqslant f(x) \leqslant 2^{n-1}$. 由于 $0 \leqslant g \leqslant n - 3$, 所以 $2^n = |V(Q_n)| = |F_1 \cup F_2| = |F_1| + |F_2| - |F_1 \cap F_2| \leqslant |F_1| + |F_2| = 2[(n - g + 1)2^g - 1] \leqslant 2[2^{n-1} - 1] = 2^n - 2 < 2^n$, 这是一个矛盾. 因此, $V(Q_n) \neq F_1 \cup F_2$. 我们讨论下面的情况.

情况 1 $2 \leqslant g \leqslant n - 3$.

情况 1.1 $Q_n - F_1 - F_2$ 有孤立点.

由定理 3.2(2), (F_1, F_2) 是可区分的.

情况 1.2 $Q_n - F_1 - F_2$ 没有孤立点.

证明用反证法. 由定理 3.2, 设存在 2 个不同的 g 好邻集 F_1, F_2 以及 $|F_1| \leqslant (n - g + 1)2^g - 1$, $|F_2| \leqslant (n - g + 1)2^g - 1$, 但 (F_1, F_2) 不满足定理 3.2 的任意条件, 即 $Q_n - F_1 - F_2$ 和 $F_1 \triangle F_2$ 之间没有边. 不失一般性, 设 $F_2 \setminus F_1 \neq \varnothing$. 因为 $V(Q_n) \setminus (F_1 \cup F_2) \neq \varnothing$, $F_1 \triangle F_2 \neq \varnothing$, 所以 $F_1 \cap F_2$ 是 Q_n 的一个割.

由于 $F_2 \setminus F_1 \neq \varnothing$, F_1 是一个 g 好邻集, $\delta_{Q_n}([F_2 \setminus F_1]) \geqslant g$. 设 $F_1 \setminus F_2 \neq \varnothing$. 由于 F_2 是一个 g 好邻集, 所以 $\delta_{Q_n}([F_1 \setminus F_2]) \geqslant g$. 因此, $F_1 \cap F_2$ 是 Q_n 的一个 g 好邻割. 由定理 5.1.2, 当 $0 < g \leqslant n$ 时 $|F_2 \setminus F_1| \geqslant 2^g$. 由定理 5.1.1, 有 $|F_1 \cap F_2| \geqslant (n - g)2^g$. 因此, $|F_2| = |F_2 \setminus F_1| + |F_1 \cap F_2| \geqslant 2^g + (n - g)2^g = (n - g + 1)2^g$, 与 $|F_2| \leqslant (n - g + 1)2^g - 1$ 矛盾.

由情况 1.1—情况 1.2, 当 $2 \leqslant g \leqslant n - 3$ 时, Q_n 是 g 好邻 $((n - g + 1)2^g - 1)$ 可诊断的.

情况 2 $g = 0$.

证明用反证法. 由定理 3.2, 设存在 2 个不同的 0 好邻集 F_1, F_2 以及 $|F_1| \leqslant n$, $|F_2| \leqslant n$, 但 (F_1, F_2) 不满足定理 3.2 的任意条件. 不失一般性, 设 $F_2 \setminus F_1 \neq \varnothing$. 设 $W \subseteq V(Q_n) \setminus (F_1 \cup F_2)$ 是 $Q_n[V(Q_n) \setminus (F_1 \cup F_2)]$ 中孤立点的集合, H 是 由 $V(Q_n) \setminus (F_1 \cup F_2 \cup W)$ 导出的子图. 注意到 Q_n 有完美匹配. 由定理 5.1.3, $o(Q_n - (F_2 \cup F_1)) \leqslant |F_2 \cup F_1| \leqslant |F_1| + |F_2| \leqslant 2n$. 设 $V(H) = \varnothing$. 于是, $|V(Q_n)| = 2^n = |W| + |F_2 \cup F_1| \leqslant 4n$. 当 $n \geqslant 5$ 时, $2^n > 4n$, 这产生矛盾. 因此, $V(H) \neq \varnothing$. 因为 $F_1 \triangle F_2 \neq \varnothing$, 所以 $F_1 \cap F_2$ 是 Q_n 的一个割. 由定理 5.1.1, $|F_1 \cap F_2| \geqslant n$. 因此, $|F_2| = |F_2 \setminus F_1| + |F_1 \cap F_2| \geqslant 1 + (n-0)2^0 = n+1$, 与 $|F_2| \leqslant (n-0+1)2^0 - 1 = n$ 矛盾. 于是, Q_n 是 0 好邻 n 可诊断的, $t_0^{MM^*}(Q_n) \geqslant n$.

情况 3 $g = 1$.

证明用反证法. 由定理 3.2, 设存在 2 个不同的 1 好邻集 F_1, F_2 以及 $|F_1| \leqslant 2n - 1$, $|F_2| \leqslant 2n - 1$, 但 (F_1, F_2) 不满足定理 3.2 的任意条件. 不失一般性, 设 $F_2 \setminus F_1 \neq \varnothing$.

断言 $Q_n - F_1 - F_2$ 没有孤立点.

设 $F_1 \setminus F_2 = \varnothing$. 于是, $F_1 \subseteq F_2$. 由于 F_2 是一个 1 好邻集 (自然集), 所以 $\delta(Q_n - F_2) = \delta(Q_n - F_1 - F_2) \geqslant 1$. 因此, $Q_n - F_1 - F_2$ 没有孤立点. 设 $F_1 \setminus F_2 \neq \varnothing$.

设 $Q_n - F_1 - F_2$ 至少有一个孤立点 w. 由于 F_1 是一个 1 好邻集 (自然集), 所以存在一个顶点 $u \in F_2 \setminus F_1$, 使得 u 与 w 相邻. 由于 (F_1, F_2) 不满足定理 3.2 的任意条件, 所以最多存在一个顶点 $u \in F_2 \setminus F_1$, 使得 u 与 w 相邻. 从而, 仅存在一个顶点 $u \in F_2 \setminus F_1$, 使得 u 与 w 相邻. 相似地, 仅存在一个顶点 $v \in F_1 \setminus F_2$, 使得 v 与 w 相邻. 设 $W \subseteq V(Q_n) \setminus (F_1 \cup F_2)$ 是 $Q_n[V(Q_n) \setminus (F_1 \cup F_2)]$ 中孤立点的集合, H 是由 $V(Q_n) \setminus (F_1 \cup F_2 \cup W)$ 导出的子图. 对于任意一个 $w \in W$, 在 $F_1 \cap F_2$ 中存在 $(n-2)$ 个邻点. 由于 $|F_2| \leqslant (n - g + 1)2^g - 1$, $g = 1$, 所以有 $|F_2| \leqslant 2n - 1$. 从而, $\sum_{w \in W} |N_{Q_n[(F_1 \cap F_2) \cup W]}(w)| = |W|(n-2) \leqslant \sum_{v \in F_1 \cap F_2} d_{Q_n}(v) \leqslant |F_1 \cap F_2|n \leqslant (|F_2| - 1)n \leqslant 2n(n-1)$. 当 $n \geqslant 4$ 时, $|W| \leqslant \dfrac{2n(n-1)}{n-2} = 2n + \dfrac{2n}{n-2} \leqslant 2n + 4$. 注意到 $|F_1 \cup F_2| \leqslant |F_1| + |F_2| - |F_1 \cap F_2| \leqslant 2(2n-1) - (n-2) = 3n$. 假设 $H = \varnothing$. 于是, $2^n = |V(Q_n)| = |F_1 \cup F_2| + |W| \leqslant 3n + 2n + 4 = 5n + 4$. 设 $f(x) = 2^x - 5x - 4$. 于是, $f(x)$ 是一个增函数, $f(5) = 3$, 当 $n \geqslant 5$ 时产生矛盾. 因此, $H \neq \varnothing$. 由于 (F_1, F_2) 不满足定理 3.2 的任意条件, $V(H)$ 的任意一个顶点在 H 中不是孤立点, 所以 H 和 $F_1 \triangle F_2$ 之间不存在边. 因为 $F_1 \triangle F_2 \neq \varnothing$, 所以 $F_1 \cap F_2$ 是 Q_n 的一个割. 由于 F_1 是一个 1 好邻集 (自然集), 所以 $\delta(Q_n[(F_2 \setminus F_1) \cup W]) \geqslant 1$. 相似地, $\delta(Q_n[(F_1 \setminus F_2) \cup W]) \geqslant 1$. 因此, $\delta(Q_n - (F_1 \cap F_2)) \geqslant 1$, 即 $F_1 \cap F_2$ 是 Q_n 的

一个 1 好邻割. 由定理 5.1.1, $|F_1 \cap F_2| \geqslant (n-g)2^g = 2(n-1) = 2n-2$. 因为 $|F_1| \leqslant (n-g+1)2^g - 1 = 2n-1$, $|F_2| \leqslant (n-g+1)2^g - 1 = 2n-1$; $F_1 \setminus F_2$, $F_2 \setminus F_1$ 都不是空的, 所以 $|F_1 \setminus F_2| = |F_2 \setminus F_1| = 1$. 设 $F_1 \setminus F_2 = \{v_1\}$, $F_2 \setminus F_1 = \{v_2\}$. 于是, 对于任意顶点 $w \in W$, w 与 v_1 和 v_2 相邻. 由于 Q_n 中任意一对顶点最多存在 2 个相同的邻点, 所以 $Q_n - F_1 - F_2$ 中最多存在 2 个孤立点, 即 $|W| \leqslant 2$.

设 $Q_n - F_1 - F_2$ 中存在一个孤立点 v. 于是, v_1, v_2 与 v 相邻, 并且 $N_{Q_n}(v) \setminus \{v_1, v_2\} \subseteq F_1 \cap F_2$. 由于 Q_n 没有三角形, 所以 $N_{Q_n}(v_1) \setminus \{v\} \subseteq F_1 \cap F_2$, $N_{Q_n}(v_2) \setminus \{v\} \subseteq F_1 \cap F_2$; $[N_{Q_n}(v) \setminus \{v_1, v_2\}] \cap [N_{Q_n}(v_1) \setminus \{v\}] = \varnothing$, $[N_{Q_n}(v) \setminus \{v_1, v_2\}] \cap [N_{Q_n}(v_2) \setminus \{v\}] = \varnothing$. 由于 Q_n 中任意一对顶点最多存在 2 个相同的邻点, 所以 $|[N_{Q_n}(v_1) \setminus \{v\}] \cap [N_{Q_n}(v_2) \setminus \{v\}]| \leqslant 1$. 从而, $|F_1 \cap F_2| \geqslant |N_{Q_n}(v) \setminus \{v_1, v_2\}| + |N_{Q_n}(v_1) \setminus \{v\}| + |N_{Q_n}(v_2) \setminus \{v\}| = (n-2) + (n-1) + (n-1) - 1 = 3n-5$. 然后, $|F_2| = |F_2 \setminus F_1| + |F_1 \cap F_2| \geqslant 1 + 3n - 5 = 3n - 4 > 2n - 1$ $(n \geqslant 5)$, 与 $|F_2| \leqslant (n-g+1)2^g - 1 = 2n-1$ 矛盾.

设 $Q_n - F_1 - F_2$ 中存在 2 个孤立点 v, v'. 于是, v_1, v_2 分别与 v, v' 相邻. 由于 Q_n 没有三角形, Q_n 中任意一对顶点最多存在 2 个相同的邻点, 所以 4 个顶点集 $N_{Q_n}(v) \setminus \{v_1, v_2\}$, $N_{Q_n}(v') \setminus \{v_1, v_2\}$, $N_{Q_n}(v_1) \setminus \{v, v'\}$, $N_{Q_n}(v_2) \setminus \{v, v'\}$ 两两不相交. 因此, $|F_1 \cap F_2| \geqslant |N_{Q_n}(v) \setminus \{v_1, v_2\}| + |N_{Q_n}(v') \setminus \{v_1, v_2\}| + |N_{Q_n}(v_1) \setminus \{v, v'\}| + |N_{Q_n}(v_2) \setminus \{v, v'\}| = (n-2) + (n-2) + (n-2) + (n-2) = 4n-8$. 然后, $|F_2| = |F_2 \setminus F_1| + |F_1 \cap F_2| \geqslant 1 + 4n - 8 = 4n - 7 > 2n - 1$ $(n \geqslant 5)$, 与 $|F_2| \leqslant (n-g+1)2^g - 1 = 2n-1$ 矛盾. 断言证毕.

由断言, $\delta(Q_n - F_1 - F_2) \geqslant 1$. 注意到 $V(Q_n - F_1 - F_2)$ 和 $F_1 \triangle F_2$ 之间没有边. 由于 $F_2 \setminus F_1 \neq \varnothing$, F_1 是一个 1 好邻集, $\delta_{Q_n}([F_2 \setminus F_1]) \geqslant 1$. 相似地, 当 $F_1 \setminus F_2 \neq \varnothing$ 时, $\delta_{Q_n}([F_1 \setminus F_2]) \geqslant 1$. 于是, $F_1 \cap F_2$ 是 Q_n 的一个 1 好邻割. 由定理 5.1.1, 有 $|F_1 \cap F_2| \geqslant (n-g)2^g = 2n-2$. 由定理 5.1.2, $|F_2 \setminus F_1| \geqslant 2$. 因此, $|F_2| = |F_2 \setminus F_1| + |F_1 \cap F_2| \geqslant 2 + 2n - 2 = 2n$, 与 $|F_2| \leqslant 2n - 1$ 矛盾. 于是, Q_n 是 1 好邻 $(2n-1)$ 可诊断的, $t_1^{MM^*}(Q_n) \geqslant 2n-1$.

由情况 1—情况 3, Q_n 是 g 好邻 $((n-g+1)2^g - 1)$ 可诊断的, $t_g^{MM^*}(Q_n) \geqslant (n-g+1)2^g - 1$. □

结合引理 5.1.2 和引理 5.1.3, 有下面的定理.

定理 5.1.4[66]　设 $n \geqslant 5$, $0 \leqslant g \leqslant n-3$. 于是, n 维超立方体 Q_n 在 MM* 模型下的 g 好邻诊断度是 $(n-g+1)2^g - 1$.

5.2 局部扭立方的 g 好邻诊断度

5.2.1 预备知识

对于整数 $n \geqslant 1$, 长度为 n 的二进制字符串表示为 $u_1 u_2 \cdots u_n$, 其中 $u_i \in \{0, 1\}$, $i = 1, 2, \cdots, n$. n 维局部扭立方由 LTQ_n 表示, 它是一个 n 正则图, 有 2^n 个顶点和 $n2^{n-1}$ 条边, 它的递归地定义如下.

定义 5.2.1[14] 对于 $n \geqslant 2$, 一个 n 维局部扭立方表示为 LTQ_n, 递归定义如下:

(1) 图 LTQ_2 的 4 个顶点是 00, 01, 10, 11, 它的 4 条边是 $\{00, 01\}$, $\{01, 11\}$, $\{11, 10\}$, $\{10, 00\}$.

(2) 对于 $n \geqslant 3$, LTQ_n 是由 LTQ_{n-1} 的两个不相交的拷贝构成, 按照以下步骤: 设 $0LTQ_{n-1}$ 表示从 LTQ_{n-1} 的一份拷贝并在每个点的标号前面加上 0 获得的一个图. 设 $1LTQ_{n-1}$ 表示从 LTQ_{n-1} 的一份拷贝并在每个点的标号前面加上 1 获得的一个图. 用一条边连接 $0LTQ_{n-1}$ 的每个点 $0u_2 u_3 \cdots u_n$ 与 $1LTQ_{n-1}$ 的一个点 $1(u_2 + u_n)u_3 \cdots u_n$, 其中 "+" 表示模 2 加法运算.

边的两个端点在不同的 $iLTQ_{n-1}$ 中称为交叉边.

图 5.1—图 5.3 表示 4 个局部扭立方. 局部扭立方也可以用以下非递归方式等价地定义.

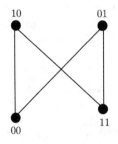

图 5.1 LTQ_2

定义 5.2.2[14] 对于 $n \geqslant 2$, 一个 n 维局部扭立方是由 LTQ_n 表示的图, 它的顶点集是 $\{0, 1\}^n$. LTQ_n 的 2 个顶点 $u_1 u_2 \cdots u_n$ 和 $v_1 v_2 \cdots v_n$ 是相邻的当且仅当满足下列条件之一:

(1) $u_i = \overline{v_i}$, $u_{i+1} = (v_{i+1} + v_n) \pmod 2$, 其中对某个 i $(1 \leqslant i \leqslant n-2)$, $n \geqslant 3$. 对所有剩余位, $u_j = v_j$.

(2) $u_i = \overline{v_i}$, 其中对某个 $i \in \{n-1, n\}$, $n \geqslant 2$. 对所有剩余位, $u_j = v_j$.

在给出局部扭立方的 g 好邻诊断度前, 先给出一些引理.

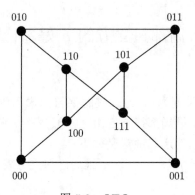

图 5.2　LTQ_3

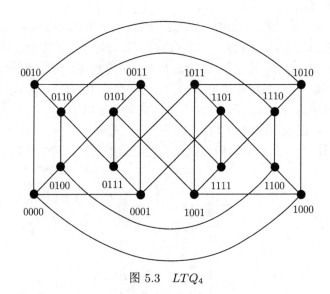

图 5.3　LTQ_4

引理 5.2.1[67]　设 LTQ_n 是局部扭立方. $\kappa^{(g)}(LTQ_n) = 2^g(n - g)$, 其中 $0 \leqslant g \leqslant n - 2$.

引理 5.2.2[67]　设 $S \subset V(LTQ_n)$. 如果 $\delta(LTQ_n[S]) = g$, 则 $|S| \geqslant 2^g$, 其中 $0 \leqslant g \leqslant n, n \geqslant 2$.

引理 5.2.3[68]　设 LTQ_n 是局部扭立方. 如果 2 个顶点 u, v 是相邻的, 则 u, v 不存在相同的邻点, 即 $|N(u) \cap N(v)| = 0$. 如果 2 个顶点 u, v 不是相邻的, 则 u, v 最多有 2 个相同的邻点, 即 $|N(u) \cap N(v)| \leqslant 2$.

5.2.2　局部扭立方在 PMC 模型下的 g 好邻诊断度

本小节将证明局部扭立方在 PMC 模型下的 g 好邻诊断度.

设 $X^t = \underbrace{XX \cdots X}_{t}$, $0^t = \underbrace{00 \cdots 0}_{t}$, 其中 $X \in \{0, 1\}$. 设 $A = \{0^{n-g-1} X^g 0\}$, 其中 $g \geqslant 0$. 特别地, 设 $A = \{0^{n-g-1} X^g 0\} = \{0^n\}$, 其中 $g = 0$.

引理 5.2.4[67]   设 LTQ_n 是局部扭立方, $A = \{0^{n-g-1} X^g 0\}$, $0 \leqslant g \leqslant n-2$, $X \in \{0, 1\}$. 如果 $F_1 = N_{LTQ_n}(A)$, $F_2 = F_1 \cup A$, 那么 $|F_1| = 2^g(n-g)$, $|F_2| = 2^g(n-g+1)$, $\delta(LTQ_n[A]) \geqslant g$, $\delta(LTQ_n - F_1 - F_2) \geqslant g$.

引理 5.2.5[69]   设 $f(x) = 2^x(n-x+1)$, $0 \leqslant x \leqslant n-3$. 于是, $n+1 \leqslant f(x) \leqslant 2^{n-1}$.

证明   注意到 $f'(x) = \ln 2 \cdot 2^x(n-x+1) - 2^x$
$$= 2^x[\ln 2(n-x+1) - 1]$$
$$\geqslant 2^x(4\ln 2 - 1)$$
$$> 0.$$

于是, $f(x)$ 是一个增函数, 其中 $0 \leqslant x \leqslant n-3$. 从而, 当 $0 \leqslant x \leqslant n-3$ 时, $f(0) \leqslant f(x) \leqslant f(n-3)$. 因此, $n+1 \leqslant f(x) \leqslant 2^{n-1}$. □

引理 5.2.6[69]   设 $0 \leqslant g \leqslant n-3$. 于是, 局部扭立方 LTQ_n 在 PMC 模型下的 g 好邻诊断度小于或等于 $2^g(n-g+1)-1$, 即 $t_g^{PMC}(LTQ_n) \leqslant 2^g(n-g+1)-1$.

证明 A 的定义如同引理 5.2.4, $F_1 = N_{LTQ_n}(A)$, $F_2 = A \cup N_{LTQ_n}(A)$. 由引理 5.2.4, $|F_1| = 2^g(n-g)$, $|F_2| = |A| + |F_1| = 2^g(n-g+1)$, $\delta(LTQ_n - F_1) \geqslant g$, $\delta(LTQ_n - F_2) \geqslant g$. 因此, F_1, F_2 是 LTQ_n 的 g 好邻集, 其中 $|F_1| = 2^g(n-g)$, $|F_2| = 2^g(n-g+1)$. 由引理 5.2.5, $|F_2| = 2^g(n-g+1) \leqslant 2^{n-1}$. 因为 $|V(LTQ_n)| = 2^n$, 所以 $V(LTQ_n - F_1 - F_2) = V(LTQ_n - F_2) \neq \varnothing$.

我们证明 LTQ_n 不是 g 好邻 $(2^g(n-g+1))$ 可诊断的. 由于 $A = F_1 \triangle F_2$, $N_{LTQ_n}(A) = F_1 \subset F_2$, 所以 $V(LTQ_n) \backslash (F_1 \cup F_2)$ 和 $F_1 \triangle F_2$ 之间不存在 LTQ_n 的边. 由定理 3.1, LTQ_n 在 PMC 模型下不是 g 好邻 $2^g(n-g+1)$ 可诊断的. 由 g 好邻诊断度的定义, LTQ_n 的 g 好邻诊断度小于或等于 $2^g(n-g+1)$, 即 $t_g^{PMC}(LTQ_n) \leqslant 2^g(n-g+1)-1$. □

引理 5.2.7[69]   设 $0 \leqslant g \leqslant n-3$. 局部扭立方 LTQ_n 在 PMC 模型下的 g 好邻诊断度大于或等于 $2^g(n-g+1)-1$, 即 $t_g^{PMC}(LTQ_n) \geqslant 2^g(n-g+1)-1$.

证明   由 g 好邻诊断度的定义, 只需证明 LTQ_n 是 g 好邻 $(2^g(n-g+1)-1)$ 可诊断的. 设 F_1, F_2 是 LTQ_n 的任意一对不同的 g 好邻集, 其中 $|F_1| \leqslant (n-g+1)2^g - 1$, $|F_2| \leqslant (n-g+1)2^g - 1$. 假设 $V(LTQ_n) = F_1 \cup F_2$. 由于 $n \geqslant g+3$, $g \geqslant 0$, 以及引理 5.2.5, 有 $2^n = |V(LTQ_n)| = |F_1 \cup F_2| = |F_1| + |F_2| - |F_1 \cap F_2| \leqslant |F_1| + |F_2| \leqslant [2^g(n-g+1)-1] + [2^g(n-g+1)-1] = 2[2^g(n-g+1)-1] \leqslant 2(2^{n-1}-1) = 2^n - 2$, 这产生矛盾. 因此, $V(LTQ_n) \neq F_1 \cup F_2$.

由定理 3.1, 证明 LTQ_n 是 g 好邻 $(2^g(n-g+1)-1)$ 可诊断的, 它等价于证

明对于 $V(LTQ_n)$ 的每一对不相同 g 好邻集 F_1, F_2, 其中 $|F_1| \leqslant 2^g(n-g+1)-1$, $|F_2| \leqslant 2^g(n-g+1)-1$, 存在一条边 $uv \in E(LTQ_n)$, 其中 $u \in V(LTQ_n)\setminus(F_1 \cup F_2)$, $v \in F_1 \triangle F_2$.

用反证法证明. 设 LTQ_n 存在 2 个不同的 g 好邻集 F_1, F_2, 其中 $|F_1| \leqslant 2^g(n-g+1)-1$, $|F_2| \leqslant 2^g(n-g+1)-1$, 但 (F_1, F_2) 不满足定理 3.1 的任意条件, 即 $V(LTQ_n)\setminus(F_1 \cup F_2)$ 和 $F_1 \triangle F_2$ 之间不存在边. 不失一般性, 假设 $F_2 \setminus F_1 \neq \varnothing$.

根据假设, $V(LTQ_n) \setminus (F_1 \cup F_2)$ 和 $F_1 \triangle F_2$ 之间不存在边. 由于 F_1 是一个 g 好邻集, $LTQ_n - F_1$ 有 2 个部分 $LTQ_n - F_1 - F_2$, $LTQ_n[F_2 \setminus F_1]$, 所以有 $\delta(LTQ_n - F_1 - F_2) \geqslant g$, $\delta(LTQ_n[F_2 \setminus F_1]) \geqslant g$. 相似地, 当 $F_1 \setminus F_2 \neq \varnothing$ 时, $\delta(LTQ_n[F_1 \setminus F_2]) \geqslant g$. 因此, $F_1 \cap F_2$ 也是一个 g 好邻集. 由于 $V(LTQ_n - F_1 - F_2)$ 和 $F_1 \triangle F_2$ 之间不存在边, 所以 $F_1 \cap F_2$ 也是一个 g 好邻割. 相似地, 当 $F_1 \setminus F_2 = \varnothing$ 时 $F_1 \cap F_2 = F_1$ 也是一个 g 好邻割. 由引理 5.2.1, $|F_1 \cap F_2| \geqslant 2^g(n-g)$. 由于 $\delta(LTQ_n[F_2 \setminus F_1]) \geqslant g$, 以及引理 5.2.2, $|F_2 \setminus F_1| \geqslant 2^g$. 因此, $|F_2| = |F_2 \setminus F_1| + |F_1 \cap F_2| \geqslant 2^g + 2^g(n-g) = 2^g(n-g+1)$, 与 $|F_2| \leqslant 2^g(n-g+1) - 1$ 矛盾. 于是, LTQ_n 是 g 好邻 $(2^g(n-g+1)-1)$ 可诊断的. 由 $t_g^{PMC}(LTQ_n)$ 的定义, $t_g^{PMC}(LTQ_n) \geqslant 2^g(n-g+1)-1$. □

结合引理 5.2.6 和引理 5.2.7, 有下面的定理.

定理 5.2.1[69] 设 $n \geqslant 3$, $0 \leqslant g \leqslant n-3$. 局部扭立方 LTQ_n 在 PMC 模型下的 g 好邻诊断度是 $2^g(n-g+1)-1$.

5.2.3 局部扭立方在 MM* 模型下的 g 好邻诊断度

本小节将证明局部扭立方在 MM* 模型下的 g 好邻诊断度.

引理 5.2.8[69] 设 $0 \leqslant g \leqslant n-3$. 局部扭立方 LTQ_n 在 MM* 模型下的 g 好邻诊断度小于或等于 $2^g(n-g+1)-1$, 即 $t_g^{MM^*}(LTQ_n) \leqslant 2^g(n-g+1)-1$.

证明 A 的定义如同引理 5.2.4, $F_1 = N_{LTQ_n}(A)$, $F_2 = A \cup N_{LTQ_n}(A)$. 由引理 5.2.4, $|F_1| = 2^g(n-g)$, $|F_2| = |A| + |F_1| = 2^g(n-g+1)$, $\delta(LTQ_n - F_1) \geqslant g$, $\delta(LTQ_n - F_2) \geqslant g$. 于是, F_1, F_2 是 LTQ_n 的 g 好邻集, 其中 $|F_1| = 2^g(n-g)$, $|F_2| = 2^g(n-g+1)$. 由引理 5.2.5, $|F_2| = 2^g(n-g+1) \leqslant 2^{n-1}$. 因为 $|V(LTQ_n)| = 2^n$, 所以 $V(LTQ_n - F_1 - F_2) = V(LTQ_n - F_2) \neq \varnothing$. 我们证明 LTQ_n 不是 g 好邻 $(2^g(n-g+1))$ 可诊断的. 由 F_1, F_2 的定义, $F_1 \triangle F_2 = A$. 因为 $F_1 \setminus F_2 = \varnothing$, $F_2 \setminus F_1 = A$, $(V(LTQ_n))\setminus(F_1 \cup F_2) \cap N(A) = \varnothing$, 所以 F_1, F_2 不满足定理 3.2 的任意条件, 并且 LTQ_n 不是 g 好邻 $(2^g(n-g+1))$ 可诊断的. 因此, $t_g^{MM^*}(LTQ_n) \leqslant 2^g(n-g+1)-1$. □

引理 5.2.9[70] 设 G 是一个图代表一个系统. 在 MM* 模型下的诊断度 $t(G) \leqslant \delta(G)$.

引理 5.2.10[69] 设 $n \geqslant 3$, $g = 0$. 局部扭立方 LTQ_n 在 MM* 模型下的诊断度 $t_0^{MM^*}(LTQ_n) = t^{MM^*}(LTQ_n) \geqslant n$.

证明 由 g 好邻诊断度的定义, 只需证明 LTQ_n 是 0 好邻 n 可诊断的. 设 F_1, F_2 是 LTQ_n 的任意一对不同的 0 好邻集, 其中 $|F_1| \leqslant n$, $|F_2| \leqslant n$. 注意到当 $n \geqslant 3$ 时 $2^n > 2n$. 因此, $V(LTQ_n - F_1 - F_2) \neq \varnothing$.

证明用反证法. 由定理 3.2, 设 LTQ_n 存在 2 个不同的 0 好邻集 F_1, F_2, 其中 $|F_1| \leqslant n$, $|F_2| \leqslant n$, 但 (F_1, F_2) 不满足定理 3.2 的任意条件. 不失一般性, 假设 $F_2 \setminus F_1 \neq \varnothing$.

由于 F_1, F_2 是 2 个不同的 0 好邻集, $V(LTQ_n) \setminus (F_1 \cup F_2)$ 和 $F_1 \triangle F_2$ 之间不存在边, 所以有 $F_1 \cap F_2$ 是 LTQ_n 的一个 0 好邻割. 由引理 5.2.1, 有 $|F_1 \cap F_2| \geqslant n$. 于是, $|F_2| = |F_2 \setminus F_1| + |F_1 \cap F_2| \geqslant 1 + n$, 与 $|F_2| \leqslant n$ 矛盾. 因此, LTQ_n 是 0 好邻 n 可诊断的, $t_0^{MM^*}(LTQ_n) \geqslant n$. □

结合引理 5.2.9 和引理 5.2.10, 有下面的定理.

定理 5.2.2[69] 设 $n \geqslant 3$, $g = 0$. 于是, 局部扭立方 LTQ_n 在 MM* 模型下的 0 好邻诊断度是 n.

引理 5.2.11[69] 设 $n \geqslant 5$, $0 \leqslant g \leqslant n-3$. 局部扭立方 LTQ_n 在 MM* 模型下的 g 好邻诊断度大于或等于 $2^g(n-g+1)-1$, 即 $t_g^{MM^*}(LTQ_n) \geqslant 2^g(n-g+1)-1$.

证明 由定理 5.2.2, 当 $g = 0$ 时引理 5.2.11 成立. 下面考虑 $1 \leqslant g \leqslant n-3$.

由 g 好邻诊断度的定义, 只需证明 LTQ_n 是 g 好邻 $(2^g(n-g+1)-1)$ 可诊断的. 设 F_1, F_2 是 LTQ_n 的 2 个不同的 g 好邻集, 其中 $|F_1| \leqslant 2^g(n-g+1)-1$, $|F_2| \leqslant 2^g(n-g+1)-1$. 假设 $V(LTQ_n) = F_1 \cup F_2$. 由 $n \geqslant g+3$, $g \geqslant 0$, 以及引理 5.2.5, 有 $2^n = |V(LTQ_n)| = |F_1 \cup F_2| = |F_1| + |F_2| - |F_1 \cap F_2| \leqslant |F_1| + |F_2| \leqslant [2^g(n-g+1)-1] + [2^g(n-g+1)-1] = 2[2^g(n-g+1)-1] \leqslant 2(2^{n-1}-1) = 2^n - 2$, 这产生矛盾. 因此, $V(LTQ_n) \neq F_1 \cup F_2$. 我们讨论下面的情况.

情况 1 $2 \leqslant g \leqslant n-3$.

情况 1.1 $LTQ_n - F_1 - F_2$ 有孤立点.

由定理 3.2(2), (F_1, F_2) 是可区分的.

情况 1.2 $LTQ_n - F_1 - F_2$ 没有孤立点.

证明用反证法. 由定理 3.2, 设存在 2 个不同的 g 好邻集 F_1, F_2, 其中 $|F_1| \leqslant (n-g+1)2^g - 1$, $|F_2| \leqslant (n-g+1)2^g - 1$, 但 (F_1, F_2) 不满足定理 3.2 的任意条件, 即 $LTQ_n - F_1 - F_2$ 和 $F_1 \triangle F_2$ 之间没有边. 不失一般性, 设 $F_2 \setminus F_1 \neq \varnothing$. 因为 $V(LTQ_n) \setminus (F_1 \cup F_2) \neq \varnothing$, $F_1 \triangle F_2 \neq \varnothing$, 所以 $F_1 \cap F_2$ 是 LTQ_n 的一个割.

由于 $F_2 \setminus F_1 \neq \varnothing$, F_1 是一个 g 好邻集, 所以 $\delta(LTQ_n - F_1 - F_2) \geqslant g$, $\delta_{LTQ_n}([F_2 \setminus F_1]) \geqslant g$. 设 $F_1 \setminus F_2 \neq \varnothing$. 由于 F_2 是一个 g 好邻集, 所以 $\delta_{LTQ_n}([F_1 \setminus F_2]) \geqslant g$. 因此, $F_1 \cap F_2$ 是 LTQ_n 的一个 g 好邻割. 由定理 5.1.2, 当 $0 < g \leqslant n$

时 $|F_2 \setminus F_1| \geqslant 2^g$. 由引理 5.2.1, 有 $|F_1 \cap F_2| \geqslant (n-g)2^g$. 于是, $|F_2| = |F_2 \setminus F_1| + |F_1 \cap F_2| \geqslant 2^g + (n-g)2^g = (n-g+1)2^g$, 与 $|F_2| \leqslant (n-g+1)2^g - 1$ 矛盾.

由情况 1.1—情况 1.2, 当 $2 \leqslant g \leqslant n-3$ 时, LTQ_n 是 g 好邻 $((n-g+1)2^g-1)$ 可诊断的.

情况 2　$g = 1$.

证明用反证法. 由定理 3.2, 设存在 LTQ_n 的 2 个不同的 g 好邻集 F_1, F_2, 其中 $|F_1| \leqslant 2n-1$, $|F_2| \leqslant 2n-1$, 但 (F_1, F_2) 不满足定理 3.2 的任意条件. 不失一般性, 假设 $F_2 \setminus F_1 \neq \varnothing$.

断言　$LTQ_n - F_1 - F_2$ 没有孤立点.

设 $F_1 \setminus F_2 = \varnothing$. 于是, $F_1 \subseteq F_2$. 由于 F_2 是一个 1 好邻集 (自然集), 所以 $LTQ_n - F_1 - F_2$ 没有孤立点. 因此, 设 $F_1 \setminus F_2 \neq \varnothing$.

反证. 设 $LTQ_n - F_1 - F_2$ 至少有一个孤立点 w. 由于 F_1 是一个 1 好邻集 (自然集), 所以存在一个顶点 $u \in F_2 \setminus F_1$ 使得 u 与 w 相邻. 由于 (F_1, F_2) 不满足定理 3.2 的任意条件, 所以最多存在一个顶点 $u \in F_2 \setminus F_1$ 使得 u 与 w 相邻. 从而, 只存在一个顶点 $u \in F_2 \setminus F_1$ 使得 u 与 w 相邻. 相似地, 只存在一个顶点 $v \in F_1 \setminus F_2$ 使得 v 与 w 相邻. 设 $W \subseteq V(LTQ_n) \setminus (F_1 \cup F_2)$ 是 $LTQ_n[V(LTQ_n) \setminus (F_1 \cup F_2)]$ 中的孤立点集, H 是由顶点集 $V(LTQ_n) \setminus (F_1 \cup F_2 \cup W)$ 导出的子图. 对于任意一个 $w \in W$, 在 $F_1 \cap F_2$ 中存在 $(n-2)$ 个邻点. 由于 $|F_2| \leqslant 2n-1$, 所以 $\sum_{w \in W} |N_{LTQ_n[(F_1 \cap F_2) \cup W]}(w)| = |W|(n-2) \leqslant \sum_{v \in F_1 \cap F_2} d_{LTQ_n}(v) = n|F_1 \cap F_2| \leqslant n(|F_2| - 1) \leqslant n(2n-2) = 2n^2 - 2n$. 然后, $|W| \leqslant \dfrac{2n^2 - 2n}{n-2} \leqslant 2n+4$, 其中 $n \geqslant 5$. 注意到 $|F_1 \cup F_2| = |F_1| + |F_2| - |F_1 \cap F_2| \leqslant 2(2n-1) - (n-2) = 3n$. 设 $V(H) = \varnothing$. 于是, $2^n = |V(LTQ_n)| = |F_1 \cup F_2| + |W| \leqslant 3n + 2n + 4 = 5n + 4$. 当 $n \geqslant 5$ 时, 不等式矛盾. 于是, $V(H) \neq \varnothing$. 由于 (F_1, F_2) 不满足定理 3.2 的任意条件, $V(H)$ 的任意一个顶点在 H 中不是孤立点, 所以 $V(H)$ 和 $F_1 \triangle F_2$ 之间不存在边. 从而, $F_1 \cap F_2$ 是 LTQ_n 的一个割, $\delta(LTQ_n - (F_1 \cap F_2)) \geqslant 1$, 即 $F_1 \cap F_2$ 是 LTQ_n 的一个自然割. 由引理 5.2.1, $|F_1 \cap F_2| \geqslant 2n-2$. 因为 $|F_1| \leqslant 2n-1$, $|F_2| \leqslant 2n-1$, 并且 $F_1 \setminus F_2$ 和 $F_2 \setminus F_1$ 都不是空的, 所以 $|F_1 \setminus F_2| = |F_2 \setminus F_1| = 1$. 设 $F_1 \setminus F_2 = \{v_1\}$, $F_2 \setminus F_1 = \{v_2\}$. 对于任意一个顶点 $w \in W$, w 与 v_1 和 v_2 相邻. 由引理 5.2.3, 对于 LTQ_n 中任意一对顶点最多存在 2 个公共邻点. 然后, $LTQ_n - F_1 - F_2$ 中最多存在 2 个孤立点.

设 $LTQ_n - F_1 - F_2$ 中存在一个孤立点 v. 设 v_1 和 v_2 与 v 相邻. 于是, $N_{LTQ_n}(v) \setminus \{v_1, v_2\} \subseteq F_1 \cap F_2$. 由于 LTQ_n 没有三角形, 所以 $N_{LTQ_n}(v_1) \setminus \{v\} \subseteq F_1 \cap F_2$, $N_{LTQ_n}(v_2) \setminus \{v\} \subseteq F_1 \cap F_2$; $[N_{LTQ_n}(v) \setminus \{v_1, v_2\}] \cap [N_{LTQ_n}(v_1) \setminus \{v\}] = \varnothing$, $[N_{LTQ_n}(v) \setminus \{v_1, v_2\}] \cap [N_{LTQ_n}(v_2) \setminus \{v\}] = \varnothing$. 由引理 5.2.3, $|[N_{LTQ_n}(v_1) \setminus \{v\}] \cap$

$[N_{LTQ_n}(v_2) \setminus \{v\}]| \leqslant 1$. 从而, $|F_1 \cap F_2| \geqslant |N_{LTQ_n}(v) \setminus \{v_1, v_2\}| + |N_{LTQ_n}(v_1) \setminus \{v\}| + |N_{LTQ_n}(v_2) \setminus \{v\}| = (n-2) + (n-1) + (n-1) - 1 = 3n - 5$. 然后, $|F_2| = |F_2 \setminus F_1| + |F_1 \cap F_2| \geqslant 1 + 3n - 5 = 3n - 4 > 2n - 1$ $(n \geqslant 4)$, 与 $|F_2| \leqslant 2n - 1$ 矛盾.

设 $LTQ_n - F_1 - F_2$ 中存在 2 个孤立点 v, w. 设 v_1, v_2 分别地与 v, w 相邻. 于是, $N_{LTQ_n}(v) \setminus \{v_1, v_2\} \subseteq F_1 \cap F_2$. 由于 LTQ_n 没有三角形, 所以 $N_{LTQ_n}(v_1) \setminus \{v, w\} \subseteq F_1 \cap F_2$, $N_{LTQ_n}(v_2) \setminus \{v, w\} \subseteq F_1 \cap F_2$; $[N_{LTQ_n}(v) \setminus \{v_1, v_2\}] \cap [N_{LTQ_n}(v_1) \setminus \{v, w\}] = \varnothing$, $[N_{LTQ_n}(v) \setminus \{v_1, v_2\}] \cap [N_{LTQ_n}(v_2) \setminus \{v, w\}] = \varnothing$. 由引理 5.2.3, 对于 LTQ_n 中任意一对顶点最多存在 2 个公共邻点. 从而, $|[N_{LTQ_n}(v_1) \setminus \{v, w\}] \cap [N_{LTQ_n}(v_2) \setminus \{v, w\}]| = 0$. 于是, $|F_1 \cap F_2| \geqslant |N_{LTQ_n}(v) \setminus \{v_1, v_2\}| + |N_{LTQ_n}(w) \setminus \{v_1, v_2\}| + |N_{LTQ_n}(v_1) \setminus \{v, w\}| + |N_{LTQ_n}(v_2) \setminus \{v, w\}| = (n-2) + (n-2) + (n-2) + (n-2) = 4n - 8$. 然后, $|F_2| = |F_2 \setminus F_1| + |F_1 \cap F_2| \geqslant 1 + 4n - 8 = 4n - 7 > 2n - 1$ $(n \geqslant 4)$, 与 $|F_2| \leqslant 2n - 1$ 矛盾. 断言证毕.

设 $u \in V(LTQ_n) \setminus (F_1 \cup F_2)$. 由断言, u 在 $LTQ_n - F_1 - F_2$ 中至少有一个邻点. 由于 (F_1, F_2) 不满足定理 3.2 的任意条件, 对于任意一对相邻顶点 $u, w \in V(LTQ_n) \setminus (F_1 \cup F_2)$, 不存在顶点 $v \in F_1 \triangle F_2$, 使得 $uw \in E(LTQ_n)$, $vw \in E(LTQ_n)$. 然后, u 没有邻点在 $F_1 \triangle F_2$ 中. 由 u 的任意性, $V(LTQ_n) \setminus (F_1 \cup F_2)$ 和 $F_1 \triangle F_2$ 之间不存在边. 由于 $F_2 \setminus F_1 \neq \varnothing$, F_1 是一个 1 好邻集, 所以 $\delta(LTQ_n - F_1 - F_2) \geqslant 1$, $\delta(LTQ_n[F_2 \setminus F_1]) \geqslant 1$. 由于 F_2 是一个 1 好邻集, 所以当 $F_1 \setminus F_2 \neq \varnothing$, $\delta(LTQ_n[F_1 \setminus F_2]) \geqslant 1$. 因此, $F_1 \cap F_2$ 是 LTQ_n 的一个 1 好邻割. 设 $F_1 \setminus F_2 = \varnothing$, 于是, $F_1 \cap F_2 = F_1$. 从而, 当 $F_1 \setminus F_2 = \varnothing$ 时 $F_1 \cap F_2$ 也是 LTQ_n 的一个 1 好邻割. 由引理 5.2.1, $|F_1 \cap F_2| \geqslant 2n - 2$. 由引理 5.2.2, $|F_2 \setminus F_1| \geqslant 2$. 因此, $|F_2| = |F_2 \setminus F_1| + |F_1 \cap F_2| \geqslant 2 + (2n - 2) = 2n$, 与 $|F_2| \leqslant 2n - 1$ 矛盾. 于是, LTQ_n 是 1 好邻 $(2n - 1)$ 可诊断的, $t_1^{MM^*}(LTQ_n) \geqslant 2n - 1$.

由情况 1—情况 2, LTQ_n 是 g 好邻 $(2^g(n - g + 1) - 1)$ 可诊断的. $\qquad\square$

结合引理 5.2.8、引理 5.2.11、定理 5.2.2, 有下面的定理.

定理 5.2.3[69] 设 $n \geqslant 5$, $0 \leqslant g \leqslant n - 3$. 局部扭立方 LTQ_n 在 MM* 模型下的 g 好邻诊断度是 $2^g(n - g + 1) - 1$.

5.3 泡型图的 g 好邻诊断度

本节将分别证明泡型图 B_n 在 PMC 和 MM* 模型下的 g 好邻诊断度.

5.3.1 预备知识

众所周知, 泡型算法是一个稳定的算法, 其时间复杂度为 $O(N^2)$. 鉴于其生成的简单图是一条路 P, n 维气泡排序图 (bubble-sort graphs, 简称泡型图) 作为一种著名的互连网络拓扑结构被提出来. 由于其任意两点间的最短路可以通过泡型算法来求得, 故以泡型图作为拓扑结构的系统有着较好的路由性质. 在本节中, 将介绍它的一些有用的性质. 下面给出泡型图的具体定义.

在置换 $\begin{pmatrix} 1 & 2 & \cdots & n \\ p_1 & p_2 & \cdots & p_n \end{pmatrix}$ 中, $i \longrightarrow p_i$ $(i = 1, 2, \cdots, n)$. 为方便起见, 用 $p_1\, p_2\, \cdots\, p_n$ 代替 $\begin{pmatrix} 1 & 2 & \cdots & n \\ p_1 & p_2 & \cdots & p_n \end{pmatrix}$, 或者用不相交轮换积表示, 其中 (xy) 表示对换. 两个置换的积 $\sigma\tau$ 是一个合成, τ 后接 σ, 例如 $(12)(13) = (132)$. 这里没有定义的术语和符号我们遵循文献 [55].

定义 5.3.1[56]　n 维泡型图, 记作 B_n, 它的顶点集是 $V(B_n) = S_n$. B_n 中任意两点 u, v 相邻当且仅当 $u = v(i, i+1)$, 其中 $1 \leqslant i \leqslant n-1$.

从定义 5.3.1 容易看出 B_n 是一个顶点数为 $n!$ 的 $(n-1)$ 正则图. 泡型图 B_2, B_3 如图 5.4 所示, B_4 如图 4.6 所示. 由于 B_n 是凯莱图, 故它具有下面的性质.

B_2

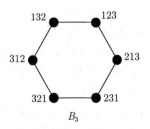

B_3

图 5.4　泡型图 B_2 和 B_3

性质 5.3.1[56]　对于任一整数 $n \geqslant 2$, B_n 是点传递的.

由于生成元是对换的, 所以有下面的性质.

性质 5.3.2　对于任一整数 $n \geqslant 2$, B_n 是偶图.

注意到 $(1), (12), (12)(34), (34), (1)$ 是一个 4 圈. 由性质 5.3.2, 有下面的性质.

性质 5.3.3　对于任一整数 $n \geqslant 4$, B_n 的围长 $g(B_n) = 4$.

引理 5.3.1[55]　对称群中每一个非单位元的置换 (除因子的排列次序) 可以唯一地分解成若干个长度至少为 2 的不相交轮换积.

引理 5.3.2[71]　令 B_n 为一个泡型图. 如果两顶点 u, v 相邻, 那么这两个顶点没有公共邻点, 即 $|N(u) \cap N(v)| = 0$; 如果两顶点 u, v 不相邻, 那么这两个顶点至多有两个公共邻点, 即 $|N(u) \cap N(v)| \leqslant 2$.

引理 5.3.3[72-74]　当 $n \geqslant 2$ 时, $\kappa(B_n) = \kappa^{(0)}(B_n) = n - 1$.

引理 5.3.4[72-74]　当 $n \geqslant 3$ 时, $\kappa^{(1)}(B_n) = 2n - 4$.

引理 5.3.5[72-74]　当 $n \geqslant 4$ 时, $\kappa^{(2)}(B_n) = 4n - 12$.

引理 5.3.6[75]　$\kappa^{(3)}(B_5) = 12$; 当 $n \geqslant 6$ 时, $\kappa^{(3)}(B_n) = 8n - 32$.

引理 5.3.7[76]　在 PMC 模型下, $t_c^{PMC}(B_n) = 4n - 11 \ (n \geqslant 4)$.

5.3.2　泡型图在 PMC 模型下的 g 好邻诊断度

本节将证明当 $g = 0, 1, 2, 3$ 时, 泡型图 B_n 在 PMC 模型下的 g 好邻诊断度.

定理 5.3.1[77]　当 $n \geqslant 4$ 时, 泡型图 B_n 在 PMC 模型下的诊断度是 $n - 1$.

证明　令 $A = \{(1)\}$, $F_1 = N(A)$ 及 $F_2 = A \cup N(A)$. 于是可得 $|N(A)| = n - 1$, $|F_1| = n - 1$, $|F_2| = n$. 注意到 $V(B_n - F_2) \neq \varnothing$. 因为 $(1) = F_1 \triangle F_2$ 及 $N_{B_n}((1)) = F_1 \subset F_2$, 所以 $V(B_n) \setminus (F_1 \cup F_2)$ 和 $F_1 \triangle F_2$ 中的顶点间不存在边. 根据定理 3.1, 可证 B_n 在 PMC 模型下不是 n 可诊断的. 因此, 根据诊断度的定义, 可知 B_n 的诊断度小于 n, 即 $t^{PMC}(B_n) = t_0^{PMC}(B_n) \leqslant n - 1$.

根据诊断度的定义可知, 命题只需证明 B_n 在 PMC 模型下是 $(n - 1)$ 可诊断的. 根据定理 3.1, 其等价于证明对于 $V(B_n)$ 的任一对不同的故障子集 F_1 与 F_2 满足 $|F_1| \leqslant n - 1$, $|F_2| \leqslant n - 1$ 时, 有 $V(B_n - F_1 - F_2) \neq \varnothing$; 存在点 $u \in V(B_n) \setminus (F_1 \cup F_2)$, $v \in F_1 \triangle F_2$, 使得 $uv \in E(B_n)$. 由于 $n \geqslant 4$, 所以一定有 $V(B_n - F_1 - F_2) \neq \varnothing$.

反证法. 假设对于 $V(B_n)$ 中存在一对不同的子集 F_1 与 F_2 满足 $|F_1| \leqslant n - 1$, $|F_2| \leqslant n - 1$; 不存在点 $u \in V(B_n) \setminus (F_1 \cup F_2)$, $v \in F_1 \triangle F_2$, 使得 $uv \notin E(B_n)$, 即 $V(B_n) \setminus (F_1 \cup F_2)$ 与 $F_1 \triangle F_2$ 顶点间没有边. 不失一般性, 假设 $F_2 \setminus F_1 \neq \varnothing$.

由假设 $V(B_n) \setminus (F_1 \cup F_2)$ 与 $F_1 \triangle F_2$ 间的顶点没有边以及 $|V(B_n) \setminus (F_1 \cup F_2)| \neq 0$, $|F_1 \triangle F_2| \neq 0$, 可推出 $F_1 \cap F_2$ 是一个割. 根据引理 5.3.3, $|F_1 \cap F_2| \geqslant n - 1$. 进而有 $|F_2| = |F_2 \setminus F_1| + |F_1 \cap F_2| \geqslant 1 + n - 1 = n$. 但这与 $|F_2| \leqslant n - 1$ 相矛盾. 因此, B_n 是 $(n - 1)$ 可诊断的. 根据诊断度的定义, $t^{PMC}(B_n) \geqslant n - 1$. 再结合 $t^{PMC}(B_n) \leqslant n - 1$, 有 $t^{PMC}(B_n) = t_0^{PMC}(B_n) = n - 1$.　□

定理 5.3.2[77]　当 $n \geqslant 4$ 时, 泡型图 B_n 在 PMC 模型下的 1 好邻 (自然) 诊断度是 $2n - 3$.

证明　令 $A = \{(1), (12)\}$. 根据引理 5.3.2, $|N(A)| = 2n - 4$. 令 $F_1 = N(A)$, $F_2 = A \cup F_1$. 于是有 $|F_1| = 2n - 4$, $|F_2| = 2n - 2$. 由于 $n \geqslant 4$, 所以一定有 $V(B_n - F_1 - F_2) \neq \varnothing$. 设 $v \in V(B_n) \setminus (F_1 \cup F_2)$. 根据引理 5.3.2, 可得 $|N(v) \cap N((1))| \leqslant 2$, $|N(v) \cap N((12))| \leqslant 2$. 根据性质 5.3.2, $N(v) \cap N((1)) \neq \varnothing$ 与 $N(v) \cap N((12)) = \varnothing$ 或 $N(v) \cap N((12)) \neq \varnothing$ 与 $N(v) \cap N((1)) = \varnothing$. 因此, 在 $B_n - (F_1 \cup F_2)$ 中, 可知 $d(v) \geqslant n - 1 - 2 \geqslant 1 \ (n \geqslant 4)$, 即 F_1 是 B_n 的一个 1

好邻割. 由于 $\{(1),(12)\} = F_1 \triangle F_2$ 及 $F_1 \subset F_2$, $V(B_n) \setminus (F_1 \cup F_2)$ 和 $F_1 \triangle F_2$ 间没有边. 根据定理 3.1, B_n 在 PMC 模型下不是 1 好邻可诊断的. 因此, 根据 g 好邻诊断度的定义, 可得 $t_1^{PMC}(B_n) \leqslant 2n-3$.

根据 1 好邻诊断度的定义, 命题等价于证明 B_n 是 1 好邻 $(2n-3)$ 可诊断的. 根据定理 3.1, 等价于证明对于 $V(B_n)$ 的任一对不同的 1 好邻故障子集 F_1 与 F_2 满足 $|F_1| \leqslant 2n-3$, $|F_2| \leqslant 2n-3$, 存在点 $u \in V(B_n) \setminus (F_1 \cup F_2)$, $v \in F_1 \triangle F_2$, 使得 $uv \in E(B_n)$. 由于 $n \geqslant 4$, 所以一定有 $V(B_n - F_1 - F_2) \neq \varnothing$.

用反证法证明. 假设对于 $V(B_n)$ 的一对不同的 1 好邻子集 F_1 与 F_2 满足 $|F_1| \leqslant 2n-3$, $|F_2| \leqslant 2n-3$, 不存在 $u \in V(B_n) \setminus (F_1 \cup F_2)$, $v \in F_1 \triangle F_2$, 使得 $uv \in E(B_n)$, 即 $V(B_n) \setminus (F_1 \cup F_2)$ 与 $F_1 \triangle F_2$ 之间没有边. 不失一般性, 假设 $F_2 \setminus F_1 \neq \varnothing$.

由于 $V(B_n) \setminus (F_1 \cup F_2)$ 与 $F_1 \triangle F_2$ 之间没有边, 因而 $B_n - F_1$ 分两部分 $B_n - F_1 - F_2$, $B_n[F_2 \setminus F_1]$. 因为 F_1 是 1 好邻集, 所以 $\delta(B_n - F_1 - F_2) \geqslant 1$ 及 $\delta(B_n[F_2 \setminus F_1]) \geqslant 1$. 同理, 当 $F_1 \setminus F_2 \neq \varnothing$ 时, $\delta(B_n[F_1 \setminus F_2]) \geqslant 1$. 故而, $F_1 \cap F_2$ 为一个 1 好邻集. 当 $F_1 \setminus F_2 = \varnothing$ 时, $F_1 \cap F_2 = F_1$ 也是一个 1 好邻集. 又因为 $V(B_n - F_1 - F_2)$ 和 $F_1 \triangle F_2$ 之间没有边, 所以 $F_1 \cap F_2$ 是 1 好邻割. 根据引理 5.3.4, 可知 $|F_1 \cap F_2| \geqslant 2n-4$. 注意到 $|F_2 \setminus F_1| \geqslant 2$. 故 $|F_2| = |F_2 \setminus F_1| + |F_1 \cap F_2| \geqslant 2 + 2n - 4 = 2n - 2$. 这与 $|F_2| \leqslant 2n-3$ 相矛盾. 故 B_n 是 1 好邻 $(2n-3)$ 可诊断的. 根据 g 好邻诊断度的定义, $t_1^{PMC}(B_n) \geqslant 2n-3$. 再结合 $t_1^{PMC}(B_n) \geqslant 2n-3$, 可得 $t_1^{PMC}(B_n) = 2n-3$.

$\square$

定理 5.3.2 结合引理 5.3.7, 可得如下推论.

推论 5.3.1[77] 在 PMC 模型下, $t_1^{PMC}(B_n) < t_c^{PMC}(B_n)$ $(n \geqslant 4)$.

引理 5.3.8[77] 令 $n \geqslant 4$, $A = \{(1),(12),(34),(12)(34)\}$, $F_1 = N_{B_n}(A)$, $F_2 = A \cup N_{B_n}(A)$, 那么 $|F_1| = 4n-12$, $|F_2| = 4n-8$, $\delta(B_n - F_1) \geqslant 2$ 且 $\delta(B_n - F_2) \geqslant 2$.

证明 由于 $A = \{(1),(12),(34),(12)(34)\}$, 可知 $B_n[A]$ 是一个 4 圈. 根据性质 5.3.2 和引理 5.3.3, $|N_{B_n}(A)| = 4n - 12$. 通过计算, 可得 $|F_1| = 4n - 12$, $|F_2| = |A| + |F_1| = 4n - 8$.

令点 $v \in V(B_n) \setminus F_2$, $|N(v) \cap N(A)| \neq 0$ 及 $w \in N(v) \cap N(A)$. 再令 $u \in A$ 及 $uw \in E(B_n)$. 根据性质 5.3.1, 可令 $u = (1)$. 于是 $w = (ab) \in \{(i, i+1) : i = 1, 2, 3, \cdots, n-1\} \setminus \{(12),(34)\}$. 根据性质 5.3.2, 不存在点 $u' \in \{(12),(34)\}$ 使得 $|N(u') \cap N(v)| \geqslant 1$. 因此, 仅考虑 $u' \in \{(1),(12)(34)\}$. 分以下两种情形讨论.

情形 1 $v = (ab)(cd)$, $\{a, b\} \cap \{c, d\} = \varnothing$, $(cd) \in \{(i, i+1) : i = 1, 2, 3, \cdots, n-1\} \setminus \{(ab)\}$.

如果 $(cd) \in \{(12),(34)\}$, 那么与 $v \in V(B_n) \setminus F_2$ 相矛盾. 因此, $(cd) \in \{(i, i+1) : i = 1, 2, 3, \cdots, n-1\} \setminus \{(ab),(12),(34)\}$. 在此情形中, 可知 $|N(v) \cap N(u)| = 2$.

考虑到 $(12)(34)(xy)$, $(ab)(cd)(uv)$ 及 $(xy) \in \{(i, i+1) : i = 1, 2, 3, \cdots, n-1\} \setminus \{(12), (34)\}$. 假设 $\{x, y\} \cap \{1, 2, 3, 4\} = \varnothing$. 因为 $(ab), (cd) \in \{(i, i+1) : i = 1, 2, 3, \cdots, n-1\} \setminus \{(12), (34)\}$, 所以有 $(12)(34)(xy) \neq (ab)(cd)(uv)$.

如果 $(xy) = (23)$, 那么 $(12)(34)(23) = (1243)$. 如果 $(uv) \neq (12)$, 那么在 $(ab)(cd)(uv)$ 中 $1 \to 1$ 且 $(12)(34)(23) = (1243) \neq (ab)(cd)(uv)$. 如果 $(uv) = (12)$, 那么在 $(ab)(cd)(uv)$ 中 $2 \to 1$ 且 $(12)(34)(23) = (1243) \neq (ab)(cd)(uv)$. 如果 $(xy) = (45)$, 那么有 $(12)(34)(45) = (12)(345)$. 如果 $(uv) \neq (12)$, 那么在 $(ab)(cd)(uv)$ 中 $1 \to 1$ 且 $(12)(34)(45) = (12)(345) \neq (ab)(cd)(uv)$. 如果 $(uv) = (12)$, 那么在 $(ab)(cd)(uv)$ 中有 $3 \to 3$ 或者 $3 \to 2$ 且 $(12)(34)(45) = (12)(345) \neq (ab)(cd)(uv)$.

因此, $|N(v) \cap N(A)| \leqslant 2$.

情形 2 $v = (ab)(cd)$, $\{a, b\} \cap \{c, d\} \neq \varnothing$, $(cd) \in \{(i, i+1) : i = 1, 2, 3, \cdots, n-1\} \setminus \{(ab)\}$.

不失一般性, 可令 $v = (ab)(bd) = (abd)$, $w' \in N(v) \setminus \{w\}$. 于是有 $w' = (ab)(bd)(uv)$, $(uv) \in \{(i, i+1) : i = 1, 2, 3, \cdots, n-1\} \setminus \{(cd)\}$. 如果 $(uv) = (ab)$, 那么 $w' = (ab)(bd)(uv) = (ad)$. 注意到 $(ad) \notin \{(i, i+1) : i = 1, 2, 3, \cdots, n-1\}$. 于是有 $|N(u) \cap N(v)| = 1$. 假设 $(uv) \neq (ab)$. 考虑到 $(12)(34)(xy)$ 和 $(ab)(cd)(uv)$, 其中 $(xy) \in \{(i, i+1) : i = 1, 2, 3, \cdots, n-1\} \setminus \{(12), (34)\}$.

如果 $\{x, y\} \cap \{1, 2, 3, 4\} = \varnothing$, 那么根据引理 5.3.1 可得 $(12)(34)(xy) \neq w' = (ab)(bd)(uv)$.

如果 $(xy) = (23)$, 那么 $(12)(34)(23) = (1243)$. 如果 $(uv) = (12)$, 那么在 $(ab)(cd)(uv)$ 中 $2 \to 1$ 及 $(12)(34)(23) = (1243) \neq (ab)(cd)(uv)$. 如果 $(uv) \neq (12)$, 那么在 $(ab)(cd)(uv)$ 中 $1 \to 1$ 或者 $1 \to 3$ 且 $(12)(34)(23) = (1243) \neq (ab)(cd)(uv)$.

如果 $(xy) = (45)$, 那么 $(12)(34)(45) = (12)(345)$. 如果 $(uv) \neq (12)$, 那么在 $(ab)(cd)(uv)$ 中 $1 \to 1$ 且 $(12)(34)(45) = (12)(345) \neq (ab)(cd)(uv)$. 如果 $(uv) = (12)$, 那么在 $(ab)(cd)(uv)$ 中 $3 \to 3$ 或者 $3 \to 2$ 且 $(12)(34)(45) = (12)(345) \neq (ab)(cd)(uv)$.

因此, $|N(v) \cap N(A)| \leqslant 2$.

综合情形 1 和情形 2, 在 $B_n - (F_1 \cup F_2)$ 中 $d(v) \geqslant n - 1 - 2 \geqslant 2$ $(n \geqslant 5)$ 且 F_1 是 B_n 的一个 2 好邻割. 当 $n = 4$ 时, 易证 F_1 也是 B_n 的一个 2 好邻割. $\square$

引理 5.3.9[77] 令 $n \geqslant 4$. 泡型图 B_n 在 PMC 模型下的 2 好邻诊断度 $t_2^{PMC}(B_n) \leqslant 4n - 9$.

证明 令 A 定义如同引理 5.3.8. 并令 $F_1 = N_{B_n}(A)$ 及 $F_2 = A \cup N_{B_n}(A)$. 根据引理 5.3.8, 可得 $|F_1| = 4n - 12$, $|F_2| = 4n - 8$, $\delta(B_n - F_1) \geqslant 2$, $\delta(B_n - F_2) \geqslant 2$.

因此, F_1 与 F_2 均是 B_n 满足 $|F_1| = 4n - 12$ 和 $|F_2| = 4n - 8$ 的 两个 2 好邻集. 又因为 $A = F_1 \triangle F_2$, $N_{B_n}(A) = F_1 \subset F_2$, 所以 $V(B_n) \setminus (F_1 \cup F_2)$ 与 $F_1 \triangle F_2$ 的顶点间没有边. 根据定理 3.1, 可得 B_n 在 PMC 模型下不是 2 好邻可诊断的. 根据 2 好邻诊断度的定义, 可以推出 B_n 的 g 好邻诊断度小于等于 $4n - 8$, 即 $t_2^{PMC}(B_n) \leqslant 4n - 9$. $\hfill \square$

引理 5.3.10[77]   令 H 是 B_n 中满足 $\delta(H) = 2$ 的子图. 于是, 有 $|V(H)| \geqslant 4$.

证明   根据 B_n 的定义及性质 5.3.2, 该引理易证. $\hfill \square$

引理 5.3.11[77]   令 $n \geqslant 4$. 泡型图 B_n 在 PMC 模型下的 2 好邻诊断度 $t_2^{PMC}(B_n) \geqslant 4n - 9$.

证明   根据 g 好邻诊断度的定义, 该命题仅需证明 B_n 是 2 好邻 $(4n - 9)$ 可诊断的. 根据定理 3.1, 命题等价于证明对于 $V(B_n)$ 的任一对不同的 2 好邻故障子集 F_1 与 F_2, 满足 $|F_1| \leqslant 4n - 9$, $|F_2| \leqslant 4n - 9$, 存在点 $u \in V(B_n) \setminus (F_1 \cup F_2)$, $v \in F_1 \triangle F_2$, 使得 $uv \in E(B_n)$. 由于 $n \geqslant 4$, 所以一定有 $V(B_n - F_1 - F_2) \neq \varnothing$. 由于对于 $V(B_n)$ 的任一对不同的 2 好邻故障子集 F_1 与 F_2, 所以 $F_1 \triangle F_2 \neq \varnothing$.

反证法. 假设对于 $V(B_n)$, 存在一对不同的 2 好邻故障子集 F_1 和 F_2 满足 $|F_1| \leqslant 4n - 9$, $|F_2| \leqslant 4n - 9$, 但是顶点集对 (F_1, F_2) 不满足定理 3.1 的条件, 即 $V(B_n) \setminus (F_1 \cup F_2)$, $F_1 \triangle F_2$ 的顶点间没有边. 不失一般性, 假定 $F_2 \setminus F_1 \neq \varnothing$.

根据反证假设结论, $V(B_n) \setminus (F_1 \cup F_2)$ 和 $F_1 \triangle F_2$ 的顶点间没有边. 由于 F_1 是一个 2 好邻集, 可得 $B_n - F_1$ 有两部分 $B_n - F_1 - F_2$ 和 $B_n[F_2 \setminus F_1]$ 且 $\delta(B_n - F_1 - F_2) \geqslant 2$ 及 $\delta(B_n[F_2 \setminus F_1]) \geqslant 2$. 同理, 当 $F_1 \setminus F_2 \neq \varnothing$ 时, $\delta(B_n[F_1 \setminus F_2]) \geqslant 2$. 因此, $F_1 \cap F_2$ 也是一个 2 好邻集. 当 $F_1 \setminus F_2 = \varnothing$ 时, $F_1 \cap F_2 = F_1$ 同样为一个 2 好邻集. 结合反证假设, $V(B_n) \setminus (F_1 \cup F_2)$ 和 $F_1 \triangle F_2$ 的顶点间没有边, 所以 $F_1 \cap F_2$ 是一个 2 好邻割. 注意到 $n \geqslant 4$, 根据引理 5.3.5, $|F_1 \cap F_2| \geqslant 4n - 12$. 根据引理 5.3.10, $|F_2 \setminus F_1| \geqslant 4$. 因此,

$$|F_2| = |F_2 \setminus F_1| + |F_1 \cap F_2| \geqslant 4 + 8n - 22 = 8n - 18.$$

这与 $|F_2| \leqslant 4n - 9$ 相矛盾. 故而, B_n 是 2 好邻 $(8n - 19)$ 可诊断的. 根据 g 好邻诊断度的定义, $t_2^{PMC}(B_n) \geqslant 4n - 9$. $\hfill \square$

结合引理 5.3.9 和引理 5.3.11, 可得以下定理.

定理 5.3.3[77]   令 $n \geqslant 4$. 泡型图 B_n 在 PMC 模型下的 2 好邻诊断度 $t_2^{PMC}(B_n) = 4n - 9$.

引理 5.3.12[77]   令 $A = \{(1), (12), (34), (56), (12)(34), (12)(56), (34)(56), (12)(34)(56)\}$. 如果 $n \geqslant 7$, $F_1 = N_{B_n}(A)$ 及 $F_2 = A \cup N_{B_n}(A)$, 那么 $|F_1| = 8n - 32$, $|F_2| = 8n - 24$, $\delta(B_n - F_1) \geqslant 3$ 且 $\delta(B_n - F_2) \geqslant 3$.

证明 由 $A = \{(1), (12), (34), (56), (12)(34), (12)(56), (34)(56), (12)(34)(56)\}$，可知 $B_n[A]$ 是 3 正则图且 $|A| = 8$.

断言 1 对于 $u, v \in A$, $(N(u) \cap N(v)) \setminus A = \varnothing$.

根据性质 5.3.1, 令 $u = (1)$. 根据性质 5.3.2, 仅考虑 $v \in \{(12)(34), (12)(56), (34)(56)\}$. 由于 $|N(u) \cap N(v)| = 2$, 根据引理 5.3.2, 可推出 $(N(u) \cap N(v)) \setminus A = \varnothing$. 断言 1 证毕.

根据断言 1, $|N_{B_n}(A)| = 8n - 32$. 通过计算可得 $|F_1| = 8n - 32$, $|F_2| = |A| + |F_1| = 8n - 24$. 令 $v \in V(B_n) \setminus F_2$, $|N(v) \cap N(A)| \neq 0$ 及 $w \in N(v) \cap N(A)$, 并令 $u \in A$ 及 $uw \in E(B_n)$. 根据性质 5.3.1, 令 $u = (1)$. 于是, $w = (ab) \in \{(i, i+1) : i = 1, 2, 3, \cdots, n-1\} \setminus \{(12), (34), (56)\}$. 根据性质 5.3.2, 不存在点 $u' \in \{(12), (34), (56), (12)(34)(56)\}$ 使得 $|N(u') \cap N(v)| \geq 1$. 故而, 仅考虑 $u' \in \{(1), (12)(34), (12)(56), (34)(56)\}$.

断言 2 $|N(A) \cap N(v)| \leq 2$.

令 $v \in V(B_n) \setminus F_2$. 我们考虑以下两种情形.

情形 1 $v = (ab)(cd)$ 且 $\{a, b\} \cap \{c, d\} = \varnothing$, 其中 $(cd) \in \{(i, i+1) : i = 1, 2, 3, \cdots, n-1\} \setminus \{(ab)\}$.

如果 $(cd) \in \{(12), (34), (56)\}$, 那么这与 $v \in V(B_n) \setminus F_2$ 矛盾. 因此, $(cd) \in \{(i, i+1) : i = 1, 2, 3, \cdots, n-1\} \setminus \{(ab), (12), (34), (56)\}$.

考虑情形 $(ab)(cd)(uv)$. 如果 $(uv) = (ab)$, 那么 $|N(v) \cap N(u)| = 2$.

不妨令 $(uv) \neq (ab)$.

考虑情形 $(12)(34)(xy)$ 和 $(ab)(cd)(uv)$, $(xy) \in \{(i, i+1) : i = 1, 2, 3, \cdots, n-1\} \setminus \{(12), (34), (56)\}$. 假设 $\{x, y\} \cap \{1, 2, 3, 4\} = \varnothing$. 因为 $(ab), (cd) \in \{(i, i+1) : i = 1, 2, 3, \cdots, n-1\} \setminus \{(12), (34), (56)\}$, 所以 $(12)(34)(xy) \neq (ab)(cd)(uv)$.

如果 $(xy) = (23)$, 那么有 $(12)(34)(23) = (1243)$. 若 $(uv) \neq (12)$, 则在 $(ab)(cd)(uv)$ 中 $1 \to 1$ 及 $(12)(34)(23) = (1243) \neq (ab)(cd)(uv)$. 若 $(uv) = (12)$, 则在 $(ab)(cd)(uv)$ 中 $2 \to 1$ 及 $(12)(34)(23) = (1243) \neq (ab)(cd)(uv)$.

如果 $(xy) = (45)$, 那么有 $(12)(34)(45) = (12)(345)$. 若 $(uv) \neq (12)$, 则在 $(ab)(cd)(uv)$ 中 $1 \to 1$ 及 $(12)(34)(45) = (12)(345) \neq (ab)(cd)(uv)$. 若 $(uv) = (12)$, 则在 $(ab)(cd)(uv)$ 中 $3 \to 3$ 或者 $3 \to 2$ 及 $(12)(34)(45) = (12)(345) \neq (ab)(cd)(uv)$.

考虑情形 $(34)(56)(xy)$ 和 $(ab)(cd)(uv)$, $(xy) \in \{(i, i+1) : i = 1, 2, 3, \cdots, n-1\} \setminus \{(12), (34), (56)\}$. 假设 $\{x, y\} \cap \{3, 4, 5, 6\} = \varnothing$. 因为 $(ab), (cd) \in \{(i, i+1) : i = 1, 2, 3, \cdots, n-1\} \setminus \{(12), (34), (56)\}$, 所以 $(34)(56)(xy) \neq (ab)(cd)(uv)$.

如果 $(xy) = (23)$, 那么 $(34)(23)(56) = (243)(56)$. 若 $(uv) = (23)$, 则在 $(ab)(cd)(uv)$ 中 $2 \to 3$ 或者 $2 \to 2$ 及 $(34)(23)(56) = (243)(56) \neq (ab)(cd)(uv)$.

若 $(uv) \neq (23)$, 则 $(uv) = (12)$ 或者 (34) 或者 $(uv)(u, v \geqslant 4)$. 当 $(uv) = (12)$ 时, 在 $(ab)(cd)(uv)$ 中 $2 \to 1$ 及 $(34)(23)(56) = (243)(56) \neq (ab)(cd)(uv)$. 当 $(uv) = (34)$ 时, 在 $(ab)(cd)(uv)$ 中 $2 \to 2$ 或者 $2 \to 3$ 及 $(34)(23)(56) = (243)(56) \neq (ab)(cd)(uv)$. 当 $u, v \geqslant 4$ 时, 在 $(ab)(cd)(uv)$ 中 $2 \to 2$ 或者 $2 \to 3$ 及 $(34)(23)(56) = (243)(56) \neq (ab)(cd)(uv)$.

同理, 考虑情形 $(12)(56)(xy)$ 和 $(ab)(cd)(uv)$, 有 $(12)(56)(xy) \neq (ab)(cd)(uv)$. 因此, $|N(v) \cap N(A)| \leqslant 2$.

情形 2　$v = (ab)(cd)$ 且 $\{a, b\} \cap \{c, d\} \neq \varnothing$, 其中 $(cd) \in \{(i, i+1) : i = 1, 2, 3, \cdots, n-1\} \setminus \{(ab)\}$.

不失一般性, 令 $v = (ab)(bd) = (abd)$. 并令 $w' \in N(v) \setminus \{w\}$. 于是有 $w' = (ab)(bd)(uv)$, $(uv) \in \{(i, i+1) : i = 1, 2, 3, \cdots, n-1\} \setminus \{(cd)\}$. 如果 $(uv) = (ab)$, 那么 $w' = (ab)(bd)(uv) = (ad)$. 注意到 $(ad) \notin \{(i, i+1) : i = 1, 2, 3, \cdots, n-1\}$. 于是有 $|N(v) \cap N(u)| = 1$. 假设 $(uv) \neq (ab)$.

考虑 $(12)(34)(xy)$ 和 $(ab)(cd)(uv)$, $(xy) \in \{(i, i+1) : i = 1, 2, 3, \cdots, n-1\} \setminus \{(12), (34), (56)\}$. 如果 $\{x, y\} \cap \{1, 2, 3, 4\} = \varnothing$, 那么根据定理 5.3.1 可得 $(12)(34)(xy) \neq w' = (ab)(bd)(uv)$.

如果 $(xy) = (23)$, 那么有 $(12)(34)(23) = (1243)$. 若 $(uv) = (12)$, 则在 $(ab)(cd)(uv)$ 中 $2 \to 1$ 且 $(12)(34)(23) = (1243) \neq (ab)(cd)(uv)$. 若 $(uv) \neq (12)$, 则在 $(ab)(cd)(uv)$ 中 $1 \to 1$ 或 $1 \to 3$ 及 $(12)(34)(23) = (1243) \neq (ab)(cd)(uv)$.

如果 $(xy) = (45)$, 那么有 $(12)(34)(45) = (12)(345)$. 若 $(uv) \neq (12)$, 则在 $(ab)(cd)(uv)$ 中 $1 \to 1$ 或 $1 \to 3$ 及 $(12)(34)(45) = (12)(345) \neq (ab)(cd)(uv)$. 若 $(uv) = (12)$, 则在 $(ab)(cd)(uv)$ 中 $3 \to 3$ 或 $3 \to 2$ 及 $(12)(34)(45) = (12)(345) \neq (ab)(cd)(uv)$.

考虑 $(34)(56)(xy)$ 和 $(ab)(cd)(uv)$, $(xy) \in \{(i, i+1) : i = 1, 2, 3, \cdots, n-1\} \setminus \{(12), (34), (56)\}$. 如果 $\{x, y\} \cap \{3, 4, 5, 6\} = \varnothing$, 那么根据定理 5.3.1 有 $(34)(56)(xy) \neq w' = (ab)(bd)(uv)$.

如果 $(xy) = (23)$, 那么 $(34)(56)(xy) = (243)(56)$. 若 $(uv) = (12)$, 则在 $(ab)(cd)(uv)$ 中 $2 \to 1$ 及 $(34)(56)(xy) \neq (ab)(cd)(uv)$. 若 $(uv) \neq (12)$, 则在 $(ab)(cd)(uv)$ 中 $1 \to 1$ 或 $1 \to 3$ 及 $(34)(56)(xy) \neq (ab)(cd)(uv)$.

如果 $(xy) = (45)$, 那么 $(34)(56)(xy) = (3465)$. 若 $(uv) \neq (12)$, 则在 $(ab)(cd)(uv)$ 中 $1 \to 1$ 或 $1 \to 3$ 及 $(34)(56)(xy) \neq (ab)(cd)(uv)$. 若 $(uv) = (12)$, 则在 $(ab)(cd)(uv)$ 中 $3 \to 3$ 或 $3 \to 2$ 及 $(34)(56)(xy) \neq (ab)(cd)(uv)$.

如果 $(xy) = (67)$, 那么有 $(34)(56)(xy) = (34)(567)$. 若 $(uv) \neq (12)$, 则在 $(ab)(cd)(uv)$ 中 $1 \to 1$ 或 $1 \to 3$ 及 $(34)(56)(xy) \neq (ab)(cd)(uv)$. 若 $(uv) = (12)$, 则在 $(ab)(cd)(uv)$ 中 $3 \to 3$ 或 $3 \to 2$ 且有 $(34)(56)(xy) \neq (ab)(cd)(uv)$.

同理, 考虑 $(12)(56)(xy)$ 和 $(ab)(cd)(uv)$. 易知 $(12)(56)(xy) \neq (ab)(cd)(uv)$. 因此, $|N(v) \cap N(A)| \leqslant 2$.

综合情形 1 和情形 2, 断言 2 证毕.

根据断言 2, 可得当 $n \geqslant 7$ 时在 $B_n - (F_1 \cup F_2)$ 中 $d(v) \geqslant n-1-3 \geqslant 3$ 且 F_1 是 B_n 的一个 3 好邻割. $\square$

引理 5.3.13[77] 令 $n \geqslant 7$. 泡型图 B_n 在 PMC 模型下的 3 好邻诊断度 $t_3^{PMC}(B_n) \leqslant 8n - 25$.

证明 令 A 的定义如同引理 5.3.12 中的定义, 并令 $F_1 = N_{B_n}(A)$, $F_2 = A \cup N_{B_n}(A)$. 根据引理 5.3.12, 可得 $|F_1| = 8n-32$, $|F_2| = 8n-24$, $\delta(B_n - F_1) \geqslant 3$, $\delta(B_n - F_2) \geqslant 3$. 于是, 可得 F_1 与 F_2 均是 B_n 的 3 好邻集且 $|F_1| = 8n-32$, $|F_2| = 8n-24$. 根据已知条件 $A = F_1 \triangle F_2$, $N_{B_n}(A) = F_1 \subset F_2$, 可知 $V(B_n) \setminus (F_1 \cup F_2)$ 与 $F_1 \triangle F_2$ 之间没有边. 根据引理 3.1, 可证 B_n 在 PMC 模型下不是 3 好邻可诊断的. 因此, 根据 g 好邻诊断度的定义, 可证 B_n 的 3 好邻诊断度小于或者等于 $8n-24$, 即 $t_3^{PMC}(B_n) \leqslant 8n - 25$. $\square$

引理 5.3.14[77] 令 H 为 B_n 中满足 $\delta(H) = 3$ 的子图, 那么 $|V(H)| \geqslant 8$.

证明 根据 B_n 的定义, 可知其不含 $K_{3,3}$ 子图.

反证法. 假设在 B_n 中存在一个满足 $\delta(H) = 3$ 的子图 H, 使得 $|V(H')| = 7$. 注意到 B_n 是偶图. 令 $V(H') = (U, W)$, 其中 $|U| = 3$ 及 $|W| = 4$. 根据性质 5.3.1, 可令 $W = \{(1), x, y, z\}$ 及 $U = \{a, b, c\}$. 因为 $\delta(H') \geqslant 3$, 所以有 $N(x) \cap N(y) = \{a, b, c\}$. 这与引理 5.3.2 相矛盾. 因此, $|V(H)| \geqslant 8$. $\square$

引理 5.3.15[77] 令 $n \geqslant 7$. 泡型图 B_n 在 PMC 模型下的 3 好邻诊断度 $t_3^{PMC}(B_n) \geqslant 8n - 25$.

证明 根据 g 好邻诊断度的概念, 只需证明 B_n 是 3 好邻 $(8n - 25)$ 可诊断的即可. 为证明该命题成立, 根据定理 3.1, 其等价于证明对于 $V(B_n)$ 的任一对不同的 3 好邻子集 F_1 与 F_2, 满足 $|F_1| \leqslant 8n - 25$, $|F_2| \leqslant 8n - 25$, 存在点 $u \in V(B_n) \setminus (F_1 \cup F_2)$, $v \in F_1 \triangle F_2$, 使得边 $uv \in E(B_n)$.

用反证法来证明该命题. 假设对于 $V(B_n)$ 存在一对不同的 3 好邻子集 F_1, F_2, 满足 $|F_1| \leqslant 4n-9$, $|F_2| \leqslant 4n-9$, 但顶点集对 (F_1, F_2) 不满足定理 3.1 的条件, 即 $V(B_n) \setminus (F_1 \cup F_2)$ 和 $F_1 \triangle F_2$ 的顶点间没有边. 不失一般性, 假定 $F_2 \setminus F_1 \neq \varnothing$.

若 $V(B_n) = F_1 \cup F_2$, 根据 B_n 的定义可得 $|F_1 \cup F_2| = |S_n| = n!$. 注意到当 $n \geqslant 7$ 时, 显然有 $n! > 16n - 50$. 于是, 可推得

$$n! = |V(B_n)| = |F_1 \cup F_2| = |F_1| + |F_2| - |F_1 \cap F_2|$$

$$\leqslant |F_1| + |F_2| \leqslant 2(8n - 25) = 16n - 50 < n!.$$

该式显然不成立. 因此, $V(B_n) \neq F_1 \cup F_2$.

根据假设 $V(B_n) \setminus (F_1 \cup F_2)$ 和 $F_1 \triangle F_2$ 的顶点间没有边, $B_n - F_1$ 有两部分 $B_n - F_1 - F_2$ 和 $B_n[F_2 \setminus F_1]$ 构成. 又因为 F_1 是一个 3 好邻集, 所以 $\delta(B_n - F_1 - F_2) \geqslant 3$, $\delta(B_n[F_2 \setminus F_1]) \geqslant 3$. 同理, 当 $F_1 \setminus F_2 \neq \varnothing$ 时, $\delta(B_n[F_1 \setminus F_2]) \geqslant 3$. 综合这两种情形可推出 $F_1 \cap F_2$ 是一个 3 好邻集. 特别地, 当 $F_1 \setminus F_2 = \varnothing$ 时, $F_1 \cap F_2 = F_1$ 也是一个 3 好邻集. 由于在 $V(B_n - F_1 - F_2)$ 和 $F_1 \triangle F_2$ 之间没有边, 所以 $F_1 \cap F_2$ 为 B_n 的一个 3 好邻割. 注意到 $n \geqslant 7$. 根据引理 5.3.6, $|F_1 \cap F_2| \geqslant 8n - 32$. 根据引理 5.3.14, $|F_2 \setminus F_1| \geqslant 8$. 于是,

$$
\begin{aligned}
|F_2| &= |F_2 \setminus F_1| + |F_1 \cap F_2| \\
&\geqslant 8 + (8n - 32) \\
&= 8n - 24.
\end{aligned}
$$

这显然与 $|F_2| \leqslant 8n - 25$ 矛盾.

因此, B_n 是 3 好邻 $(8n - 25)$ 可诊断的. 根据 g 好邻诊断度的定义, 可得 $t_3^{PMC}(B_n) \geqslant 8n - 25$. □

结合引理 5.3.13 和引理 5.3.15, 可得以下定理.

定理 5.3.4[77]　令 $n \geqslant 7$. 泡型图 B_n 在 PMC 模型下的 3 好邻诊断度 $t_3^{PMC}(B_n) = 8n - 25$.

5.3.3　泡型图在 MM* 模型下的 g 好邻诊断度

在本节中, 将证明当 $g = 0, 1, 2, 3$ 时, 泡型图 B_n 在 MM* 模型下的 g 好邻诊断度.

定理 5.3.5[71]　当 $n \geqslant 4$ 时, B_n 在 MM* 模型下的诊断度 $t^{MM^*}(G) = t_0^{MM^*}(G) = n - 1$.

引理 5.3.16[48]　图 $G = (V, E)$ 有完美匹配当且仅当对于所有的 $S \subseteq V$ 使得 $o(G - S) \leqslant |S|$.

引理 5.3.17[48]　令整数 $k \geqslant 0$. 每一个 k 正则二分图有 k 个边不相交的完美匹配.

注意到泡型图 B_n 是一个正则偶图. 根据引理 5.3.17 有如下推论.

推论 5.3.2[77]　泡型图 B_n 有完美的匹配.

引理 5.3.18[77]　令 $n \geqslant 4$. 泡型图 B_n 在 MM* 模型下的 1 好邻 (自然) 诊断度 $t_1^{MM^*}(B_n) \leqslant 2n - 3$.

证明　令 $u = (1)$, $v = (12)$. 根据 B_n 的定义可知, u 与 v 相邻. 令 $F_1 = N(\{u, v\})$, $F_2 = F_1 \cup \{u, v\}$. 根据引理 5.3.2, 可得 $|F_1| = 2n - 4$, $|F_2| = 2n - 2$. 令 $w \in V(B_n) \setminus (F_1 \cup F_2)$. 根据引理 5.3.2, 可得 $|N(v) \cap N((1))| \leqslant 2$, $|N(v) \cap N((12))| \leqslant 2$. 根据性质 5.3.2, 如果 $N(w) \cap N((1)) \neq \varnothing$, 那么 $N(w) \cap N((12)) =$

$\varnothing$; 如果 $N(w) \cap N((12)) \neq \varnothing$, 那么 $N(w) \cap N((1)) = \varnothing$. 因此, 在 $B_n - (F_1 \cup F_2)$ 中 $d(v) \geqslant n - 1 - 2 \geqslant 1$ ($n \geqslant 4$) 且 F_1 是 B_n 的一个 1 好邻割. 因此, $B_n - F_2$ 没有孤立点. 由于 $\{(1), (12)\} = F_1 \triangle F_2, F_1 \subset F_2, V(B_n) \setminus (F_1 \cup F_2)$ 和 $F_1 \triangle F_2$ 之间没有边. 根据定理 3.2, 可推出 B_n 在 MM* 模型下不是 1 好邻 $(2n - 2)$ 可诊断的. 因此, 根据 g 好邻诊断度的定义, 可得 $t_1^{MM^*}(B_n) \leqslant 2n - 3$. □

引理 5.3.19[77] 令 $n \geqslant 4$. 泡型图 B_n 在 MM* 模型下的 1 好邻 (自然) 诊断度 $t_1^{MM^*}(B_n) \geqslant 2n - 3$.

证明 设在 B_n 中 F_1, F_2 是两个不同的 1 好邻集满足 $|F_1| \leqslant 2n - 3, |F_2| \leqslant 2n - 3$. 若 $V(B_n) = F_1 \cup F_2$, 则有

$$
\begin{aligned}
n! = |V(B_n)| &= |F_1 \cup F_2| \\
&= |F_1| + |F_2| - |F_1 \cap F_2| \\
&\leqslant |F_1| + |F_2| \\
&\leqslant 2(2n - 3) \\
&= 4n - 6.
\end{aligned}
$$

当 $n \geqslant 4$ 时, 该式显然不成立. 因此, $V(B_n) \neq F_1 \cup F_2$. 注意到 $F_2 \triangle F_1 \neq \varnothing$.

根据 g 好邻诊断的定义, 命题只需证明 B_n 是 1 好邻 $(2n - 3)$ 可诊断的即可. 反证法. 根据定理 3.2, 假设在 B_n 中存在两个不同的 1 好邻集 F_1, F_2, 满足 $|F_1| \leqslant 2n - 3, |F_2| \leqslant 2n - 3$, 但顶点集对 (F_1, F_2) 不满足定理 3.2 的任何一个条件. 令 L 是 $B_n - F_1 - F_2$ 中孤立点组成的集合, $H = B_n - F_1 - F_2 - L$, 于是, $V(H)$ 和 $F_1 \triangle F_2$ 之间没有边, 或在 $G[L \cup (F_1 \setminus F_2)]$ 中不存在 wu, wv 或在 $G[L \cup (F_2 \setminus F_1)]$ 中不存在 wu, wv, 其中 $w \in L$. 不失一般性, 假定 $F_2 \setminus F_1 \neq \varnothing$.

断言 $B_n - F_1 - F_2$ 没有孤立点.

若 $F_1 \setminus F_2 = \varnothing$, 则 $F_1 \subseteq F_2$. 因为 F_2 是一个 1 好邻集, 所以 $B_n - F_2 = B_n - F_1 - F_2$ 没有孤立点. 断言 1 在此种情形下得证. 因此, 在下述的证明过程中可令 $F_1 \setminus F_2 \neq \varnothing$.

反证法. 假设 $B_n - F_1 - F_2$ 至少有一个孤立点 w. 由于 F_1 是一个 1 好邻集, 因此存在一点 $u \in F_2 \setminus F_1$ 使得 u 与 w 相邻. 又因为顶点对 (F_1, F_2) 不满足定理 3.2 中的任何一个条件, 所以至多存在一点 $u \in F_2 \setminus F_1$ 使得 u, w 相邻. 因此, 恰好仅有一点 $u \in F_2 \setminus F_1$ 使得 u 和 w 相邻. 同理可证, 恰好仅有一点 $v \in F_2 \setminus F_1$ 使得 v 和 w 相邻. 对于任一点 $w \in L$, 在 $F_1 \cap F_2$ 中有 $(n - 3)$ 个邻点. 根据推论 5.3.2, 可得 B_n 具有完美匹配. 根据引理 5.3.16, 可得

$$
|L| \leqslant o(B_n - (F_1 \cup F_2))
$$

$$\leqslant |F_1 \cup F_2|$$
$$\leqslant |F_1| + |F_2| - |F_1 \cap F_2|$$
$$\leqslant 2(2n - 3) - (n - 3)$$
$$= 3n - 3.$$

假定 $V(H) = \varnothing$. 注意到

$$n! = |V(B_n)|$$
$$= |F_1 \cup F_2| + |L|$$
$$\leqslant 2(3n - 3)$$
$$= 6n - 6.$$

该式在 $n \geqslant 4$ 时矛盾. 故 $V(H) \neq \varnothing$.

由于顶点对 (F_1, F_2) 不满足定理 3.2 中的条件且 H 中不含孤立点, 可推出 $V(H)$ 和 $F_1 \triangle F_2$ 顶点间没有边. 因此, $F_1 \cap F_2$ 是 B_n 的一个点割且 $\delta(B_n - (F_1 \cap F_2)) \geqslant 1$, 即 $F_1 \cap F_2$ 是 B_n 的一个 1 好邻割. 根据引理 5.3.4, $|F_1 \cap F_2| \geqslant 2n - 4$. 由于 $|F_1| \leqslant 2n - 3, |F_2| \leqslant 2n - 3$ 及 $F_1 \setminus F_2 \neq \varnothing$, $F_2 \setminus F_1 \neq \varnothing$, 故

$$|F_1 \setminus F_2| = |F_2 \setminus F_1| = 1.$$

令 $F_1 \setminus F_2 = \{v_1\}$, $F_2 \setminus F_1 = \{v_2\}$. 对于任一点 $w \in L$, w 分别与 v_1, v_2 相邻. 根据引理 5.3.2, 在 B_n 中对于任一对顶点至多存在 2 个公共邻点. 因此, 在 $B_n - F_1 - F_2$ 中最多有两个孤立的顶点, 即 $|L| \leqslant 2$.

假设 $B_n - F_1 - F_2$ 中恰有一个孤立点 v. 令 v_1, v_2 均与 v 相邻. 于是, $N_{B_n}(v) \setminus \{v_1, v_2\} \subseteq F_1 \cap F_2$. 由于 B_n 不含 3 圈, 易知

$$N_{B_n}(v_1) \setminus \{v\} \subseteq F_1 \cap F_2, \quad N_{B_n}(v_2) \setminus \{v\} \subseteq F_1 \cap F_2,$$
$$|(N_{B_n}(v) \setminus \{v_1, v_2\}) \cap (N_{B_n}(v_1) \setminus \{v\})| = 0,$$
$$|(N_{B_n}(v) \setminus \{v_1, v_2\}) \cap (N_{B_n}(v_2) \setminus \{v\})| = 0,$$
$$|[N_{B_n}(v_1) \setminus \{v\}] \cap [N_{B_n}(v_2) \setminus \{v\}]| \leqslant 1.$$

于是

$$|F_1 \cap F_2| \geqslant |N_{B_n}(v) \setminus \{v_1, v_2\}| + |N_{B_n}(v_1) \setminus \{v\}| + |N_{B_n}(v_2) \setminus \{v\}|$$
$$\geqslant (n - 1 - 2) + (n - 1 - 1) + (n - 1 - 1) - 1$$
$$= 3n - 8.$$

由此, 在 $n \geqslant 4$ 时可得

$$
\begin{aligned}
|F_2| &= |F_2 \setminus F_1| + |F_1 \cap F_2| \\
&\geqslant 1 + 3n - 8 \\
&= 3n - 7 \\
&> 2n - 3.
\end{aligned}
$$

这与 $|F_2| \leqslant 2n - 3$ 相矛盾.

假设 $B_n - F_1 - F_2$ 中恰有两个孤立点 v, w. 令 v_1, v_2 分别与 v, w 相邻. 故有

$$N_{B_n}(v) \setminus \{v_1, v_2\} \subseteq F_1 \cap F_2, \quad N_{B_n}(w) \setminus \{v_1, v_2\} \subseteq F_1 \cap F_2,$$

$$N_{B_n}(v_1) \setminus \{v, w\} \subseteq F_1 \cap F_2, \quad N_{B_n}(v_2) \setminus \{v, w\} \subseteq F_1 \cap F_2,$$

$$|(N_{B_n}(v) \setminus \{v_1, v_2\}) \cap (N_{B_n}(v_1) \setminus \{v, w\})| = 0,$$

$$|(N_{B_n}(v) \setminus \{v_1, v_2\}) \cap (N_{B_n}(v_2) \setminus \{v, w\})| = 0,$$

$$|(N_{B_n}(w) \setminus \{v_1, v_2\}) \cap (N_{B_n}(v_1) \setminus \{v, w\})| = 0,$$

$$|(N_{B_n}(w) \setminus \{v_1, v_2\}) \cap (N_{B_n}(v_2) \setminus \{v, w\})| = 0,$$

$$|[N_{B_n}(v_1) \setminus \{v, w\}] \cap [N_{B_n}(v_2) \setminus \{v, w\}]| = 0.$$

根据引理 5.3.2, B_n 中任一对顶点至多有两个公共邻点. 由此可以得出

$$|(N_{B_n}(v) \setminus \{v_1, v_2\}) \cap (N_{B_n}(w) \setminus \{v_1, v_2\})| = 0.$$

于是

$$
\begin{aligned}
|F_1 \cap F_2| &\geqslant |N(v) \setminus \{v_1, v_2\}| + |N(w) \setminus \{v_1, v_2\}| + |N(v_1) \setminus \{v, w\}| \\
&\quad + |N(v_2) \setminus \{v, w\}| \\
&= (n - 1 - 2) + (n - 1 - 2) + (n - 1 - 2) + (n - 1 - 2) \\
&= 4n - 12.
\end{aligned}
$$

因而可断定

$$|F_2| = |F_2 \setminus F_1| + |F_1 \cap F_2| \geqslant 1 + 4n - 12 = 4n - 11 > 2n - 3 \quad (n \geqslant 4).$$

这显然与 $|F_2| \leqslant 2n - 3$ 矛盾. 断言证毕.

令点 $u \in V(B_n) \setminus (F_1 \cup F_2)$. 根据断言, u 在 $B_n - F_1 - F_2$ 中至少有一个邻点. 因为顶点对 (F_1, F_2) 不满足定理 3.2 的任一条件, 所以对于任一对相邻的顶点 $u, w \in V(B_n) \setminus (F_1 \cup F_2)$ 不存在点 $v \in F_1 \triangle F_2$ 使得 $uv \in E(B_n)$ 或 $wv \in E(B_n)$.

因而, u 在 $F_1 \triangle F_2$ 中没有邻点. 根据点 u 的任意性, 可证 $V(B_n) \setminus (F_1 \cup F_2)$ 和 $F_1 \triangle F_2$ 的顶点间没有边. 由于 $F_2 \setminus F_1 \neq \varnothing$, F_1 是一个 1 好邻集, 可得 $\delta_{B_n}([F_2 \setminus F_1]) \geqslant 1$ 且进而有 $|F_2 \setminus F_1| \geqslant 2$. 因为 F_1, F_2 均为 1 好邻集且 $V(B_n) \setminus (F_1 \cup F_2)$ 和 $F_1 \triangle F_2$ 之间没有边, 所以 $F_1 \cap F_2$ 是 B_n 的一个 1 好邻割. 根据引理 5.3.4, 可得 $|F_1 \cap F_2| \geqslant 2n - 4$. 于是,

$$|F_2| = |F_2 \setminus F_1| + |F_1 \cap F_2|$$
$$\geqslant 2 + 2n - 4$$
$$= 2n - 2.$$

这与 $|F_2| \leqslant 2n - 3$ 矛盾. 因此, B_n 是 1 好邻 $(2n - 3)$ 可诊断的. 根据 g 好邻诊断度的定义, $t_1^{MM^*}(B_n) \geqslant 3n - 4$. □

结合引理 5.3.18 和引理 5.3.19, 可得以下定理.

定理 5.3.6[77]　令 $n \geqslant 5$. 泡型图 B_n 在 MM* 模型下的 1 好邻 (自然) 诊断度 $t_1^{MM^*}(B_n) = 2n - 3$.

引理 5.3.20[77]　令 $n \geqslant 4$. 泡型图 B_n 在 MM* 模型下的 2 好邻诊断度 $t_2^{MM^*}(B_n) \leqslant 4n - 9$.

证明　令 A, F_1, F_2 的定义如同引理 5.3.8 中的定义. 于是, 有 $F_1 = N_{B_n}(A)$, $F_2 = A \cup N_{B_n}(A)$. 根据引理 5.3.8, 可得 $|F_1| = 4n - 12$, $|F_2| = 4n - 8$, $\delta(B_n - F_1) \geqslant 2$, $\delta(B_n - F_2) \geqslant 2$. 故 F_1, F_2 都是 2 好邻集. 根据 F_1, F_2 的定义, 可知 $F_1 \triangle F_2 = A$. 注意到

$$F_1 \setminus F_2 = \varnothing, \quad F_2 \setminus F_1 = A \quad 及 \quad (V(B_n) \setminus (F_1 \cup F_2)) \cap A = \varnothing.$$

于是, 可得 F_1 与 F_2 均不满足定理 3.2 中的任一条件且 B_n 不是 2 好邻 $(4n - 8)$ 可诊断的. 因此, $t_2^{MM^*}(B_n) \leqslant 4n - 9$. □

引理 5.3.21[77]　令 $n \geqslant 4$. 泡型图 B_n 在 MM* 模型下的 2 好邻诊断度大于等于 $4n - 9$, 即 $t_2^{MM^*}(B_n) \geqslant 4n - 9$.

证明　设在 B_n 中 F_1, F_2 是两个不同的 2 好邻集, 满足 $|F_1| \leqslant 4n - 9$, $|F_2| \leqslant 4n - 9$. 若 $V(B_n) = F_1 \cup F_2$, 则有

$$n! = |V(B_n)|$$
$$= |F_1 \cup F_2| = |F_1| + |F_2| - |F_1 \cap F_2|$$
$$\leqslant |F_1| + |F_2|$$
$$\leqslant 2(4n - 9)$$
$$= 8n - 18.$$

显然当 $n \geqslant 4$ 时, 该式不成立. 因此, $V(B_n) \neq F_1 \cup F_2$. 注意到 $F_2 \triangle F_1 \neq \varnothing$.

根据 2 好邻诊断度的定义, 只需证明 B_n 是 2 好邻 $(4n-9)$ 可诊断的. 根据定理 3.2, 采用反证法, 假设在 B_n 中存在两个不同的 2-好邻集 F_1 和 F_2 且满足 $|F_1| \leqslant 4n-9$, $|F_2| \leqslant 4n-9$, 但顶点对 (F_1, F_2) 不满足定理 3.2 中的任一条件. 不失一般性, 假定 $F_2 \setminus F_1 \neq \varnothing$.

断言 $B_n - F_1 - F_2$ 不存在孤立点.

反证法. 假设 $B_n - F_1 - F_2$ 至少存在一个孤立点 w. 由于 F_1 是一个 2 好邻集, 因此存在两个顶点 $u, v \in F_2 \setminus F_1$, 使得 u, v 均与 w 相邻. 这与前提假设顶点对 (F_1, F_2) 不满足定理 3.2 中的任一条件矛盾. 因此, $BS_n - F_1 - F_2$ 没有孤立点. 断言证毕.

令 $u \in V(B_n) \setminus (F_1 \cup F_2)$. 根据断言, u 在 $B_n - F_1 - F_2$ 中至少有一个邻点. 由于顶点对 (F_1, F_2) 不满足定理 3.2 的任一条件, 根据定理 3.2 的条件, 对于任一对相邻的顶点 $u, w \in V(B_n) \setminus (F_1 \cup F_2)$, 不存在点 $v \in F_1 \triangle F_2$ 使得 $uv \in E(B_n)$ 或 $vw \in E(B_n)$. 因此, 可推得 u 没有邻点在 $F_1 \triangle F_2$ 中. 根据 u 的任意性, $V(B_n) \setminus (F_1 \cup F_2)$ 和 $F_1 \triangle F_2$ 的顶点间没有边. 注意到 $F_2 \setminus F_1 \neq \varnothing$ 且 F_1 是一个 2 好邻集. 故有 $\delta_{B_n}([F_2 \setminus F_1]) \geqslant 2$. 根据引理 5.3.10, $|F_2 \setminus F_1| \geqslant 4$. 因为 F_1, F_2 均是 2 好邻集且 $V(B_n) \setminus (F_1 \cup F_2)$ 和 $F_1 \triangle F_2$ 之间没有边, 所以 $F_1 \cap F_2$ 为 B_n 的一个 2 好邻割. 根据引理 5.3.5, $|F_1 \cap F_2| \geqslant 4n-12$. 于是

$$|F_2| = |F_2 \setminus F_1| + |F_1 \cap F_2| \geqslant 4 + (4n-12) = 4n-8.$$

这显然与 $|F_2| \leqslant 4n-9$ 矛盾. 因此, B_n 是 2 好邻 $(4n-9)$ 可诊断的, 即 $t_2^{MM^*}(B_n) \geqslant 4n-9$. $\quad\square$

结合引理 5.3.20 和引理 5.3.21, 可得以下定理.

定理 5.3.7[77] 令 $n \geqslant 4$. 泡型图 B_n 在 MM* 模型下的 2 好邻诊断度 $t_2^{MM^*}(B_n) = 4n-9$.

特别需要指出的是, B_4 是满足定理 3.2 中充分条件的最小泡型图. 由于 B_3 是一个 6 圈且同构于 3 维星图 S_3^*, 因此 B_3 不是 2 好邻 3 可诊断的[63].

引理 5.3.22[77] 令 $n \geqslant 7$. 泡型图 B_n 在 MM* 模型下的 3 好邻诊断度 $t_3^{MM^*}(B_n) \leqslant 8n-25$.

证明 令 A, F_1, F_2 的定义如同在引理 5.3.12 中的定义. 根据引理 5.3.12, 可得 $F_1 = N_{B_n}(A)$, $F_2 = A \cup N_{B_n}(A)$ 且有 $|F_1| = 8n-32$, $|F_2| = 8n-24$, $\delta(B_n - F_1) \geqslant 3$, $\delta(B_n - F_2) \geqslant 3$. 故 F_1, F_2 都是 3 好邻集. 根据 F_1, F_2 的定义, 可知 $F_1 \triangle F_2 = A$. 注意到

$$F_1 \setminus F_2 = \varnothing, \quad F_2 \setminus F_1 = A, \quad (V(B_n) \setminus (F_1 \cup F_2)) \cap A = \varnothing.$$

于是, 易知 F_1 与 F_2 均不满足定理 3.2 的任一条件且 B_n 不是 3 好邻 $(8n-25)$ 可诊断的. 因此, $t_3^{MM^*}(B_n) \leqslant 8n-25$. $\quad\square$

引理 5.3.23[77] 令 $n \geqslant 7$. 泡型图 B_n 在 MM* 模型下的 3 好邻诊断度 $t_3^{MM^*}(B_n) \geqslant 8n - 25$.

证明 根据 g 好邻诊断度的定义, 仅需证明 B_n 是 3 好邻 $(8n - 25)$ 可诊断的即可. 证明采用反证法. 根据定理 3.2, 假设在 B_n 中存在一对不同的 3 好邻集 F_1, F_2 且有 $|F_1| \leqslant 8n - 25$, $|F_2| \leqslant 8n - 25$, 但顶点对 (F_1, F_2) 不满足定理 3.2 中的任一条件. 不失一般性, 假定 $F_2 \setminus F_1 \neq \varnothing$. 类似于在引理 5.3.19 中对 $V(B_n) \neq F_1 \cup F_2$ 的讨论, 易证 $V(B_n) \neq F_1 \cup F_2$.

断言 $B_n - F_1 - F_2$ 中不存在孤立点.

采用反证法. 假设 $B_n - F_1 - F_2$ 至少含一个孤立点 w. 由于 F_1 是一个 3 好邻集, 因此存在三个顶点 $u, v, x \in F_2 \setminus F_1$, 使得 u, v, x 均与 w 相邻, 即 $uw, vw, xw \in E(B_n)$. 但这与前提假设对于任一顶点对 (F_1, F_2) 不满足定理 3.2 中的任一条件矛盾. 因此, $BS_n - F_1 - F_2$ 没有孤立点. 断言证毕.

令顶点 $u \in V(B_n) \setminus (F_1 \cup F_2)$. 根据断言, u 在 $B_n - F_1 - F_2$ 中至少有一个邻点. 由于顶点对 (F_1, F_2) 不满足定理 3.2 的任一条件, 根据定理 3.2 的条件 (1), 可得对于任一对相邻的顶点 $u, w \in V(B_n) \setminus (F_1 \cup F_2)$, 不存在点 $v \in F_1 \triangle F_2$ 使得 $uv \in E(B_n)$ 或 $vw \in E(B_n)$. 因此, $F_1 \triangle F_2$ 中点 u 在 $V(B_n) \setminus (F_1 \cup F_2)$ 没有邻点. 注意到 B_n 是点可传递的. 根据 u 的任意性, $V(B_n) \setminus (F_1 \cup F_2)$ 与 $F_1 \triangle F_2$ 的顶点间没有边. 注意到 $F_2 \setminus F_1 \neq \varnothing$ 且 F_1 是一个 3 好邻集. 故而, $\delta_{B_n}([F_2 \setminus F_1]) \geqslant 2$. 根据引理 5.3.14, $|F_2 \setminus F_1| \geqslant 8$. 又因为 F_1, F_2 均是 3 好邻集且 $V(B_n) \setminus (F_1 \cup F_2)$ 和 $F_1 \triangle F_2$ 间没有边, 所以 $F_1 \cap F_2$ 为 B_n 的一个 3 好邻割. 根据引理 5.3.6, $|F_1 \cap F_2| \geqslant 8n - 32$. 于是

$$\begin{aligned} |F_2| &= |F_2 \setminus F_1| + |F_1 \cap F_2| \\ &\geqslant 8 + (8n - 32) \\ &= 8n - 24. \end{aligned}$$

这显然与 $|F_2| \leqslant 8n - 25$ 矛盾. 因此, B_n 是 3 好邻 $(8n - 25)$ 可诊断的, 即 $t_3^{MM^*}(B_n) \geqslant 8n - 25$. $\qquad\qquad\qquad\qquad\qquad\qquad\qquad\qquad\qquad\qquad\square$

结合引理 5.3.22 和引理 5.3.23, 可得以下定理.

定理 5.3.8[77] 令 $n \geqslant 7$. 泡型图 B_n 在 MM* 模型下的 3 好邻诊断度 $t_3^{MM^*}(B_n) = 8n - 25$.

5.3.4 本节小结

泡型图 B_n 作为一种著名的互连网络拓扑结构有着较好的路由性质. 它同时也是对换树生成的凯莱图的一种特例, 具备了凯莱图的所有特性.

本节首先证明了 B_n 在 PMC 和 MM* 模型下的传统诊断度 $(g = 0)$

$$t(B_n) = t_0(B_n) = n - 1, \quad n \geqslant 4.$$

然后分别证明了 B_n 当 $g = 1, 2, 3$ 时在 PMC 模型和 MM* 模型下的 g 好邻诊断度

$$\begin{cases} t_1^{PMC}(B_n) = 2n - 3, & n \geqslant 4, \\ t_1^{MM^*}(B_n) = 2n - 3, & n \geqslant 5, \end{cases}$$

以及

$$\begin{cases} t_2^{PMC}(B_n) = t_2^{MM^*} = 4n - 9, & n \geqslant 4, \\ t_3^{PMC}(B_n) = t_3^{MM^*} = 8n - 25, & n \geqslant 7. \end{cases}$$

通过对 B_n 在 $g = 0, 1, 2, 3$ 时的 g 好邻诊断度研究, 不仅给出了它们的诊断度以便工程师能够快速应用到系统中进行故障诊断, 也为下一步的理论研究打好了归纳基础.

5.4 星图的 g 好邻诊断度

5.4.1 预备知识

一个星图是对换树图的另一种特例, 其生成的简单图为一颗星 $K_{1,n-1}$. 作为一种特殊的凯莱图, 在文献 [56] 中被提出并作为大规模并行计算机中著名的拓扑结构, 是超立方体的一个有吸引力的替代方案. 本节将分别给出星图 S_n^* 在 PMC 和 MM* 模型下的 g 好邻诊断度.

定义 5.4.1[56] 一个 n 维星图 (star graphs), 记作 S_n^*, 它的顶点集是 $V(S_n^*) = S_n$. S_n^* 中任意两点 u, v 相邻当且仅当 $u = v(1, i)$, $2 \leqslant i \leqslant n$ (图 5.5).

泡型图和星图等的各项基本参数见表 5.1.

一个 n 维星图 S_n^* 作为一种著名的互连网络拓扑结构, 有着许多较好的互连网络特性, 如节点度低、直径小、可划分性好、对称性好、容错度高等. 这些特性在文献 [63, 64, 78–91] 中均有详细的研究.

令 $S = \{(1, 2), (1, 3), \cdots, (1, n)\}$. 于是, S 是 S_n^* 的一个生成集. 此外, 若将顶点集 $V(S_n^*)$ 分为奇置换集合和偶置换集合, 那么可知每一条边连接一个奇置换的顶点和一个偶置换的顶点. 于是, 奇置换集合和偶置换集合分别是 S_n^* 的两个独立集. 注意到 S_n^* 是一个特殊的凯莱图, 其具有凯莱图所具有的特性. 故 S_n^* 有如下一些基本的性质和引理.

性质 5.4.1 S_n^* 的顶点数为 $n!$, 直径为 $\left\lfloor \dfrac{3(n-1)}{2} \right\rfloor$.

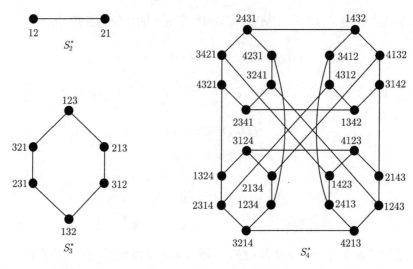

图 5.5　星图 S_2^*, S_3^*, S_4^*

表 5.1 Q_n, B_n, S_n^*, BS_n 的基本参数

图	顶点数	边数	度	直径	连通度	传统诊断度
Q_n	2^n	$n \times 2^{n-1}$	n	n	n	n
B_n	$n!$	$\dfrac{n! \times (n-1)}{2}$	$n-1$	$\dfrac{n(n-1)}{2}$	$n-1$	$n-1$
S_n^*	$n!$	$\dfrac{n! \times (n-1)}{2}$	$n-1$	$\left\lfloor \dfrac{3(n-1)}{2} \right\rfloor$	$n-1$	$n-1$
BS_n	$n!$	$\dfrac{n! \times (2n-3)}{2}$	$2n-3$	$\left\lfloor \dfrac{3(n-1)}{2} \right\rfloor$	$2n-3$	$2n-3$

性质 5.4.2　对于任意正整数 $n \geqslant 1$, S_n^* 是 $(n-1)$ 正则的、点和边传递的.

性质 5.4.3　对于任意正整数 $n \geqslant 2$, S_n^* 是偶图.

性质 5.4.4　对于任意正整数 $n \geqslant 3$, S_n^* 的围长是 6.

引理 5.4.1[78]　令 $n \geqslant 2$ 及 $u, v \in V(S_n^*)$. 如果 u, v 相邻, 那么 $|N_{B_n}(\{u,v\})| = 2n-4$.

引理 5.4.2[64]　对于星图 S_n^*, $\kappa^{(g)}(S_n^*) = (g+1)!(n-g-1)$ $(0 \leqslant g \leqslant n-2)$.

引理 5.4.3[58]　在 S_n^* 中每一个同构于 $Cay(X_{n-k}, S_{n-k})$ 的子图都可以用一个包含 $(n-k)$ 个 X 的 n 长字符串唯一表示.

引理 5.4.4[78]　令 $n \geqslant 5$. $t_c^{PMC}(S_n^*) = 8n - 21$.

引理 5.4.5[92]　令 $n \geqslant 4$. $t_c^{MM^*}(S_n^*) = 3n - 7$.

给定一个整数 $n \geqslant 1$, 令 $N_n = \{1, 2, \cdots, n\}$,

$$X^t = \underbrace{XX \cdots X}_{t}.$$

对于字符串 $X^{g+1}(g+2)\cdots n$, X 被认为是 N_n 中剩余的 $1, 2, \cdots, g+1$ 中 $(g+1)$ 个元素的一个变量, 并令

$$A = \{X^{g+1}(g+2)\cdots n\}.$$

5.4.2 星图在 PMC 模型下的 g 好邻诊断度

定理 5.4.1[78] 令 $n \geqslant 3$. 在 PMC 模型下, $t_0^{PMC}(S_n^*) = t^{PMC}(S_n^*) = n - 1$.

引理 5.4.6[93] 令 A 的定义如上, $n \geqslant 4$, $0 \leqslant g \leqslant n-2$, 并令 $F_1 = N_{S_n^*}(A)$, $F_2 = A \cup N_{S_n^*}(A)$. 于是, $|F_1| = (g+1)!(n-g-1)$, $|F_2| = (g+1)!(n-g)$, $\delta(S_n^* - F_1) \geqslant g$ 且 $\delta(S_n^* - F_2) \geqslant n - 2$.

证明 注意到

$$S_n^*[A] \cong S_{g+1}^*, \quad |A| = (g+1)!.$$

令

$$X_n = \{(1,2), (1,3), \cdots, (1,n)\}.$$

于是, X_{g+1} 是 A 的一个生成集. 令 $a \in A$, $a \neq (1)$ 及 $g+2 \leqslant x \leqslant n$. 那么有 $a(1,x) \in N_{S_n^*}(A)$. 注意到 $(1) \in A$, $(1,y) \in N_{S_n^*}(A)$ $(g+2 \leqslant y \leqslant n)$. 在置换 a 中易得到 $x \to x$. 因此, 在置换 $a(1,x)$ 中有 $1 \to x$. 如果 $a(1,x) = (1,y)$, 那么 $(1,x) = (1,y)$. 这与 $a \neq (1)$ 矛盾. 于是, $a(1,x) \neq (1,y)$. 根据性质 5.4.2, $N_{S_n^*}(A)$ 中的每对顶点各不相同. 因为

$$|N_{S_n^*}(a)| = n - 1, \quad |N_{S_n^*[A]}(a)| = g,$$

所以

$$|N_{S_n^*}(a) \setminus A| = n - g - 1.$$

又因为 $|A| = (g+1)!$, 所以

$$|F_1| = |N_{S_n^*}(A)| = (g+1)!(n-g-1),$$

$$\begin{aligned}
|F_2| &= |A \cup N_{S_n^*}(A)| \\
&= |A| + |N_{S_n^*}(A)| \\
&= (g+1)! + (g+1)!(n-g-1) \\
&= (g+1)!(n-g).
\end{aligned}$$

根据 A 的定义, $S_n^* - F_1$ 有两个分支 $S_n^*[A] = S_{g+1}$, $S_n^* - F_2$. 显然,

$$\delta(S_n^*[A]) = \delta(S_{g+1}) = g.$$

注意到 $a(1,x),(1,y) \in N_{S_n^*}(A)$. 令

$$g+2 \leqslant l, \quad z \leqslant n, \quad l \neq x, \quad z \neq y.$$

由于 $l \neq x$, 可得 $a(1,x)(1,l) \notin A$. 同理, $(1,y)(1,z) \notin A$. 假定 $(1,y)(1,z) = a(1,x)$. 易知 $1 \to x$ 在置换 $a(1,x)$ 中及 $1 \to z$ 在置换 $(1,y)(1,z)$ 中. 由于 $(1,y)(1,z) = a(1,x)$, 可得 $x = z$. 根据引理 5.3.1, $(1,y) = a$, 显然与假设矛盾. 因此, $(1,y)(1,z) \neq a(1,x)$ 且 $(1,y)(1,z) \notin F_1$. 根据性质 5.4.2, 可知 $(1,y)(1,z), a(1,x)(1,l) \notin F_1$. 于是

$$(1,y)(1,z), a(1,x)(1,l) \in N_{S_n^*}(F_1) \setminus A,$$
$$(1,y)(1,z), a(1,x)(1,l) \in V(S_n^* - F_2).$$

假定 $(1,y)(1,z) = a(1,x)(1,l)$. 可知在置换 $a(1,x)(1,l)$ 中 $l \to x$ 及在置换 $(1,y)(1,z)$ 中 $z \to y$. 令 $x, l \neq z$. 可得在置换 $a(1,x)(1,l)$ 中 $z \to z$, 与假设矛盾. 令 $l \neq z, x = z$. 那么在置换 $a(1,x)(1,l)$ 中 $z \to m(1 \leqslant m \leqslant g+1)$, 这也与假设矛盾. 令 $l = z$. 由于 $(1,y)(1,z) = a(1,x)(1,l)$, 可得 $x = y$. 根据引理 5.3.1, $a = (1)$, 与假设同样矛盾. 因此, $(1,y)(1,z) \neq a(1,x)(1,l)$. 根据性质 5.4.2, $N_{S_n^*}(F_1) \setminus A$ 中每对顶点各不相同. 于是, $v \in V(S_n^* - F_2)$ 至多与 F_2 中的一个顶点相邻. 根据性质 5.4.2, 可得

$$\delta(S_n^* - F_2) \geqslant (n-1) - 1 = n - 2.$$

结合 $0 \leqslant g \leqslant n-2$, $\delta(S_n^* - F_2) \geqslant n-2$, 可得 $\delta(S_n^* - F_1) \geqslant g$. □

引理 5.4.7[93] 令 $H \subseteq V(S_n^*)$ 且满足 $\delta(S_n^*[H]) \geqslant g \ (0 \leqslant g \leqslant n-2)$. 那么有 $|H| \geqslant (g+1)!$.

证明 根据条件, 显然 $S_n^*[H]$ 是连通的. 考虑如下断言.

断言 S_{g+1}^* 是满足 $\delta(S_{g+1}^*) \geqslant g$ 的顶点数最少的图.

通过对 g 进行归纳证明该断言.

当 $g = 1 \ (g = 0)$ 时, 显然结论成立, 即 $S_2^* \ (S_1^*)$ 是满足 $g = 1 \ (g = 0)$ 的顶点数最少的图.

当 $g = 2$ 时, 根据性质 5.4.4, S_n^* 的围长是一个 6 圈 C. 由于 S_3^* 同构于 C, S_3^* 是满足 $g = 2$ 的顶点数最少的图.

假设当 $g = k - 1$ 时, S_k^* 是满足 $g = k - 1$ 的顶点数最少的图. 断言转化证明, 当 $g = k$ 时结论成立.

注意到 S_n^* 是一个分层网络 (图 5.5). 由于 S_k^* 是 $(k-1)$ 正则的, $\delta(S_l^*) \geqslant k$

$(l \geqslant k+1)$. 令

$$(k+1,i)S_k^* = S_n^*[\{(k+1,i)x : x \in V(S_k^*)\}], \quad S = \bigcup_{i=1}^{k+1} V((k+1,i)S_k^*).$$

因为 S_k^* 是满足 $\delta(S_k^*) = k-1$ 的顶点数最少的图, 所以 $S_n^*[S]$ 是满足 $\delta(S_n^*[S]) = k$ 顶点数最少的图. 又由于 $S_{k+1}^* = S_n^*[S]$, 可证 S_{k+1}^* 是满足 $\delta(S_{k+1}^*) = k$ 顶点数最少的图. 断言证毕.

根据断言, 可证 $|H| \geqslant |V(S_{g+1}^*)| = (g+1)!$. □

引理 5.4.8[93] 令 $n \geqslant 4, 0 \leqslant g \leqslant n-2$. n 维星图 S_n^* 在 PMC 模型下的 g 好邻诊断度 $t_g^{PMC}(S_n^*) \leqslant (g+1)!(n-g) - 1$.

证明 采用引理 5.4.6 中的符号及定义, 可知 F_1, F_2 均是 S_n^* 中满足 $|F_1| \leqslant (g+1)!(n-g)$, $|F_2| \leqslant (g+1)!(n-g)$ 的 g 好邻集. 因为

$$A = F_1 \triangle F_2, \quad N_{S_n^*}(A) = F_1 \subset F_2,$$

所以在 S_n^* 中, $V(S_n^*) \setminus (F_1 \cup F_2)$ 和 $F_1 \triangle F_2$ 之间不存在边. 根据定理 3.1, 可推出 S_n^* 在 PMC 模型下不是 g 好邻 $((g+1)!(n-g))$ 可诊断的. 因此, 根据 g 好邻诊断度的定义, 可知 S_n^* 在 PMC 模型下的诊断度小于 $(g+1)!(n-g)$, 即 $t_g^{PMC}(S_n^*) \leqslant (g+1)!(n-g) - 1$. □

引理 5.4.9 令 $n \geqslant 4, 0 \leqslant g \leqslant n-2$. n 维星图 S_n^* 在 PMC 模型下的 g 好邻诊断度 $t_g^{PMC}(S_n^*) \geqslant (g+1)!(n-g) - 1$.

证明 根据 g 好邻诊断度的定义, 只需证明 S_n^* 在 PMC 模型下是 g 好邻 $((g+1)!(n-g)-1)$ 可诊断的即可. 根据定理 3.1, 该命题等价于证明对于 $V(S_n^*)$ 中任一对不相同的 g 好邻集 F_1, F_2, 满足 $|F_1|, |F_2| \leqslant (g+1)!(n-g) - 1$, 使得顶点 $u \in V(S_n^*) \setminus (F_1 \cup F_2)$, $v \in F_1 \triangle F_2$ 存在 $uv \in E(S_n^*)$.

用反证法证明. 假设 S_n^* 存在两个不相同的 g 好邻条件集 F_1, F_2, 满足 $|F_1|, |F_2| \leqslant (g+1)!(n-g)-1$, 但顶点对 (F_1, F_2) 不满足定理 3.1 中的条件, 即在 $V(S_n^*) \setminus (F_1 \cup F_2)$ 和 $F_1 \triangle F_2$ 的顶点间没有边. 不失一般性, 假定 $F_2 \setminus F_1 \neq \varnothing$.

假设 $V(S_n^*) = F_1 \cup F_2$. 由于 $n \geqslant 4$ 及 $0 \leqslant g \leqslant n-2$, 可推导出

$$\begin{aligned}
n! &= |V(S_n^*)| \\
&= |F_1 \cup F_2| \\
&= |F_1| + |F_2| + |F_1 \cap F_2| \\
&\leqslant |F_1| + |F_2| \\
&\leqslant 2((g+1)!(n-g) - 1) \\
&\leqslant n! - 2.
\end{aligned}$$

该式显然矛盾. 因此, $V(S_n^*) \neq F_1 \cup F_2$.

由于 $V(S_n^* - F_1 - F_2)$ 和 $F_1 \triangle F_2$ 之间没有边, 故 $S_n^* - F_1$ 有两个部分 $S_n^* - F_1 - F_2, S_n^*[F_2 \setminus F_1]$ 构成. 结合 F_1 是 g 好邻集, 可推出

$$\delta(S_n^* - F_1 - F_2) \geqslant g, \quad \delta(S_n^*[F_2 \setminus F_1]) \geqslant g.$$

同理, 当 $F_1 \setminus F_2 \neq \varnothing$ 时, $\delta(S_n^*[F_1 \setminus F_2]) \geqslant g$. 因此, $F_1 \cap F_2$ 也是一个 g 好邻集. 又因为 $V(S_n^* - F_1 - F_2)$ 和 $F_1 \triangle F_2$ 之间没有边, 所以 $F_1 \cap F_2$ 是一个 g 好邻故障割. 注意到 $0 \leqslant g \leqslant n - 2$. 根据引理 5.4.2, 可得

$$|F_1 \cap F_2| \geqslant (g+1)!(n-g-1).$$

根据引理 5.4.7,

$$|F_2 \setminus F_1| \geqslant (g+1)!.$$

于是,

$$\begin{aligned}
|F_2| &= |F_2 \setminus F_1| + |F_1 \cap F_2| \\
&\geqslant (g+1)! + (g+1)!(n-g-1) \\
&= (g+1)!(n-g).
\end{aligned}$$

这与 $|F_2| \leqslant (g+1)!(n-g) - 1$ 相矛盾. 因此, S_n^* 是 g 好邻 $((g+1)!(n-g) - 1)$ 可诊断的. 根据 g 好邻诊断度的定义, $t_g(S_n^*) \geqslant (g+1)!(n-g) - 1$.   □

结合引理 5.4.8 和引理 5.4.9, 可得如下定理.

定理 5.4.2[93]　令 $n \geqslant 4$ 和 $0 \leqslant g \leqslant n - 2$. n 维星图 S_n^* 在 PMC 模型下的 g 好邻诊断度 $t_g^{PMC}(S_n^*) = (g+1)!(n-g) - 1$.

5.4.3　星图在 MM* 模型下的 g 好邻诊断度

在文献 [63] 中, Zheng 等给出了星图 S_n^* 在 MM* 模型下的传统诊断度 $t^{MM^*}(S_n^*) = n - 1$, 其中 $n \geqslant 4$.

由于 0 好邻诊断度等于传统诊断度, 显然可得下面的定理.

定理 5.4.3[93]　令 $n \geqslant 4$. 在 MM* 模型下, $t_0^{MM^*}(S_n^*) = t^{MM^*}(S_n^*) = n - 1$.

引理 5.4.10[93]　令 $n \geqslant 4$ 和 $0 \leqslant g \leqslant n - 2$. n 维星图 S_n^* 在 MM* 模型下的 g 好邻诊断度 $t_g^{MM^*}(S_n^*) \leqslant (g+1)!(n-g) - 1$.

证明　令 A, F_1, F_2 的定义如同引理 5.4.6 中的定义. 根据引理 5.4.6, 可知 F_1, F_2 均是 S_n^* 中满足 $|F_1| \leqslant (g+1)!(n-g)$, $|F_2| \leqslant (g+1)!(n-g)$ 的 g 好邻集. 根据 F_1, F_2 的定义, 可知 $F_1 \triangle F_2 = A$. 注意到

$$\begin{aligned}
F_1 \setminus F_2 &= \varnothing, \quad F_2 \setminus F_1 = A, \\
(V(S_n^*) &\setminus (F_1 \cup F_2)) \cap A = \varnothing.
\end{aligned}$$

于是有 F_1, F_2 均不满足定理 3.2 中的任一条件且 S_n^* 不是 g 好邻 $((g+1)!(n-g))$ 可诊断的. 因此, 根据 g 好邻诊断度的定义, 可知 S_n^* 在 MM* 模型下的诊断度 $t_g^{MM^*}(S_n^*) \leqslant (g+1)!(n-g)-1$. □

引理 5.4.11[93] 令 $n \geqslant 4$ 和 $0 \leqslant g \leqslant n-2$. n 维星图 S_n^* 在 MM* 模型下的 g 好邻诊断度 $t_g^{MM^*}(S_n^*) \geqslant (g+1)!(n-g)-1$.

证明 根据 g 好邻诊断度的定义, 只需证明 S_n^* 在 MM* 模型下是 g 好邻 $((g+1)!(n-g)-1)$ 可诊断的即可. 根据定理 3.2, S_n^* 是 0 好邻 $(n-1)$ 可诊断的. 故假定 $g \geqslant 1$.

为了证明 S_n^* 在 MM* 模型下是 g 好邻 $((g+1)!(n-g)-1)$ 可诊断的, 根据定理 3.2, 其等价于证明在 $V(S_n^*)$ 中任一对不同的 g 好邻集 F_1 与 F_2 满足 $|F_1|, |F_2| \leqslant (g+1)!(n-g)-1$, 使得下列条件之一成立:

(1) 存在顶点 $u, w \in V(S_n^*) \setminus (F_1 \cup F_2)$ 和顶点 $v \in F_1 \triangle F_2$, 使得 $uw, vw \in E(S_n^*)$;

(2) 存在顶点 $u, v \in F_1 \setminus F_2$ 和顶点 $w \in V(S_n^*) \setminus (F_1 \cup F_2)$, 使得 $uw, vw \in E(S_n^*)$;

(3) 存在顶点 $u, v \in F_2 \setminus F_1$ 和顶点 $w \in V(S_n^*) \setminus (F_1 \cup F_2)$, 使得 $uw, vw \in E(S_n^*)$.

反证法证明. 假设在 $V(S_n^*)$ 中任一对不同的 g 好邻集 F_1 与 F_2 满足 $|F_1|, |F_2| \leqslant (g+1)!(n-g)-1$, 但 F_1 与 F_2 不满足定理 3.2 中条件 (1)—(3) 的任一个. 由于 $F_1 \neq F_2$, 不失一般性, 假定 $F_2 \setminus F_1 \neq \varnothing$.

假设 $V(S_n^*) = F_1 \cup F_2$. 由于 $n \geqslant 4$ 和 $0 < g \leqslant n-2$, 可推得

$$
\begin{aligned}
n! &= |V(S_n^*)| \\
&= |F_1 \cup F_2| \\
&= |F_1| + |F_2| + |F_1 \cap F_2| \\
&\leqslant |F_1| + |F_2| \\
&\leqslant 2((g+1)!(n-g)-1) \\
&\leqslant n! - 2.
\end{aligned}
$$

该式显然矛盾. 因此, $V(S_n^*) \neq F_1 \cup F_2$.

断言 $S_n^* - F_1 - F_2$ 不含孤立点.

为证明该断言, 分以下两种情况进行讨论.

情形 1 $g = 1$.

该情形的证明采用反证法. 假设 $S_n^* - F_1 - F_2$ 至少有一个孤立点 w. 由于 F_1 是一个 1 好邻集, 那么至少存在一点 $u \in F_2 \setminus F_1$ 使得 u 与 w 相邻. 同时, 由于

顶点对 (F_1, F_2) 不满足定理 3.2 中任一种情形, 根据定理 3.2 中的条件 (3), 至多存在一点 $u \in F_2 \setminus F_1$ 使得 u 与 w 相邻. 因此, 恰有一点 $u \in F_2 \setminus F_1$ 使得 u 与 w 相邻, 即 $uw \in E(S_n^*)$. 同理, 可推出当 $F_1 \setminus F_2 \neq \varnothing$ 时也恰有一点 $v \in F_1 \setminus F_2$ 使得 $vw \in E(S_n^*)$.

令 $W \subseteq V(S_n^*) \setminus (F_1 \cup F_2)$ 为 $S_n^*[V(S_n^*) \setminus (F_1 \cup F_2)]$ 中的孤立点集, 并令 H 是顶点集 $V(S_n^*) \setminus (F_1 \cup F_2 \cup W)$ 的导出子图. 对于任意的 $w \in W$, 当 $F_1 \setminus F_2 \neq \varnothing$ 时, 其在 $F_1 \cap F_2$ 中有 $(n-3)$ 个邻点. 由于 $|F_2| \leqslant (g+1)!(n-g) - 1$, $g = 1$, 可知 $|F_2| \leqslant 2n - 3$. 于是

$$\sum_{w \in W} |N_{S_n^*[(F_1 \cap F_2) \cup W]}(w)| = |W|(n-3)$$

$$\leqslant \sum_{v \in F_1 \cap F_2} d_{S_n^*}(v)$$

$$\leqslant |F_1 \cap F_2|(n-1)$$

$$\leqslant (|F_2| - 1)(n-1)$$

$$\leqslant (2n-4)(n-1)$$

$$= 2n^2 - 6n + 4.$$

故 $|W| \leqslant 2n + 4$. 注意到

$$|F_1 \cup F_2| \leqslant |F_1| + |F_2| - |F_1 \cap F_2|$$

$$\leqslant 2(2n-3) - (n-3)$$

$$= 3n - 3.$$

假设 $V(H) = \varnothing$. 于是

$$n! = |V(S_n^*)|$$

$$= |F_1 \cup F_2| + |W|$$

$$\leqslant 3n - 3 + 2n + 4$$

$$= 5n + 1.$$

当 $n \geqslant 4$ 时, 该式显然不成立. 因此, $V(H) \neq \varnothing$.

由于顶点对 (F_1, F_2) 不满足定理 3.2 中的条件 (1) 且 H 中不含孤立点, 可以推出 $V(H)$ 和 $F_1 \triangle F_2$ 的顶点间没有边. 于是, $F_1 \cap F_2$ 是 S_n^* 的一个顶点割且 $\delta(S_n^* - (F_1 \cap F_2)) \geqslant 1$, 即 $F_1 \cap F_2$ 也为 S_n^* 的一个 1 好邻割. 根据引理 5.4.2,

$$|F_1 \cap F_2| \geqslant (g+1)!(n-g-1) = 2n - 4.$$

又因为 $|F_1|, |F_2| \leqslant (g+1)!(n-g) - 1 = 2n - 3$ 且 $F_1 \setminus F_2$ 与 $F_2 \setminus F_1$ 均非空, 于是有

$$|F_1 \setminus F_2| = |F_2 \setminus F_1| = 1.$$

不妨令 $F_1 \setminus F_2 = \{v_1\}$, $F_2 \setminus F_1 = \{v_2\}$, 则对于任一顶点 $w \in W$, w 与 v_1, v_2 分别相邻. 由于在 S_n^* 中任意一对顶点至多存在一个公共邻点, 所以 $S_n^* - F_1 - F_2$ 至多存在一个孤立顶点.

若 $S_n^* - F_1 - F_2$ 不含孤立顶点, 则断言显然成立.

若 $S_n^* - F_1 - F_2$ 恰有一个孤立顶点. 不妨令 w 为 $S_n^* - F_1 - F_2$ 中的唯一孤立点. 于是

$$wv_1 \in E(S_n^*), \quad wv_2 \in E(S_n^*),$$
$$N_{S_n^*}(w) \setminus \{v_1, v_2\} \subseteq F_1 \cap F_2,$$

注意到 S_n^* 不含三圈, 由此可推出

$$N_{S_n^*}(v_1) \setminus \{w\} \subseteq F_1 \cap F_2, \quad N_{S_n^*}(v_2) \setminus \{w\} \subseteq F_1 \cap F_2,$$
$$[N_{S_n^*}(w) \setminus \{v_1, v_2\}] \cap [N_{S_n^*}(v_1) \setminus \{w\}] = \varnothing,$$
$$[N_{S_n^*}(w) \setminus \{v_1, v_2\}] \cap [N_{S_n^*}(v_2) \setminus \{w\}] = \varnothing.$$

由于在 S_n^* 中对于任一对顶点至多有一个公共邻点, 故

$$|[N_{S_n^*}(v_1) \setminus \{w\}] \cap [N_{S_n^*}(v_2) \setminus \{w\}]| = 0.$$

因此

$$
\begin{aligned}
|F_1 \cap F_2| &\geqslant |N_{S_n^*}(w) \setminus \{v_1, v_2\}| + |N_{S_n^*}(v_1) \setminus \{w\}| + |N_{S_n^*}(v_2) \setminus \{w\}| \\
&\quad - |[N_{S_n^*}(w) \setminus \{v_1, v_2\}] \cap [N_{S_n^*}(v_1) \setminus \{w\}]| \\
&\quad - |[N_{S_n^*}(w) \setminus \{v_1, v_2\}] \cap [N_{S_n^*}(v_2) \setminus \{w\}]| \\
&\quad - |[N_{S_n^*}(v_1) \setminus \{w\}] \cap [N_{S_n^*}(v_2) \setminus \{w\}]| \\
&= (n-3) + (n-2) + (n-2) - 0 - 0 - 0 \\
&= 3n - 7.
\end{aligned}
$$

由此得出

$$
\begin{aligned}
|F_2| &= |F_2 \setminus F_1| + |F_1 \cap F_2| \\
&\geqslant 1 + 3n - 7 \\
&= 3n - 6 \\
&> 2n - 3
\end{aligned}
$$

在 $n \geqslant 4$, $g = 1$ 时. 这与 $|F_2| \leqslant (g+1)!(n-g) - 1 = 2n - 3$ 矛盾.

若 $F_1 \setminus F_2 = \varnothing$, 那么有 $F_1 \subseteq F_2$. 因为 F_2 是一个 1 好邻集, 所以 $S_n^* - F_2 = S_n^* - F_1 - F_2$ 中显然也没有孤立点.

情形 2 $2 \leqslant g \leqslant n - 2$.

由于 F_1 是 S_n^* 的一个 g 好邻集, 因此对于任一顶点 $x \in V(S_n^*) \setminus F_1$, 有 $|N_{S_n^* - F_1}(x)| \geqslant g$. 注意到顶点对 (F_1, F_2) 不满足定理 3.2 中的任一条件. 根据定理 3.2 中情形 (3), 可得对于任一对顶点 $u, v \in F_2 \setminus F_1$, 不存在顶点 $w \in V(S_n^*) \setminus (F_1 \cup F_2)$ 使得 $uw, vw \in E(S_n^*)$. 于是在 $V(S_n^*) \setminus (F_1 \cup F_2)$ 中, 任一顶点 w 在 $F_2 \setminus F_1$ 中至多有一个邻点. 因此, 对于任一顶点 $w \in V(S_n^*) \setminus (F_1 \cup F_2)$ 有

$$|N_{S_n^* - F_1 - F_2}(w)| \geqslant g - 1 \geqslant 1,$$

即 $S_n^* - F_1 - F_2$ 中每一个顶点都不是孤立点.

结合情形 1 和情形 2 的讨论, 断言证毕.

不妨令 $u \in V(S_n^*) \setminus (F_1 \cup F_2)$. 根据断言, u 在 $S_n^* - F_1 - F_2$ 中至少有一个邻点. 注意到顶点集对 (F_1, F_2) 不满足定理 3.2 中的任一条件. 根据定理 3.2 的条件 (1), 可得对于任一对相邻的顶点 $u, w \in V(S_n^*) \setminus (F_1 \cup F_2)$, 不存在顶点 $v \in F_1 \triangle F_2$ 使得 $uv \in E(S_n^*)$ 或 $wv \in E(S_n^*)$. 由此得出顶点 u 在 $F_1 \triangle F_2$ 中没有邻点. 注意到 S_n^* 是点可迁的. 根据顶点 u 的任意性, $V(S_n^*) \setminus (F_1 \cup F_2)$ 与 $F_1 \triangle F_2$ 的顶点间没有边. 由于 $F_2 \setminus F_1 \neq \varnothing$ 及 F_1 是一个 g 好邻集, 故 $\delta_{S_n^*}([F_2 \setminus F_1]) \geqslant g$. 根据引理 5.4.7, 可得

$$|F_2 \setminus F_1| \geqslant (g+1)! \quad (0 \leqslant g \leqslant n - 2).$$

因为 F_1 和 F_2 均为 g 好邻集且 $V(S_n^*) \setminus (F_1 \cup F_2)$ 与 $F_1 \triangle F_2$ 的顶点间没有边, 所以 $F_1 \cap F_2$ 是 S_n^* 的一个 g 好邻割. 根据引理 5.4.2, 可得

$$|F_1 \cap F_2| \geqslant (g+1)!(n-g-1).$$

于是

$$\begin{aligned}
|F_2| &= |F_2 \setminus F_1| + |F_1 \cap F_2| \\
&\geqslant (g+1)! + (g+1)!(n-g-1) \\
&= (g+1)!(n-g).
\end{aligned}$$

这显然与 $|F_2| \leqslant (g+1)!(n-g) - 1$ 矛盾.

因此, S_n^* 是 g 好邻 $(g+1)!(n-g) - 1$ 可诊断的, 即 $t_g(S_n^*) \geqslant (g+1)!(n-g) - 1$.

$\square$

结合引理 5.4.10 和引理 5.4.11 可得以下定理.

定理 5.4.4[93]   令 $n \geqslant 4$, $0 \leqslant g \leqslant n - 2$. 一个 n 维星图 S_n^* 在 MM* 模型下的 g 好邻诊断度 $t_g^{MM^*}(S_n^*) = (g+1)!(n-g) - 1$.

5.4.4 本节小结

星图 S_n^* 是对换树图的又一种特例, 其生成图为一颗星 $K_{1,n-1}$. 作为继超立方体之后高性能计算系统下一代互连网络的替换选项, 学者对它的各项参数和指标, 诸如连通度、条件诊断度、嵌入性及哈圈性等, 进行了广泛的研究. 本节对该图 g 好邻诊断度的进一步研究填补了对换树图在该领域研究的空白.

本节首先给出了 S_n^* 在 PMC 模型和 MM* 模型下的传统诊断度

$$\begin{cases} t^{PMC}(S_n^*) = t_0^{PMC}(S_n^*) = n-1, & n \geqslant 3, \\ t^{MM^*}(S_n^*) = t_0^{MM^*}(S_n^*) = n-1, & n \geqslant 4. \end{cases}$$

然后证明了 S_n^* 在 PMC 模型和 MM* 模型下的 g 好邻诊断度

$$t_g^{PMC}(S_n^*) = t_g^{MM^*}(S_n^*) = (g+1)!(n-g)-1, \quad n \geqslant 4, \quad 0 \leqslant g \leqslant n-2.$$

根据引理 5.4.4 和引理 5.4.5, 可知 S_n^* 在 PMC 模型和 MM* 模型下的条件诊断度

$$\begin{cases} t_c^{PMC}(S_n^*) = 8n-21, & n \geqslant 5, \\ t_c^{MM^*}(S_n^*) = 3n-7, & n \geqslant 4. \end{cases}$$

通过对比分析可知, S_n^* 的 g 好邻诊断度在 g 较大时远大于传统诊断度和条件诊断度. 在文献 [94] 中, Zhou 等给出了一个时间复杂度为 $O(N \log N)$ 的诊断算法. 运用 g 好邻诊断度, 工程师们能够在系统出现大量故障处理器情况下进行故障诊断.

5.5 一 些 说 明

本章主要给出和证明了一些网络的 g 好邻连通度和 g 好邻诊断度. 一些继续研究的问题如下:

(1) 继续研究一些网络的 g 好邻连通度和 g 好邻诊断度.

(2) 给出网络的 g 好邻连通度的算法.

(3) 给出网络的 g 好邻诊断度的算法.

第 6 章　网络的高阶限制连通度

网络的 g 限制诊断度概念是 2016 年提出来的. 在 PMC 模型下, 网络的 g 限制诊断度和 g 限制连通度有密切的关系. 但在 MM* 模型下, 网络的 g 限制诊断度和 g 限制连通度就没有密切的关系了. 本章主要给出和证明了超彼得森图的 g 限制连通度、局部扭立方 (局部扭立方体) 的 g 限制连通度、交叉立方的 g 限制连通度和交错群图的紧超 3 限制连通度.

6.1　超彼得森图的 g 限制连通度

图的笛卡尔积 G_1 和 G_2 是图 $G_1 \otimes G_2$, 其中顶点集 $\{(x,y) : x \in V(G_1), y \in V(G_2)\}$, 顶点 x_1y_1, x_2y_2 在 $G_1 \otimes G_2$ 中相邻当且仅当 $x_1 = x_2$, $y_1y_2 \in E(G_2)$, 或者 $x_1x_2 \in E(G_1)$, $y_1 = y_2$.

定义 6.1.1[95]　3 维彼得森图 HP_3 如图 6.1 所示. 对于 $n \geqslant 4$, n 维超彼得森图由 HP_n 表示, 被定义为 $HP_n = HP_{n-1} \otimes K_2$.

定义 6.1.2　对于 $n \geqslant 3$, 一个 n 维超彼得森图, 由 HP_n 表示, 递归定义如下:

(1) HP_3 是彼得森图 (图 6.1), 由 10 顶点标号 $0,1,2,\cdots,9$ 和 15 条边 $(0,1)$, $(0,4)$, $(0,5)$, $(1,2)$, $(1,6)$, $(2,3)$, $(2,7)$, $(3,4)$, $(3,8)$, $(4,9)$, $(5,7)$, $(5,8)$, $(6,8)$, $(6,9)$, $(7,9)$ 组成.

图 6.1　彼得森图

(2) 对于 $n \geqslant 4$, 设 $0HP_{n-1}$ 表示由 HP_{n-1} 的一个拷贝在每一个顶点标号前加上 0 获得的一个图. 设 $1HP_{n-1}$ 表示由 HP_{n-1} 的一个拷贝在每一个顶点标号前加上 1 获得的一个图. 在 HP_n 中, 连接 $0HP_{n-1}$ 的每一个顶点 $0x_{n-1}\cdots x_4x_3$ 到 $1HP_{n-1}$ 的顶点 $1x_{n-1}\cdots x_4x_3$, 其中 $x_i \in \{0,1\}, i \in \{4,\cdots,n\}, x_3 \in \{0,1, 2,\cdots,9\}$.

4 维彼得森图 HP_4 如图 6.2 所示. 从 HP_n 的定义容易看到 HP_n 是一个 n 正则图且有 $10 \times 2^{n-3}$ 个顶点和 $5n \times 2^{n-3}$ 条边. 边的两个端点在不同的 iHP_{n-1} 中称为交叉边, 其中 $i = 0,1$. 由定义 6.1.2, HP_n 的整个交叉边是一个完美匹配.

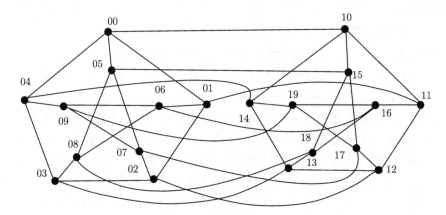

图 6.2   4 维彼得森图 HP_4

性质 6.1.1[95]   设 HP_n 是 n 维超彼得森图 $(n \geqslant 3)$. 连通度 $\kappa(HP_n) = n$.

对于一个 r 限制连通图 G 的每一个最小的 r 限制割 F, 如果 $G - F$ 有一个基数为 $r+1$ 的分支, 那么 G 是超 r 限制连通的. 对于一个超 r 限制连通图 G 的每一个最小的 r 限制割 F, 如果 $G - F$ 有两个分支, 那么 G 是 $|F|$ 两超 r 限制. 特别地, 如果 $r = 0$, 那么 G 称为是 $|F|$ 两超连通的.

定理 6.1.1[96] $HP_n \ (n \geqslant 3)$ 是 n 两超连通的.

证明   证明对 n 进行归纳. 设 S 是 HP_n 的一个最小割. 由性质 6.1.1, 有 $|S| = n$. 注意到 HP_3 是一个彼得森图. 由于彼得森图是顶点传递的, 不失一般性, 设 $0 \in S$, $S = \{0,x,y\}$. 通过检查 $S = \{0,x,y\}$ 的所有可能性, HP_3 是 3 两超连通的. 当 $n = 3$ 时结果是正确的. 假设 $n \geqslant 4$, 对于 HP_{n-1} 结果是成立的. 设 $S_i = S \cap V(iHP_{n-1}) \ (i = 0,1)$. 由 $n \geqslant 4$, 有 $5 \times 2^{n-3} - n \geqslant 1$. 于是, $0HP_{n-1} - S_0$ 和 $1HP_{n-1} - S_1$ 之间至少存在一条边. 不失一般性, 假设 $|S_0| \leqslant |S_1|$. 如果 $|S_0| = 0$, 那么 $0HP_{n-1} - S_0$ 是连通的. 由于 HP_n 的整个交叉边是一个完美匹配, 所以 $HP_n - S$ 是连通的, 这产生矛盾. 从而, $|S_0| \geqslant 1$. 如果 $|S_0| \geqslant 2$, 那么 $|S_0| \leqslant |S_1| \leqslant n-2$. 由于 $iHP_{n-1} \ (i = 0,1)$ 是与 HP_{n-1} 同构的, 以及由性质 6.1.1, iHP_{n-1} 是连通的. 由于 $0HP_{n-1} - S_0$ 和 $1HP_{n-1} - S_1$ 之间至少存在一条边, 所以 $HP_n - S$ 仍然是连通的, 这产生矛盾. 因此, $|S_0| = 1, |S_1| = n-1$. 设 $S_0 = \{v\}$. 于

是, $0HP_{n-1} - S_0$ 是连通的. 如果 $1HP_{n-1} - S_1$ 也是连通的, 那么 $HP_n - S$ 仍然是连通的, 这产生矛盾. 于是, $1HP_{n-1} - S_1$ 不是连通的. 由归纳假设, $1HP_{n-1} - S_1$ 有两个分支, 其中一个分支是孤立顶点 u. 由于 $5 \times 2^{n-3} - (n+1) \geqslant 1$, HP_n 的整个交叉边是一个完美匹配, 所以有 $HP_n[V(0HP_{n-1} - S_0) \cup V(1HP_{n-1} - S_1 - u)]$ 是连通的. 如果 $N(u) \cap V(0HP_{n-1} - S_0) \neq \varnothing$, 那么 $HP_n - S$ 仍然是连通的, 这产生矛盾. 否则, u 在 HP_n 中与 v 相邻. 因此, $HP_n - S$ 有两个分支, 其中一个分支是孤立顶点 u. $\qquad\square$

由 n 维超彼得森图的定义, 有下面的结果.

性质 6.1.2[96]　对于任意的整数 $n \geqslant 4$, HP_n 的围长是 4.

性质 6.1.3[96]　如果 $u, v \in V(HP_n)$, $uv \in E(HP_n)$, 那么 $|N(u) \cap N(v)| = 0$. 如果 $u, v \in V(HP_n)$, $uv \notin E(HP_n)$, 那么 $|N(u) \cap N(v)| \leqslant 2$.

证明　如果 2 个顶点 u, v 是相邻的, 那么由性质 6.1.1 可得 $|N(u) \cap N(v)| = 0$. 设两顶点 u, v 不是相邻的. 设 $P \cong HP_3$, $u, v \in V(P)$. 由于彼得森图 P 是顶点传递的, 不失一般性, 设 $u = 0$. 通过检查 $0, v$ 的所有可能性, $|N(u) \cap N(v)| \leqslant 1 < 2$. 设 P_1, P_2 在 HP_n 中是 2 个不同的彼得森图 (这里的彼得森图有编号), 其中 $u \in V(P_1)$, $v \in V(P_2)$. 于是, $|N(u) \cap V(P_2)| \leqslant 1$, $|N(v) \cap V(P_1)| \leqslant 1$. 如果 $|N(u) \cap V(P_2)| = 1$, 那么 $|N(v) \cap V(P_1)| = 1$. 因此, $|N(u) \cap N(v)| \leqslant 2$. 如果 $|N(u) \cap V(P_2)| = 0$, 那么由性质 6.1.1 可得 $|N(u) \cap N(v)| \leqslant 2$. $\qquad\square$

引理 6.1.1[97]　对于 3 个整数 r_1, r_2, r, 如果 $r_1, r_2 \geqslant 1$, $r_1 + r_2 = r$, 那么
$$\frac{r+1}{2} + 1 \geqslant r + \frac{r_1+1}{2} + \frac{r_2+1}{2}.$$

对于 2 个整数 n, r 及其 $n \geqslant 1$, $r \geqslant 0$, 设 $f_n(r) = -\frac{1}{2}r^2 + \left(n - \frac{3}{2}\right)r + n$.

引理 6.1.2[98]　设 $0 \leqslant r_1, r_2 \leqslant n-2$, $0 \leqslant r \leqslant n-3$. 如果 $r+1 < r_1+1+r_2+1$, 那么 $f_n(r) + 1 \leqslant f_{n-1}(r_1) + f_{n-1}(r_2)$.

引理 6.1.3[96]　设 $S \subseteq V(HP_n)$ 及其 $|S| = 3$. 于是, $|N(S)| \geqslant f_n(2) = 3n-5$.

证明　对 n 进行归纳. 设 $n = 3$. 于是, HP_3 是彼得森图, $f_3(2) = 4$. 设 $S \subseteq V(HP_3)$ 并且 $|S| = 3$. 由于彼得森图是顶点传递的, 不失一般性, 设 $0 \in S$, $S = \{0, x, y\}$. 通过检查 $S = \{0, x, y\}$ 的所有可能性, $|N_{HP_3}(S)| \geqslant 4$. 于是, 当 $n = 3$ 时结果是正确的. 假设 $n = k-1$ ($k \geqslant 4$), 并且结果对于 HP_{k-1} 是成立的, 即 $|N_{HP_{k-1}}(S)| \geqslant f_{k-1}(2) = 3(k-1) - 5 = 3k - 8$. 我们将证明引理对于 $n = k$ 是成立的, 即 $|N_{HP_k}(S)| \geqslant f_k(2) = 3k-5$, 其中 $S \subseteq V(HP_k)$, $|S| = 3$. 我们考虑下面的情况.

情况 1　$S \subseteq V(P)$, 其中 $P \cong HP_3$.

注意到 $|N_P(S)| \geqslant 4$. 由 HP_n 的定义, $|N_{HP_k}(S)| \geqslant 4 + 3(k-3) = 3k - 5 = f_k(2)$.

情况 2 $S \nsubseteq V(P)$.

情况 2.1 $|S \cap V(P)| = 2$.

在这种情况里, 明显 $|N_P(S)| \geqslant 4$. 由 HP_n 的定义, $|N_{HP_k}(S)| \geqslant 4 + 2(k - 3) + (k - 1) \geqslant 3k - 5 = f_k(2)$.

情况 2.2 $|S \cap V(P)| = 1$.

由 HP_n 的定义, $|N_{HP_k}(S)| \geqslant 6 + 3(k - 4) \geqslant f_k(2)$. □

性质 6.1.4[96] 对于任意整数 $r \geqslant 0$ 和任意整数 $n \geqslant \left\lceil \dfrac{r+2}{2} \right\rceil$, 如果 $S \subseteq V(HP_n)$ 并且 $|S| = r + 1$, 那么 $|N(S)| \geqslant f_n(r) = -\dfrac{1}{2}r^2 + \left(n - \dfrac{3}{2}\right)r + n$.

证明 由 HP_n 的定义, $n \geqslant 3$. 于是, $n \geqslant \left\lceil \dfrac{r+2}{2} \right\rceil$, 其中 $0 \leqslant r \leqslant 1$. 由性质 6.1.1, $|N(u_0)| = n$. 这个推出结果对于 $r = 0$ 是正确的. 由 HP_n 是 n 正则的以及性质 6.1.1, $|N(\{u_0, u_1\})| = 2n - 2$. 这个推出结果对于 $r = 1$ 是正确的. 由引理 6.1.3, $|N(\{u_0, u_1, u_2\})| = 3n - 5$. 这个推出结果对于 $r = 2$ 是正确的. 证明这个性质对 r 进行归纳. 设 $r = 3$. 于是, $n = \left\lceil \dfrac{r+2}{2} \right\rceil = 3$. 假设性质对于 $r \leqslant k - 1$ $(k \geqslant 4)$ 是成立的, 即当 $r \leqslant k - 1, 1 \leqslant |S| \leqslant k$ 时, 对于任意整数 $n \geqslant \left\lceil \dfrac{k+1}{2} \right\rceil$, $|N(S)| \geqslant f_n(r) = n(r + 1) - \dfrac{1}{2}r(r + 3)$ 是成立的 (记作假设 (A)). 我们将证明性质对于任意整数 $n \geqslant \left\lceil \dfrac{k+2}{2} \right\rceil$, $r = k$ 是成立的, 即 $|N(S)| \geqslant f_n(k) = n(k + 1) - \dfrac{1}{2}k(k + 3)$, 其中 $|S| = k + 1, n \geqslant \left\lceil \dfrac{k+2}{2} \right\rceil$. 我们考虑下面的情况.

情况 1 $n = \left\lceil \dfrac{k+2}{2} \right\rceil$.

注意到 HP_n 中在 $V(0HP_{n-1})$ 和 $V(1HP_{n-1})$ 之间的整个交叉边是一个完美匹配. 对于任意 $S \subseteq V(HP_n)$ 并且 $|S| = k + 1$, 设 $S = V_0 \cup V_1$, 其中 $V_i \subseteq V(iHP_{n-1})$, $i = 0, 1$. 不失一般性, 设 $|V_0| \leqslant |V_1|$. 我们分下面的情况讨论.

情况 1.1 $|V_0| = 0$.

在这种情况里,

$$|N(S)| \geqslant |N(V_1) \cap V(0HP_{n-1})| = |S| = k + 1$$

$$\geqslant (k + 1)\left\lceil \dfrac{k+2}{2} \right\rceil - \dfrac{k(k+3)}{2} = f_n(k).$$

情况 1.2 $1 \leqslant |V_0| \leqslant \left\lfloor \dfrac{k+1}{2} \right\rfloor$.

我们能容易验证 $\left\lceil\dfrac{k+2}{2}\right\rceil-1\geqslant\left\lceil\dfrac{\left\lfloor\frac{k+1}{2}\right\rfloor+1}{2}\right\rceil$. 因此, $n-1\geqslant\left\lceil\dfrac{(|V_0|-1)+2}{2}\right\rceil>$

$\left\lceil\dfrac{(|V_0|-1)+1}{2}\right\rceil$. 由于 $k\geqslant 4$, $|V_0|\leqslant\left\lfloor\dfrac{k+1}{2}\right\rfloor\leqslant\left\lceil\dfrac{k+1}{2}\right\rceil\leqslant k-1$, 由归纳假设 (A), 有

$$|N_{0HP_{n-1}}(V_0)|\geqslant |V_0|(n-1)-\frac{(|V_0|-1)(|V_0|+2)}{2}. \tag{6.1}$$

考虑下面的情况.

情况 1.2.1　$|V_0|=1$.

明显地, $1\leqslant|V_0|\leqslant|V_1|$, $|V_1|=k+1-|V_0|=k$. 如果 k 是偶数, 那么 $n-1=\left\lceil\dfrac{k+2}{2}\right\rceil-1=\dfrac{k}{2}=\left\lceil\dfrac{k}{2}\right\rceil=\left\lceil\dfrac{|V_1|}{2}\right\rceil=\left\lceil\dfrac{(|V_1|-1)+1}{2}\right\rceil$. 由归纳假设 (A),

$$|N_{1HP_{n-1}}(V_1)|\geqslant |V_1|(n-1)-\frac{(|V_1|-1)(|V_1|+2)}{2}. \tag{6.2}$$

由 (6.1), (6.2) 和引理 6.1.1, 有

$$\begin{aligned}|N(S)|&\geqslant |N_{0HP_{n-1}}(V_0)|+|N_{1HP_{n-1}}(V_1)|\\&\geqslant (k+1)(n-1)-\left(\frac{(|V_0|-1)(|V_0|+2)}{2}+\frac{(|V_1|-1)(|V_1|+2)}{2}\right)\\&=(k+1)(n-1)-\left(\frac{|V_0|(|V_0|+1)}{2}+\frac{|V_1|(|V_1|+1)}{2}-2\right)\\&=n(k+1)-\left(k+1+\frac{|V_0|(|V_0|+1)}{2}+\frac{|V_1|(|V_1|+1)}{2}-2\right)\\&\geqslant n(k+1)-\left(\frac{(k+1)(k+2)}{2}-1\right)=n(k+1)-\frac{k(k+3)}{2}.\end{aligned}$$

如果 k 是奇数, 那么 $\left\lceil\dfrac{k+2}{2}\right\rceil=\dfrac{k+3}{2}$. 因此,

$$\begin{aligned}(k+1)n-\frac{k(k+3)}{2}&=(k+1)\left\lceil\frac{k+2}{2}\right\rceil-\frac{k(k+3)}{2}\\&=(k+1)\frac{k+3}{2}-\frac{k(k+3)}{2}=\frac{k+3}{2}.\end{aligned}$$

从而,

$$\begin{aligned}|N(S)|&\geqslant |N_{0HP_{n-1}}(V_0)|+|V(1HP_{n-1})\cap N(V_0)|\\&=n=\frac{k+3}{2}=(k+1)n-\frac{k(k+3)}{2}.\end{aligned}$$

情况 1.2.2 $2 \leqslant |V_0| \leqslant \left\lfloor \dfrac{k+1}{2} \right\rfloor$.

在这种情况里, $|V_1| \leqslant k-1$. 由 $n-1 = \left\lceil \dfrac{k+2}{2} \right\rceil - 1 = \left\lceil \dfrac{k}{2} \right\rceil \geqslant \left\lceil \dfrac{(|V_1|-1)+1}{2} \right\rceil$ 和假设 (A),

$$|N_{1HP_{n-1}}(V_1)| \geqslant |V_1|(n-1) - \frac{(|V_1|-1)(|V_1|+2)}{2}. \tag{6.3}$$

根据 (6.1), (6.3) 和引理 6.1.1, 有

$$|N(S)| \geqslant |N_{0HP_{n-1}}(V_0)| + |N_{1HP_{n-1}}(V_1)|$$
$$\geqslant n(k+1) - \left(\frac{(k+1)(k+2)}{2} - 1 \right) = n(k+1) - \frac{k(k+3)}{2}.$$

因此, 对于 $n = \left\lceil \dfrac{k+2}{2} \right\rceil$ 和 $|S| = k+1$, 当 $r = k$ 时 $|N(S)| \geqslant f_n(k) = n(k+1) - \dfrac{1}{2}k(k+3)$.

现在, 假设对于 $n = \left\lceil \dfrac{k+2}{2} \right\rceil + j$ 和 $|S| = k+1$, 当 $j \geqslant 0$ 时 $|N(S)| \geqslant f_n(k) = n(k+1) - \dfrac{1}{2}k(k+3)$ 是成立的. (记作假设 (B)). 我们将证明对于 $n = \left\lceil \dfrac{k+2}{2} \right\rceil + j + 1$, $|N(S)| \geqslant f_n(k) = n(k+1) - \dfrac{1}{2}k(k+3)$ 是成立的.

情况 2 $n > \left\lceil \dfrac{k+2}{2} \right\rceil$.

注意到 HP_n 中 $V(0HP_{n-1})$ 和 $V(1HP_{n-1})$ 之间的整个交叉边是一个完美匹配. 对于任意 $S \subseteq V(HP_n)$ 并且 $|S| = k+1$, 设 $S = V_0 \cup V_1$, 其中 $V_i \subseteq V(iHP_{n-1})$, $i = 0, 1$. 不失一般性, 设 $|V_0| \leqslant |V_1|$. 我们分下面的情况讨论.

情况 2.1 $|V_0| = 0$.

在这种情况里, $|V_1| = k+1$. 由假设 (B),

$$|N_{1HP_{n-1}}(V_1)| \geqslant (k+1)\left(\left\lceil \frac{k+2}{2} \right\rceil + j \right) - \frac{k(k+3)}{2}.$$

从而,

$$|N(S)| \geqslant |V(0HP_{n-1}) \cap N(V_1)| + |N_{1HP_{n-1}}(V_1)|$$
$$\geqslant (k+1) + \left((k+1)\left(\left\lceil \frac{k+2}{2} \right\rceil + j \right) - \frac{k(k+3)}{2} \right)$$
$$= (k+1)\left(\left\lceil \frac{k+2}{2} \right\rceil + j + 1 \right) - \frac{k(k+3)}{2}.$$

情况 2.2　$1 \leqslant |V_0| \leqslant \left\lfloor \dfrac{k+1}{2} \right\rfloor$.

在这种情况里, 由于 $k \geqslant 4$, 对于 $j = 0,1$ 有 $1 \leqslant |V_j| \leqslant k-1$ 和 $n - 1 = \left\lceil \dfrac{k+2}{2} \right\rceil + j + 1 - 1 \geqslant \left\lceil \dfrac{(k-1)+1}{2} \right\rceil$. 由归纳假设 (A), 对于 $j = 0,1$, 有

$$|N_{jHP_{n-1}}(V_j)| \geqslant |V_j| \left(\left\lceil \frac{k+2}{2} \right\rceil + j \right) - \frac{(|V_j| - 1)(|V_j| + 2)}{2}.$$

从而, 由引理 6.1.1, 有

$$
\begin{aligned}
|N(S)| \\
&\geqslant |N_{0HP_{n-1}}(V_0)| + |N_{1HP_{n-1}}(V_1)| \\
&\geqslant (k+1)\left(\left\lceil \frac{k+2}{2} \right\rceil + j \right) - \left(\frac{(|V_0|-1)(|V_0|+2)}{2} \right) + \frac{(|V_1|-1)(|V_1|+2)}{2} \\
&\geqslant (k+1)\left(\left\lceil \frac{k+2}{2} \right\rceil + j \right) - \left(\frac{|V_0|(|V_0|+1)}{2} + \frac{|V_1|(|V_1|+1)}{2} - 2 \right) \\
&= \left(\left\lceil \frac{k+2}{2} \right\rceil + j + 1 \right)(k+1) - \left(k + 1 + \frac{|V_0|(|V_0|+1)}{2} + \frac{|V_1|(|V_1|+1)}{2} - 2 \right) \\
&\geqslant \left(\left\lceil \frac{k+2}{2} \right\rceil + j + 1 \right)(k+1) - \left(\frac{(k+1)(k+2)}{2} - 1 \right) \\
&= \left(\left\lceil \frac{k+2}{2} \right\rceil + j + 1 \right)(k+1) - \frac{k(k+3)}{2}.
\end{aligned}
$$

由这些情况, 性质是成立的.　　　　　□

性质 6.1.5[99]　如果 $0 \leqslant r \leqslant n-2$, 那么 $f_n(r)$ 是一个严格递增函数, 并且 $f_n(r)$ 最大的是 $f_n(n-2) = \dfrac{1}{2}n^2 - \dfrac{1}{2}n + 1$, $f_n(n-2) = f_n(n-1) > f_n(n-3) = f_n(n) > f_n(r)$ 对于 $0 \leqslant r \leqslant n-4$.

引理 6.1.4[96]　设 $n \geqslant 4$, $0 \leqslant r \leqslant n-3$, $S \subseteq V(HP_n)$. 如果 $|S| \leqslant f_n(r) - k$ 并且 $0 \leqslant k \leqslant 1$, $HP_n - S$ 不是连通的, 那么 $HP_n - S$ 的一个分支至少有 $10 \times 2^{n-3} - |S| - (r+1-k)$ 个顶点.

证明　对 r 进行归纳. 设 $r = 0$. 于是, $|S| \leqslant n - k$. 由性质 6.1.1, 如果 $k = 1$, 那么 $HP_n - S$ 是连通的. 由定理 6.1.1, 如果 $k = 0$, $|S| = n$, 那么 $HP_n - S$ 或者是连通的, 或者有两个分支, 其中一个分支是孤立点. 这个推出结果对于 $r = 0$ 是正确的. 假设结果对于 $r-1$ 是成立的, 即对于 $|S| \leqslant f_n(r-1) - k = nr - \dfrac{r(r+3)}{2} - k$, $HP_n - S$ 的一个分支至少有 $10 \times 2^{n-3} - |S| - (r-k)$ 个顶点. 我们将验证结果

对 r $(r \geqslant 1)$ 是成立的. 设 $S_i = S \cap V(iHP_{n-1})$ $(i = 0, 1)$. 不失一般性, 假设 $|S_0| \leqslant |S_1|$. 我们考虑下面的情况.

情况 1 $|S_0| \leqslant n - 2$.

在这种情况里, 因为 $\kappa(0HP_{n-1}) = n - 1$ 以及性质 6.1.1, 所以 $0HP_{n-1} - S_0$ 是连通的. 设 C 是 $HP_n - S$ 中包含 $0HP_{n-1} - S_0$ 的分支, C' 是 $HP_n - S$ 中其他分支的并. 于是, $V(C') \subseteq V(1HP_{n-1}) \subseteq V(HP_n)$. 由于 HP_n 的整个交叉边是一个完美匹配, 所以有 $|V(C')| = |N(V(C')) \cap V(0HP_{n-1})| \leqslant |S_0| \leqslant n - 2$. 然后, $\left\lceil \dfrac{|V(C')| - 1 + 2}{2} \right\rceil \leqslant \left\lceil \dfrac{n - 2 + 1}{2} \right\rceil \leqslant n$. 由性质 6.1.4, 有 $|N_{HP_n}(V(C'))| \geqslant f_n(|V(C')| - 1)$. 由于 C' 是 $HP_n - S$ 中另外的分支的并, 所以 $|N_{HP_n}(V(C'))| \leqslant |S|$ 是成立的. 从而, $f_n(r) - k \geqslant |S| \geqslant |N_{HP_n}(V(C'))| \geqslant f_n(|V(C')| - 1)$. 由性质 6.1.5, 如果 $k = 0$, 那么 $|V(C')| - 1 \leqslant r$. 于是, $|V(C')| \leqslant r + 1$. 如果 $k = 1$, 那么 $|V(C')| - 1 < r$. 于是, $|V(C')| \leqslant r = (r + 1) - 1$. 从而, 有 $|V(C')| \leqslant (r + 1) - k$. 因此, $|V(C)| \geqslant 10 \times 2^{n-3} - |S| - (r + 1 - k)$.

情况 2 $|S_0| > n - 2$.

在这种情况里, 有

$$|S_0| \leqslant |S_1| = |S| - |S_0| \leqslant f_n(r) - k - (n - 1) = f_{n-1}(r - 1) - k.$$

由归纳假设, 对于每一个 $i = 0, 1$, $iHP_{n-1} - S_i$ 有一个分支 A_i 并且至少有 $10 \times 2^{n-4} - |S_i| - (r - k)$ 顶点. 明显地, $|S| + 2r \leqslant f_n(r) - k + 2r$. 由性质 6.1.5, $f_n(r) \leqslant f_n(n-3) = \dfrac{n^2 - n}{2}$. 因为 $n \geqslant 4$, 所以 $|S| + 2r \leqslant f_n(n-3) - k + 2(n-3) = \dfrac{n^2 + 3n - 12 - 2k}{2} < 10 \times 2^{n-4}$. 注意到 $V(0HP_{n-1})$ 和 $V(1HP_{n-1})$ 之间存在 $10 \times 2^{n-4}$ 条不相交的边. 于是, A_0 和 A_1 之间存在 $HP_n - S$ 中的一些边. 设 C 是 $HP_n - S$ 中包含 A_0, A_1 的分支, C' 是 $HP_n - S$ 中除 C 以外所有分支的并. 设 $V_i = V(C') \cap V(iHP_{n-1})$, 其中 $i = 0, 1$. 于是, $|V_0|, |V_1| \leqslant r - k \leqslant n - 3$. 注意到 $|S| \geqslant |N_{0HP_{n-1}}(V_0)| + |N_{1HP_{n-1}}(V_1)|$. 由性质 6.1.4, $|N_{0HP_{n-1}}(V_0)| + |N_{1HP_{n-1}}(V_1)| \geqslant f_{n-1}(|V_0| - 1) + f_{n-1}(|V_1| - 1)$. 于是, $|S| \geqslant f_{n-1}(|V_0| - 1) + f_{n-1}(|V_1| - 1)$. 由于 $|S| \leqslant f_n(r) - k$, 所以有 $f_n(r) - k \geqslant f_{n-1}(|V_0| - 1) + f_{n-1}(|V_1| - 1)$. 从引理 6.1.2, $|V_0| + |V_1| \leqslant r + 1$. 如果 $k = 0$, 那么 $|V_0| + |V_1| \leqslant r + 1 = r + 1 - k$. 设 $k = 1$, $|V_0| + |V_1| = r + 1$, $r_0 = |V_0| - 1$, 有

$$f_{n-1}(|V_0| - 1) + f_{n-1}(|V_1| - 1) = f_n(r) + r_0(r - r_0 - 1).$$

由于 $r - r_0 - 1 = |V_1| - 1 \geqslant 0$, 有 $f_{n-1}(|V_0| - 1) + f_{n-1}(|V_1| - 1) \geqslant f_n(r)$. 这与 $f_n(r) - 1 \geqslant f_{n-1}(|V_0| - 1) + f_{n-1}(|V_1| - 1)$ 矛盾. 从而, $|V_0| + |V_1| \leqslant r$. 因此, 有

$V(C') = |V_0| + |V_1| \leqslant r + 1 - k.$ 故 $|V(C)| \geqslant 10 \times 2^{n-3} - |S| - (r+1-k).$ □

由引理 6.1.4, 有下面的结果.

定理 6.1.2[96]　设 $n \geqslant 4, 0 \leqslant r \leqslant n-3, HP_n$ 是 n 维超彼得森图. 如果 S 是 HP_n 的一个 r 限制割, $|S| \leqslant f_n(r) = -\dfrac{1}{2}r^2 + \left(n - \dfrac{3}{2}\right)r + n$, 那么 $|S| = f_n(r)$, HP_n 是 $f_n(r)$ 两超 r 限制连通的.

证明　如果 $|S| \leqslant f_n(r) - 1$, 那么由引理 6.1.4 可得 $HP_n - S$ 有一个分支最多有 r 顶点. 这与 S 是 HP_n 的一个 r 限制割矛盾. 于是, $|S| = f_n(r)$. 再由引理 6.1.4, $HP_n - S$ 有一个分支, 记作 C, 它至少有 $10 \times 2^{n-3} - |S| - (r+1)$ 个顶点. 设 A 是 $HP_n - S$ 中与 C 不同的一个分支. 于是, $|V(A)| \leqslant r+1$. 由于 S 是 HP_n 的一个 r 限制割, 所以有 $|V(A)| = r+1$. 因此, $HP_n - S$ 有两个分支 C 和 A. □

设 $u_0 = 0^{n-2} = \underbrace{00\cdots0}_{n-2}, u_i = 0^{n-i-3}10^i \ (1 \leqslant i \leqslant g), A = \{u_j : j \in \{0, 1, 2, \cdots, r\}\}.$ 于是, $HP_n[A]$ 是一个星.

定理 6.1.3[96]　设 $n \geqslant 4, 0 \leqslant r \leqslant n-3, HP_n$ 是 n 维超彼得森图. 于是, $\tilde{\kappa}^{(r)}(G) = f_n(r) = -\dfrac{1}{2}r^2 + \left(n - \dfrac{3}{2}\right)r + n, HP_n$ 是 $f_n(r)$ 两超 r 限制连通的.

证明　我们考虑下面的断言.

断言　对于 $n \geqslant 4$ 和 $0 \leqslant r \leqslant n-3, |N(A)| = -\dfrac{1}{2}r^2 + \left(n - \dfrac{3}{2}\right)r + n = f_n(r).$

我们通过对 r 进行归纳证明断言 1. 设 $r = 0$. 由性质 6.1.1, $|N(u_0)| = n$. 这个推出结果对于 $r = 0$ 是正确的. 由于 HP_n 是 n 正则的以及性质 6.1.1, $|N(\{u_0, u_1\})| = 2n - 2$. 这个推出结果对于 $r = 1$ 是正确的. 假设 $r \geqslant 1$, 结果对于 $r = k - 1$ 是成立的, 即 $|N(A)| = |N(\{u_0, u_1, \cdots, u_{k-1}\})| = f_n(k-1) = nk - \dfrac{1}{2}(k-1)(k+2)$. 我们将证明对于 $r = k$ 结果是成立的. 注意到 $u_k = 0^{n-k-3}10^k$. 由 HP_n 的定义, u_k 与 u_0 相邻. 由 HP_n 的定义, u_k 与 $0^{n-k-3}10^j10^{k-j-1}$ 相邻, 其中 $0 \leqslant j \leqslant k-2$. 注意到 $u_i = 0^{n-i-3}10^i \ (1 \leqslant i \leqslant k-1)$. 由 HP_n 的定义, u_i 与 $0^{n-k-3}10^{k-i-1}10^i$ 相邻. 当 $i = k - j - 1$ 时, $|N(u_i) \cap N(u_k)| = 1$. 于是

$$
\begin{aligned}
|N(A)| &= |N(\{u_0, u_1, \cdots, u_{k-1}, u_k\})| \\
&= f_n(k-1) + (n-1) - 1 - (k-1) \\
&= nk - \frac{1}{2}(k-1)(k+2) + (n-1) - 1 - (k-1) \\
&= n(k+1) - \frac{1}{2}k(k+3) = f_n(k).
\end{aligned}
$$

注意到 $|A| = r+1$. 由引理 6.1.4, $N(A)$ 是 HP_n 的一个 r 限制割. 由定理 6.1.3 的证明, $N(A)$ 是 HP_n 的一个最小 r 限制割. 因此, $\tilde{\kappa}^{(r)}(HP_n) = f_n(r) =$

$-\frac{1}{2}r^2 + \left(n - \frac{3}{2}\right)r + n$. 由定理 6.1.2, HP_n 是 $f_n(r)$ 两超 r 限制连通的. □

6.2 局部扭立方的 g 限制连通度

局部扭立方的定义和一些性质是 5.2.1 节的预备知识. 本节给出局部扭立方的 g 限制连通度.

拟超立方体网络 [98] (一些作者也称为 BC 网络 [74,97,99]) 由 $\mathbb{L}_n$ 表示, 其中包括超立方体、交叉立方体、扭立方体、局部扭立方等.

引理 6.2.1[99] 设 $n \geqslant 4, 0 \leqslant g \leqslant n - 4, n, g$ 是 2 个整数, $X_n \in \mathbb{L}_n$. 一个 n 维 BC 网络的 g 限制连通度是 $\widetilde{\kappa}^{(g)}(X_n) = n(g + 1) - \frac{g(g + 3)}{2}$.

引理 6.2.2[74,98] 设 $n \geqslant 5, 0 \leqslant g \leqslant n - 3, X_n \in \mathbb{L}_n$, 则 $\widetilde{\kappa}^{(g)}(X_n) \geqslant n(g + 1) - \frac{1}{2}g(g + 3)$, 其中一般来说 $\widetilde{\kappa}^{(g)}(X_n) = n(g + 1) - \frac{1}{2}g(g + 3)$ 是不成立的.

由于文献 [99] 在文献 [98] 之前, 所以我们在这节使用文献 [98] 中的结果.

由于引理 6.2.2, $\widetilde{\kappa}^{(g)}(X_n) = n(g + 1) - \frac{1}{2}g(g + 3)$ 不总是成立的. 因此, 根据不同的网络决定 $\widetilde{\kappa}^{(g)}(X_n)$. 下面证明 $\widetilde{\kappa}^{(g)}(LTQ_n)$ 是 $n(g + 1) - \frac{1}{2}g(g + 3)$, 其中 $n \geqslant 5, 0 \leqslant g \leqslant n - 3$.

引理 6.2.3[100] LTQ_n 的整个交叉边是一个完美匹配.

引理 6.2.4[14] 设 LTQ_n 是局部扭立方. $\kappa(LTQ_n) = n$.

引理 6.2.5[101] 如果 $0 \leqslant g \leqslant n - 2$, 那么 $f_n(g)$ 是严格单调递增的, 并且最大的 $f_n(g)$ 是 $f_n(n - 2) = \frac{1}{2}n(n - 1) + 1$, $f_n(n - 1) = f_n(n - 2) > f_n(n) = f_n(n - 3) > f_n(g)$, 其中 $0 \leqslant g \leqslant n - 4$.

引理 6.2.6[102] 设 $f(x) = 2^x - \frac{1}{2}x^2 - \frac{1}{2}x - 1 - x$. 对于任意的 $x \geqslant 4$, $f(x)$ 是严格单调递增的, $f(x) > 0$.

证明 由于 $f(x) = 2^x - \frac{1}{2}x^2 - \frac{1}{2}x - 1 - x = 2^x - \frac{1}{2}x^2 - \frac{3}{2}x - 1$, $f'(x) = 2^x \ln 2 - x - \frac{3}{2}$, $f''(x) = 2^x(\ln 2)^2 - 1 > 0$, 其中 $x \geqslant 4$. 由于 $f''(x) > 0$, 其中 $x \geqslant 4$, 所以当 $x \geqslant 4$ 时 $f'(x) = 2^x \ln 2 - x - \frac{3}{2}$ 是严格单调递增的. 从而, $f'(x) \geqslant f'(4) > 0$, 其中 $x \geqslant 4$. 由于 $f'(x) > 0$, 其中 $x \geqslant 4$, 所以当 $x \geqslant 4$ 时 $f(x)$ 是严格单调递增的, $f(x) \geqslant f(4) > 0$. □

设 $n \geqslant 5, 0 \leqslant g \leqslant n - 3$. 我们构造 LTQ_n 的一个连通子图 $K_{1,g}$ (星图). 设 $u_1 = 0^n, u_2 = 0^{n-1}1, u_3 = 0^{n-2}10, u_i = 0^{n-i+1}10^{i-2}1 \ (4 \leqslant i \leqslant g+1)$, 其中 $u_1 = 0^n$

是星的核. 设 $V(K_{1,g}) = \{u_1, u_2, u_3, \cdots, u_{g+1}\}$, $E(K_{1,g}) = \{u_1 u_j : 2 \leqslant j \leqslant g+1\}$. 设 $V(K_{1,g-1}) = \{u_1, u_2, u_3, \cdots, u_g\}$, $E(K_{1,g-1}) = \{u_1 u_j : 2 \leqslant j \leqslant g\}$.

引理 6.2.7[102]　设 $K_{1,g}$ 如上定义, $F_1 = N_{LTQ_n}(V(K_{1,g}))$, $F_2 = N_{LTQ_n}(V(K_{1,g})) \cup V(K_{1,g})$. 如果 $n \geqslant 5$, $0 \leqslant g \leqslant n-3$, 那么 $|F_1| = n(g+1) - \frac{1}{2}g(g+3)$, $|F_2| = (n+1)(g+1) - \frac{1}{2}g(g+3)$, $LTQ_n - F_1$ 有 2 个分支, F_1 是 LTQ_n 的一个 g 限制割.

证明　由 $K_{1,g}$ 的定义, 明显地, $|V(K_{1,g})| = g+1$. 我们通过对 g 进行归纳证明 $|N_{LTQ_n}(V(K_{1,g}))| = n(g+1) - \frac{1}{2}g(g+3)$. 当 $g = 0$ 时, $V(K_{1,g}) = \{0^n\}$. 由于 LTQ_n 是一个 n 正则图, 那么对于 $g = 0$ 有 $|F| = n$. 当 $g = 1$ 时, $V(K_{1,g}) = \{0^{n-1}1, 0^n\}$. 由引理 5.2.3, $|F_1| = 2n - 2$. 这个推出结果对于 $g = 0, 1$ 是正确的. 假设该结果对于 $g = k - 1$ $(k \geqslant 2)$ 是成立的, 即 $|N_{LTQ_n}(V(K_{1,g}))| = n(k-1+1) - \frac{1}{2}(k-1)(k-1+3) = nk - \frac{1}{2}(k-1)(k+2)$, 其中 $g = k-1$ $(k \geqslant 2)$. 我们将证明这个引理对于 $g = k$ $(k \geqslant 2)$ 也是正确的, 即 $|N_{LTQ_n}(V(K_{1,g}))| = n(k+1) - \frac{1}{2}k(k+3)$. LTQ_n 划分成 $0LTQ_{n-1}$, $1LTQ_{n-1}$. 于是, $0LTQ_{n-1}$ 和 $1LTQ_{n-1}$ 与 LTQ_{n-1} 同构. 设 $F_i = F \cap V(iLTQ_{n-1}), i \in \{0, 1\}$. 由归纳假设, $|N_{LTQ_n}(V(K_{1,k-1}))| = nk - \frac{1}{2}(k-1)(k+2)$. 注意到 $K_{1,k} = K_{1,k-1} \cup K_1$, 其中 $V(K_1) = \{u_1, u_{k+1}\}$, $E(K_1) = \{u_1 u_{k+1}\}$. 由 LTQ_n 的定义, $|(N(u_{k+1}) \cap N(u_i)) \setminus \{u_1\}| = 1$, 其中 $i = 2, 3, \cdots, k$. 注意到 $d_{K_{1,k}}(u_1) = k$, $d_{K_{1,k-1}}(u_1) = k-1$. 因此, $|F| = |N_{LTQ_n}(V(K_{1,k}))| = nk - \frac{1}{2}(k-1)(k+2) + (n-1-(k-1)) - 1 = n(k+1) - \frac{1}{2}k(k+3)$.

由 $K_{1,g}$ 的定义, $K_{1,g}$ 是 $0LTQ_{n-1}$ 的一个子图. 于是 $|V(1LTQ_{n-1}) \cap F_1| = |V(1LTQ_{n-1}) \cap N_{LTQ_n}(V(K_{1,g}))| = g+1$. 由于 $0 \leqslant g \leqslant n-3$, 所以 $g+1 \leqslant n-2$ 成立. 由引理 5.2.1, $1LTQ_{n-1} - F_1$ 是连通的. 对于每一个 $x \in V(0LTQ_{n-1} - F_2)$, $LTQ_n[V(1LTQ_{n-1} - F_1) \cup \{x\}]$ 是连通的. 因此, $LTQ_n - F_2$ 是连通的, $|V(LTQ_n - F_2)| = 2^n - (g+1) - \left(n(g+1) - \frac{1}{2}g(g+3) \right)$. 由引理 6.2.5, $g \leqslant n-3$, $|V(LTQ_n - F_2)| > 2^n - (n+1)(n-2) + \frac{1}{2}n(n-3)$. 由引理 6.2.6, $|V(LTQ_n - F_2)| > g+1$. 注意到 $|V(K_{1,g})| = g+1$. 因此, F_1 是 LTQ_n 的一个 g 限制割.　□

给出一个正整数 n, 设 $f_n(g) = n(g+1) - \frac{1}{2}g(g+3)$ 是关于 g 的一个函数.

引理 6.2.8[98]　对于每一个 $X_n \in \mathbb{L}_n$, 设 $F \subseteq V(X_n)$. 如果 $|F| \leqslant f_n(g) - k$,

其中 $0 \leqslant k \leqslant 1$, 那么 $X_n - F$ 有一个分支至少有 $2^n - |F| - (g+1-k)$ 个顶点, 其中 $n \geqslant 5, 0 \leqslant g \leqslant n-3$.

定理 6.2.1[102]   设 LTQ_n 是局部扭立方, $n \geqslant 5, 0 \leqslant g \leqslant n-3$. LTQ_n 的 g 限制连通度是 $n(g+1) - \frac{1}{2}g(g+3)$, 即 $\widetilde{\kappa}^{(g)}(LTQ_n) = n(g+1) - \frac{1}{2}g(g+3)$.

证明   设 $K_{1,g}$ 的定义同引理 6.2.7, $F_1 = N_{LTQ_n}(V(K_{1,g}))$. 由引理 6.2.7, F_1 是一个 g 限制割, $|F_1| = n(g+1) - \frac{1}{2}g(g+3)$. 因此, $\widetilde{\kappa}^{(g)}(LTQ_n) \leqslant n(g+1) - \frac{1}{2}g(g+3)$.

设 F 是一个 g 限制割. 如果 $|F| \leqslant f_n(g) - 1$, 由引理 6.2.8, $LTQ_n - F$ 有一个分支 C 且 $|V(C)| \geqslant 2^n - |F| - g$. 从而, $|V(LTQ_n)| - |V(C)| - |F| \leqslant 2^n - (2^n - |F| - g) - |F| = g$, 这与 F 是一个 g 限制割矛盾. 因此, $|F| > f_n(g) - 1$, 即 $|F| \geqslant f_n(g)$. 注意到 $f_n(g) = n(g+1) - \frac{1}{2}g(g+3)$. 故 $\widetilde{\kappa}^{(g)}(LTQ_n) \geqslant n(g+1) - \frac{1}{2}g(g+3)$. 从而, LTQ_n 的 g 限制连通度是 $n(g+1) - \frac{1}{2}g(g+3)$.   □

引理 6.2.9[98]   设 $n \geqslant 5, 0 \leqslant g \leqslant n-3$, $X_n \in \mathbb{L}_n$, S 是 X_n 的一个 g 限制割. 如果 $|S| \leqslant n(g+1) - \frac{1}{2}g(g+3)$, 那么 $|S| = n(g+1) - \frac{1}{2}g(g+3)$, X_n 是紧 $(n(g+1) - \frac{1}{2}g(g+3))$ 超 g 限制连通的.

定理 6.2.2[102]   设 LTQ_n 是局部扭立方, $n \geqslant 5$ 和 $0 \leqslant g \leqslant n-3$. LTQ_n 是紧 $\left(n(g+1) - \frac{1}{2}g(g+3)\right)$ 超 g 限制连通的, 即 $LTQ_n - S$ 有两个分支, 其中一个分支有 $(g+1)$ 个顶点.

证明   注意到 $LTQ_n \in \mathbb{L}_n$. 设 S 是 LTQ_n 的一个 g 限制割. 由定理 6.2.1, $|S| \geqslant n(g+1) - \frac{1}{2}g(g+3)$. 由引理 6.2.9, $|S| = n(g+1) - \frac{1}{2}g(g+3)$, LTQ_n 是紧 $(n(g+1) - \frac{1}{2}g(g+3))$ 超 g 限制连通的.   □

6.3   交叉立方的 g 限制连通度

定义 6.3.1   设 $R = \{(00, 00), (10, 10), (01, 11), (11, 01)\}$. 两个二进制字符串 $u = u_1 u_0$ 和 $v = v_1 v_0$ 是相关对, 由 $u \sim v$ 表示, 当且仅当 $(u, v) \in R$.

定义 6.3.2   一个交叉立方 CQ_n 的顶点集是 $\{v_{n-1} v_{n-2} \cdots v_0 : 0 \leqslant i \leqslant n-1, v_i \in \{0, 1\}\}$. 2 个顶点 $u = u_{n-1} u_{n-2} \cdots u_0$ 和 $v = v_{n-1} v_{n-2} \cdots v_0$ 是相邻的当且仅当满足下面的条件之一 (图 6.3).

(1) 存在一个整数 l $(1 \leqslant l \leqslant n-1)$ 使得

(i) $u_{n-1}u_{n-2}\cdots u_l = v_{n-1}v_{n-2}\cdots v_l$;

(ii) $u_{l-1} \neq v_{l-1}$;

(iii) 如果 l 是偶数, $u_{l-2} = v_{l-2}$;

(iv) $u_{2i+1}u_{2i} \sim v_{2i+1}v_{2i}$, 其中 $0 \leqslant i < \left\lfloor \dfrac{l-1}{2} \right\rfloor$.

(2) (i) $u_{n-1} \neq v_{n-1}$;

(ii) 如果 n 是偶数, $u_{n-2} = v_{n-2}$;

(iii) $u_{2i+1}u_{2i} \sim v_{2i+1}v_{2i}$, 其中 $0 \leqslant i < \left\lfloor \dfrac{n-1}{2} \right\rfloor$.

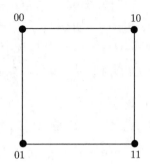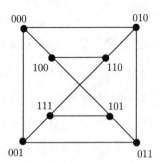

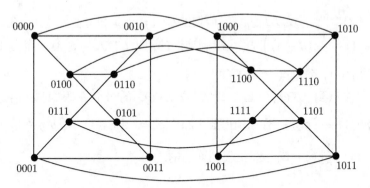

图 6.3 　CQ_2, CQ_3, CQ_4

设 $n \geqslant 2$. 定义两个图 CQ_n^0, CQ_n^1 如下. 如果 $u = u_{n-2}u_{n-3}\cdots u_0 \in V(CQ_{n-1})$, 那么 $u^0 = 0u_{n-2}u_{n-3}\cdots u_0 \in V(CQ_n^0)$, $u^1 = 1u_{n-2}u_{n-3}\cdots u_0 \in V(CQ_n^1)$. 如果 $uv \in E(CQ_{n-1})$, 那么 $u^0v^0 \in E(CQ_n^0)$, $u^1v^1 \in E(CQ_n^1)$. 于是, $CQ_n^0 \cong CQ_{n-1}$, $CQ_n^1 \cong CQ_{n-1}$. 定义 CQ_n^0 和 CQ_n^1 的顶点之间边的规则如下.

顶点 $u = 0u_{n-2}u_{n-3}\cdots u_0 \in V(CQ_n^0)$, $v = 1v_{n-2}v_{n-3}\cdots v_0 \in V(CQ_n^1)$ 是相邻的当且仅当

(1) 如果 n 是偶数, $u_{n-2} = v_{n-2}$;

(2) $(u_{2i+1}u_{2i}, v_{2i+1}v_{2i}) \in R$, 其中 $0 \leqslant i < \left\lfloor \dfrac{n-1}{2} \right\rfloor$.

在 CQ_n^0 和 CQ_n^1 顶点之间的边是交叉边. 由 CQ_n 的定义, 有下面的性质.

性质 6.3.1 CQ_n 的整个交叉边是一个完美匹配.

性质 6.3.2[103] CQ_n 没有三角形.

性质 6.3.3[9] $\kappa(CQ_n) = n$.

设 $v_0 = 0^n = \underbrace{00\cdots0}_{n}$, $v_k = 0^{n-2k}10^{2k-1}$ $\left(1 \leqslant k \leqslant g \leqslant \left\lfloor \dfrac{n}{2} \right\rfloor\right)$. 于是, 我们在 CQ_n 中构造了一个连通的子图 $K_{1,g}$. 设 $V(K_{1,g}) = \{v_0, v_1, v_2, \cdots, v_g\}$, $E(K_{1,g}) = \{v_0v_k | 1 \leqslant k \leqslant g\}$. 于是, $K_{1,g} = CQ_n[\{v_0, v_1, v_2, \cdots, v_g\}]$, $0 \leqslant g \leqslant \left\lfloor \dfrac{n}{2} \right\rfloor$.

引理 6.3.1[104] 设 CQ_n 是交叉立方. $K_{1,g}$ 被如上定义, 其中 $0 \leqslant g \leqslant \left\lfloor \dfrac{n}{2} \right\rfloor$, $n \geqslant 5$. $|N_{CQ_n}(V(K_{1,g}))| = n(g+1) - \dfrac{1}{2}g(g+3)$.

证明 当 $g = 0$ 时, $V(K_{1,0}) = \{0^n\}$. 由于 CQ_n 是 n 正则的, 所以 $|N_{CQ_n}(V(K_{1,0}))| = n$. 当 $g = 1$ 时, $V(K_{1,1}) = \{0^n, 0^{n-2}10\}$. 由性质 6.3.2, $|N_{CQ_n}(V(K_{1,1}))| = 2n - 2$. 这个推出结果对于 $g = 0, 1$ 是正确的. 假设结果对于 $g = k - 1$ $(k \geqslant 2)$ 是正确的, 即 $|N_{CQ_n}(V(K_{1,k-1}))| = n(k-1+1) - \dfrac{1}{2}(k-1)(k-1+3) = nk - \dfrac{1}{2}(k-1)(k+2)$, 其中 $g = k - 1$ $(k \geqslant 2)$. 我们将证明这个引理对于 $g = k$ $(k \geqslant 2)$ 是正确的, 即 $|N_{CQ_n}(V(K_{1,k}))| = n(k+1) - \dfrac{1}{2}k(k+3)$. 注意到 $v_k = 0^{n-2k}10^{2k-1}$, $v_i = 0^{n-2i}10^{2i-1}$, 其中 $i = 1, 2, \cdots, k-1$. 设 $v_m = 0^{n-2k}10^{2k-2i-1}10^{2i-1}$. 由于 $1 \leqslant i \leqslant k - 1$, $1 \leqslant 2k - 2i - 1 \leqslant 2k - 3$. 为了方便, $v_k = 0^{n-2k}10^{2k-1} = v_{n-1}^k, \cdots, v_0^k$, $v_i = 0^{n-2i}10^{2i-1} = v_{n-1}^i, \cdots, v_0^i$, $v_m = 0^{n-2k}10^{2k-2i-1}10^{2i-1} = v_{n-1}^m, \cdots, v_0^m$. 当 $i = 1$ 时, $v_{n-1}^m, \cdots, v_{2k}^m = v_{n-1}^i, \cdots, v_{2k}^i$, $v_{2k-1}^m = \overline{v_{2k-1}^i}$, $v_{2k-2}^m = v_{2k-2}^i$, $(v_{2j+1}^m v_{2j}^m, v_{2j+1}^i v_{2j}^i) = (00, 00)$, 其中 $j = 1, \cdots, k-2$, $(v_1^m v_0^m, v_1^i v_0^k) = (10, 10)$; 当 $i \geqslant 2$ 时, $v_{n-1}^m, \cdots, v_{2i}^m = v_{n-1}^k, \cdots, v_{2i}^k$, $v_{2i-1}^m = \overline{v_{2i-1}^k}$, $v_{2i-2}^m = v_{2i-2}^k$, $(v_{2j+1}^m v_{2j}^m, v_{2j+1}^i v_{2j}^i) = (00, 00)$, 其中 $j = i, i+1, \cdots, k-2$, $(v_{2i-1}^m v_{2i-2}^m, v_{2i-1}^i v_{2i-2}^i) = (10, 10)$ 和 $(v_{2j+1}^m v_{2j}^m, v_{2j+1}^i v_{2j}^i) = (00, 00)$, 其中 $j = 0, 1, \cdots, i-2$. 因此, v^m 与 v^i 相邻, $|(N(v_k) \cap N(v_i)) \setminus \{v_0\}| = 1$, 其中 $i = 1, 2, 3, \cdots, k-1$. 注意到 $d_{K_{1,k}}(v_0) = k$, $d_{K_{1,k-1}}(v_0) = k - 1$. 因此, $|N_{CQ_n}(V(K_{1,k}))| = nk - \dfrac{1}{2}(k-1)(k+2) + (n - 1 - (k-1)) - 1 = n(k+1) - \dfrac{1}{2}k(k+3)$.

$\square$

给出一个正整数 n, 设 $f_n(g) = n(g+1) - \dfrac{1}{2}g(g+3)$ 是关于 g 的一个

函数.

引理 6.3.2[98]　如果 $0 \leqslant g \leqslant n-2$, 那么 $f_n(g)$ 是一个严格单调递增函数. 并且, $f_n(g)$ 最大是 $f_n(n-2) = \dfrac{n(n-1)}{2} + 1$ 和 $f_n(n-1) = f_n(n-2) > f_n(n) = f_n(n-3) > f_n(g)$, 其中 $0 \leqslant g \leqslant n-4$.

引理 6.3.3[98]　设 $n \geqslant 5$, $0 \leqslant g \leqslant n-3$. 对于任意的 $X_n \in \mathbb{L}_n$, 设 $F \subseteq V(X_n)$. 如果 $|F| \leqslant f_n(g) - k$, 其中 $0 \leqslant k \leqslant 1$, 那么 $X_n - F$ 有一个分支至少有 $2^n - |F| - (g+1-k)$ 个顶点.

引理 6.3.4[104]　设 CQ_n 是交叉立方, $K_{1,g}$ 的定义如同引理 6.3.1, 其中 $0 \leqslant g \leqslant \left\lfloor \dfrac{n}{2} \right\rfloor$, $n \geqslant 5$. $CQ_n - V(K_{1,g}) - N_{CQ_n}(V(K_{1,g}))$ 是连通的, $|V(CQ_n - V(K_{1,g}) - N_{CQ_n}(V(K_{1,g})))| \geqslant g+1$.

证明　明显地, $|V(K_{1,g})| = g+1$. 设 $F = N_{CQ_n}(V(K_{1,g}))$. 于是, $K_{1,g}$ 是 $CQ_n - F$ 的一个分支. 由引理 6.3.1, $|F| = n(g+1) - \dfrac{1}{2}g(g+3) = f_n(g)$. 由于 $CQ_n \in \mathbb{L}_n$, 所以由引理 6.3.3, $CQ_n - F$ 的一个分支至少有 $(2^n - |F| - (g+1))$ 个顶点. 设 C 是该分支, 其中 $|V(C)| \geqslant 2^n - |F| - (g+1)$. 由于 $|V(C)| + |V(K_{1,g})| + |F| \geqslant 2^n - |F| - (g+1) + (g+1) + |F| = 2^n = |V(CQ_n)|$, 所以 $CQ_n - F$ 有两个分支, 其中之一是 $K_{1,g}$, 另一个分支是 $CQ_n - V(K_{1,g}) - F$. 因此, $CQ_n - V(K_{1,g}) - N_{CQ_n}(V(K_{1,g}))$ 是连通的.

对于 $n \geqslant 5$, $g \leqslant \left\lfloor \dfrac{n}{2} \right\rfloor \leqslant n-3$. 由引理 6.3.2, $f_n(g) \leqslant f_n(n-3) = \dfrac{1}{2}n(n-1)$. 因此, $|F| \leqslant \dfrac{1}{2}n(n-1)$, $g+1 \leqslant n-2$. 有 $|V(CQ_n - V(K_{1,g}) - F)| = |V(CQ_n)| - |V(K_{1,g})| - |F| \geqslant 2^n - (g+1) - \dfrac{1}{2}n(n-1) \geqslant 2^n - (n-2) - \dfrac{1}{2}n(n-1)$, 其中 $n \geqslant 5$.

设 $h(x) = 2^x - (x-2) - \dfrac{1}{2}x(x-1) - (x-2) = 2^x - \dfrac{1}{2}x^2 - \dfrac{3}{2}x + 4$. 于是, $h'(x) = 2^x \ln 2 - x - \dfrac{3}{2}$, $h''(x) = 2^x(\ln 2)^2 - 1$. 注意到 $h''(x)$ 是严格单调递增的. 由于 $h''(x) > 0$, 其中 $x \geqslant 2$, 所以当 $x \geqslant 2$ 时, $h'(x)$ 是严格单调递增的. 对于 $x \geqslant 3$, $h'(x) > 0$, $h(x)$ 是严格单调递增的. 由于 $h(x) \geqslant h(3) = 3 > 0$, 所以对于 $x \geqslant 5$, $2^x - (x-2) - \dfrac{1}{2}x(x-1) > x-2 \geqslant g+1$.

因此, $|V(CQ_n - V(K_{1,g}) - N_{CQ_n}(V(K_{1,g})))| \geqslant g+1$, 其中 $n \geqslant 5$.　　　　□

引理 6.3.5[104]　交叉立方 CQ_n 的 g 限制连通度 $\tilde{\kappa}^{(g)}(CQ_n) \leqslant n(g+1) - \dfrac{1}{2}g(g+3)$, 其中 $0 \leqslant g \leqslant \left\lfloor \dfrac{n}{2} \right\rfloor$, $n \geqslant 5$.

证明　$K_{1,g}$ 的定义如同引理 6.3.1, $F = N_{CQ_n}(V(K_{1,g}))$. 明显地, $|V(K_{1,g})| = $

$g+1$. 由引理 6.3.1, $|F| = n(g+1) - \frac{1}{2}g(g+3)$. 由引理 6.3.4, $CQ_n - V(K_{1,g}) - F$ 是连通的, $|V(CQ_n - V(K_{1,g}) - F)| \geqslant g+1$. 因此, $CQ_n - F$ 有两个分支, 其中之一是 $K_{1,g}$, 另一个是 $CQ_n - V(K_{1,g}) - F$. 因此, F 是 CQ_n 的一个 g 限制割. 由 g 限制连通度的定义, $\tilde{\kappa}^{(g)}(CQ_n) \leqslant |F| = n(g+1) - \frac{1}{2}g(g+3)$. □

引理 6.3.6[104] 交叉立方 CQ_n 的 g 限制连通度 $\tilde{\kappa}^{(g)}(CQ_n) \geqslant n(g+1) - \frac{1}{2}g(g+3)$, 其中 $0 \leqslant g \leqslant n-3$, $n \geqslant 5$.

证明 设 F 是 CQ_n 的一个任意的 g 限制割. 注意到 $CQ_n \in \mathbb{L}_n$. 如果 $|F| \leqslant n(g+1) - \frac{1}{2}g(g+3) - 1$, 那么由引理 6.3.3 可得 $CQ_n - F$ 的一个分支至少有 $(2^n - |F| - g)$ 个顶点. 设 C 是该分支, 其中 $|V(C)| \geqslant 2^n - |F| - g$. 由于 F 是 CQ_n 的一个割, 所以 $CQ_n - F$ 至少有两个分支. 设 A 是 $CQ_n - F$ 中另外的分支. 于是, $|V(A)| \leqslant |V(CQ_n)| - |F| - |V(C)| \leqslant 2^n - |F| - (2^n - |F| - g) = g$, 这与 F 是 CQ_n 的一个 g 限制割矛盾. 因此, $|F| \geqslant n(g+1) - \frac{1}{2}g(g+3)$. 由 F 的任意性, $\tilde{\kappa}^{(g)}(CQ_n) = |F| \geqslant n(g+1) - \frac{1}{2}g(g+3)$. □

结合引理 6.3.5 和引理 6.3.6, 有下面的定理.

定理 6.3.1[104] 设 CQ_n 是交叉立方. CQ_n 的 g 限制连通度是 $n(g+1) - \frac{1}{2}g(g+3)$, 其中 $0 \leqslant g \leqslant \lfloor \frac{n}{2} \rfloor$, $n \geqslant 5$.

引理 6.3.7[98] 设 $n \geqslant 5$, $0 \leqslant g \leqslant n-3$. 对于任意 $X_n \in \mathbb{L}_n$, 设 S 是 X_n 的一个 g 限制割. 如果 $|S| \leqslant n(g+1) - \frac{1}{2}g(g+3)$, 那么 $|S| = n(g+1) - \frac{1}{2}g(g+3)$, X_n 是紧 $n(g+1) - \frac{1}{2}g(g+3)$ 超 g 限制连通的.

由定理 6.3.1 和引理 6.3.7, 有下面的推论.

推论 6.3.1[104] 对于 $n \geqslant 5$, $0 \leqslant g \leqslant n-3$, 交叉立方 CQ_n 是紧 $n(g+1) - \frac{1}{2}g(g+3)$ 超 g 限制连通的.

6.4 交错群图的紧超 3 限制连通度

设 $[n] = \{1, 2, \cdots, n\}$, S_n 是对称群在 $[n]$ 上所有的置换 $p = p_1 p_2 \cdots p_n$. 交叉群 A_n 是 S_n 的一个子群, 包含整个的偶置换. 我们知道 $\{(12i), (1i2) : i = 3, \cdots, n\}$ 是 A_n 的一个生成集.

定义 6.4.1 一个 n 维交错群图 AG_n 是一个图. 它的顶点集是 $V(AG_n) = A_n$. 2 个顶点 u, v 是相邻的当且仅当 $u = v(12i)$ 或 $u = v(1i2)$, 其中 $3 \leqslant i \leqslant n$.

A_n 的单位元是 (1). 图 AG_3, AG_4 的图例如图 6.4 所示. 从 AG_n 的定义, 容易看到 AG_n 是一个 $2(n-2)$ 正则图, 有 $n!/2$ 个顶点. 沿着最后一个位置分解 AG_n, 表示为 AG_n^1, AG_n^2, $\cdots$, AG_n^n. 明显地, 对于 $i \in [n]$, AG_n^i 与 AG_{n-1} 同构. 边的端点在不同的 AG_n^i, AG_n^j 中称为外部边 (或者交叉边), 边的端点在相同的 AG_n^i 中称为内部边. 许多研究者在文献 [86, 105–109] 中研究了交错群图.

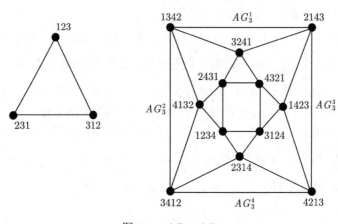

图 6.4 AG_3, AG_4

作为一个互连网络的良好拓扑结构, 交错群图已被证明具有许多理想的特性. 例如, 强层次结构, 高连通性、小直径、平均距离等. 对于比较超立方体、星图和交错群图的详细信息, 请参阅文献 [105].

定理 6.4.1[105] AG_n 是顶点传递的和边传递的.

性质 6.4.1[86] 设 AG_n^i 定义如上. 2 个不同的 AG_n^i 之间存在 $(n-2)!$ 条独立的交叉边.

性质 6.4.2[86] $\kappa(AG_n) = \delta(AG_n) = 2n - 4$, 其中 $n \geqslant 3$.

引理 6.4.1[86] 设 u, v 是 AG_n 的任意 2 个顶点.

(1) 如果 $uv \in E(AG_n)$, 那么 $|N(u) \cap N(v)| = 1$.

(2) 如果 $uv \notin E(AG_n)$, 那么 $|N(u) \cap N(v)| \leqslant 2$.

性质 6.4.3[86] 设 F 是 AG_n 的一个割 $(n \geqslant 5)$, 使得 $|F| \leqslant 4n - 11$. $AG_n - F$ 满足下面的条件之一:

(1) $AG_n - F$ 有两个分支, 其中一个分支是孤立点;

(2) $AG_n - F$ 有两个分支, 其中一个分支是一条边. 此外, 如果 $|F| = 4n - 11$, 那么 F 由一条边端点的邻域构成.

性质 6.4.4[86] 设 F 是 AG_n 的一个割 $(n \geqslant 5)$, 使得 $|F| \leqslant 6n - 20$. $AG_n - F$

满足下面的条件之一:

(1) $AG_n - F$ 有两个分支, 其中一个分支是孤立点或一条边;

(2) $AG_n - F$ 有三个分支, 其中两个分支是孤立点.

性质 6.4.5[86] 设 F 是 AG_n 的一个割 $(n \geqslant 5)$, 使得 $|F| \leqslant 6n-19$. $AG_n - F$ 满足下面的条件之一:

(1) $AG_n - F$ 有两个分支, 其中一个分支是孤立点, 一条边或一条 2 路;

(2) $AG_n - F$ 有三个分支, 两个分支是孤立点.

性质 6.4.6[86] 设 F 是 AG_n 的一个割 $(n \geqslant 5)$, 使得 $|F| \leqslant 8n-29$. $AG_n - F$ 满足下面的条件之一:

(1) $AG_n - F$ 有两个分支, 其中一个分支是孤立点, 或者一条边, 或者一条 2 路, 或者一个 3 圈;

(2) $AG_n - F$ 有三个分支, 其中两个分支是孤立点, 或者一个孤立点和一条边;

(3) $AG_n - F$ 有四个分支, 其中三个分支是孤立点.

定理 6.4.2[86] AG_n 的 3 限制连通度 $\tilde{\kappa}^{(3)}(AG_n) = 8n - 28$, 其中 $n \geqslant 5$.

设 $u \in V(AG_n^r)$, u 的外部边是 uu^+ 和 uu^-.

性质 6.4.7[110] 对于 $u \in V(AG_n^r)$, $u^+ \in V(AG_n^i)$, $u^- \in V(AG_n^j)$, $i \neq j$.

证明 由于 $u = \left\{ \begin{array}{cccc} 1 & 2 & \cdots & n \\ p_1 & p_2 & \cdots & p_n \end{array} \right\} \in V(AG_n^r)$, 有

$$u = \left\{ \begin{array}{ccccc} 1 & 2 & \cdots & n-1 & n \\ p_1 & p_2 & \cdots & p_{n-1} & r \end{array} \right\},$$

$$u^+ = u(12n) = \left\{ \begin{array}{ccccc} 1 & 2 & \cdots & n-1 & n \\ p_2 & r & \cdots & p_{n-1} & p_1 \end{array} \right\} \in V(AG_n^{p_1})$$

和

$$u^- = u(1n2) = \left\{ \begin{array}{ccccc} 1 & 2 & \cdots & n-1 & n \\ r & p_1 & \cdots & p_{n-1} & p_2 \end{array} \right\} \in V(AG_n^{p_2}).$$

注意到 $p_1 \neq p_2$. 设 $i = p_1$ 和 $j = p_2$. $\square$

由性质 6.4.7, 有下面的性质.

性质 6.4.8[110] 对于 $u \in V(AG_n^1 \cup AG_n^2)$, $u^+ \in V(AG_n^3 \cup \cdots \cup AG_n^n)$ 或 $u^- \in V(AG_n^3 \cup \cdots \cup AG_n^n)$.

引理 6.4.2[109] AG_n 中任意一个 4 圈的形式是 $u_1 u_2 u_3 u_4 u_1$, 其中 $u_2 = u_1(12i)$, $u_3 = u_2(12j)$, $u_4 = u_3(12i)$, $u_1 = u_4(12j)$, $i \neq j$.

引理 6.4.3[110] 设 F 是 AG_4 的一个割, 使得 $|F| = 4$. $AG_4 - F$ 满足下面的条件之一:

(1) $AG_4 - F$ 有两个分支, 其中一个分支是孤立点;

(2) $AG_4 - F$ 有两个分支, 这两个分支是 4 圈.

证明　设 $F = \{2314, 3124, 2431, 4132\}$. 于是, $AG_4 - F$ 有两个分支, 其中一个分支是孤立点 1234. 由定理 6.4.1, AG_4 是顶点传递的. 因此, $AG_4 - F$ 有两个分支, 其中一个分支是孤立点 $v \in AG_4$, 其中 $F = N(v)$.

假设 $AG_4 - F$ 中存在 2 个孤立点 u, v. 于是, $\{N(u), N(v)\} \subseteq F$. 由于 $|F| = 4$, 所以 $N(u) = F = N(v)$. 这与引理 6.4.1 ($|N(u) \cap N(v)| \leqslant 2$) 矛盾. 因此, $AG_4 - F$ 中不存在 2 个孤立点.

假设 $AG_4 - F$ 中存在一个 $K_2 = uv$. 于是, $\{N(u) - v, N(v) - u\} \subseteq F$. 由于 $|N(u) - v| = |N(v) - u| = 3$, $|F| = 4$, 有 $|(N(u) - v) \cap (N(v) - u)| = 2$. 这与引理 6.4.1 矛盾.

假设 $AG_4 - F$ 中存在 3 个孤立点 u, v, w. 于是, $\{N(u), N(v), N(w)\} \subseteq F$. 由于 $|F| = |N(u)| = 4$, 所以 $N(u) = F = N(v)$. 这与引理 6.4.1 矛盾.

假设 $AG_4 - F$ 有三个分支, 其中两个分支是孤立点 w, 另一个分支是一条边 uv. 于是, $\{N(u) - v, N(v) - u\} \subseteq F$. 由于 $|N(u) - v| = |N(v) - u| = 3$, $|F| = 4$, 所以有 $|(N(u) - v) \cap (N(v) - u)| = 2$, 这与引理 6.4.1 矛盾.

假设 $AG_4 - F$ 有两个分支, 其中一个分支是一条路 uwv. 于是, $\{N(u) - w, N(v) - w\} \subseteq F$. 由于 $|N(u) - w| = |N(v) - w| = 3$, $|F| = 4$, 所以有 $|(N(u) - w) \cap (N(v) - w)| = 2$. 这与引理 6.4.1 矛盾.

假设 $AG_4 - F$ 有两个分支, 其中一个分支是 $K_3 = uwvu$. 由于 u 和 v 是相邻的, 所以, 由引理 6.4.1, $|(N(u) - w) \cap (N(v) - w)| = 0$. 相似地, $|(N(v) - u) \cap (N(w) - u)| = 0$. 因此, $|N(u, v, w)| = 6 > 4 = |F|$, 这产生矛盾.

设 $F = \{2314, 1423, 3241, 4132\}$. 于是, $AG_4 - F$ 有两个分支, 这两个分支是 4 圈. □

引理 6.4.4[110]　设 F 是 AG_4 的一个割, 使得 $|F| = 5$. $AG_4 - F$ 满足下面的条件之一:

(1) $AG_4 - F$ 有两个分支, 其中一个分支是孤立点;

(2) $AG_4 - F$ 有两个分支, 其中一个分支是 K_2;

(3) $AG_4 - F$ 有两个分支, 其中一个分支是一条 2 路.

证明　设 $F = \{2314, 3124, 2431, 4132, 4321\}$. 于是, $AG_4 - F$ 有两个分支, 其中一个分支是孤立点 1234.

设 $F = \{3124, 4213, 3412, 4132, 2431\}$. 于是, $AG_4 - F$ 有两个分支, 其中一个分支是 K_2, 其中 $V(K_2) = \{1234, 2314\}$.

假设 $AG_4 - F$ 存在 2 个孤立点 u, v. 于是, $\{N(u), N(v)\} \subseteq F$, $N(u) \cup N(v) \subseteq F$. 由引理 6.4.1, $6 \leqslant |N(u) \cup N(v)| \leqslant |F| = 5$, 这产生矛盾.

假设 $AG_4 - F$ 存在 3 个孤立点 u, v, w. 于是, $\{N(u), N(v)\} \subseteq F$, $N(u) \cup N(v) \subseteq F$. 由引理 6.4.1, $6 \leqslant |N(u) \cup N(v)| \leqslant |F| = 5$, 这产生矛盾.

设 $F = \{2314, 1423, 4321, 3241, 4132\}$. 于是, $AG_4 - F$ 有两个分支, 其中一个分支是一条 2 路: 2431, 1234, 3124.

假设 $AG_4 - F$ 有两个分支, 其中一个分支是 $K_3 = uwvu$. 由于 u 和 v 是相邻的, 所以由引理 6.4.1 可得 $|(N(u) - w) \cap (N(v) - w)| = 0$. 相似地, $|(N(v) - u) \cap (N(w) - u)| = 0$. 因此, $|N(u, v, w)| = 6 > 5 = |F|$, 这产生矛盾. □

引理 6.4.5[110] 设 F 是 AG_4 的一个割, 使得 $|F| = 6$. $AG_4 - F$ 满足下面的条件之一:

(1) $AG_4 - F$ 有两个分支, 其中一个分支是孤立点;

(2) $AG_4 - F$ 有两个分支, 其中一个分支是 K_2;

(3) $AG_4 - F$ 有三个分支, 其中两个分支是孤立点;

(4) $AG_4 - F$ 有两个分支, 其中一个分支是一条 2 路, 或者一个 3 圈.

证明 设 $F = \{3412, 4213, 1423, 4321, 2431, 4132\}$. 于是, $AG_4 - F$ 有两个分支, 这两个分支是 3 圈.

设 $F = \{4132, 2314, 1423, 4321, 3241, 2143\}$. 于是, $AG_4 - F$ 有两个分支, 这两个分支是 2 路.

设 $F = \{3412, 4132, 3241, 2143, 2314, 1423\}$. 于是, $AG_4 - F$ 有三个分支, 其中两个分支是孤立点: 1342, 4213.

在 AG_4 中, 容易看到 $AG_4 - F$ 有两个分支, 其中一个分支是孤立点或 $AG_4 - F$ 有两个分支, 其中一个分支是 K_2.

我们将证明 $AG_4 - F$ 没有 3 个孤立点. 证明用反证法. 假设 $AG_4 - F$ 有 3 个孤立顶点 v_1, v_2, v_3. 由定理 6.4.1, 设 $v_1 = (1)$. 由于 v_1 在 $AG_4 - F$ 中是一个孤立点, 所以 $N((1)) \subseteq F$. 相似地, $N(v_2) \subseteq F$. 由引理 6.4.1, $|N(v_1) \cap N(v_2)| \leqslant 2$. 注意到 $d(v_1) = d(v_2) = 4$. 如果 $|N(v_1) \cap N(v_2)| \leqslant 1$, 那么 $|F| \geqslant 7$ 成立. 这与 $|F| = 6$ 矛盾. 因此, $|N(v_1) \cap N(v_2)| = 2$. 设 $N(v_1) \cap N(v_2) = \{x, y\}$. 于是, $(1)xv_2y(1)$ 是一个 4 圈. 由引理 6.4.2, $x = (123)$, $v_2 = (13)(24)$, $y = (142)$ 或 $x = (124)$, $v_2 = (14)(23)$, $y = (132)$. 不失一般性, 设 $x = (123)$, $v_2 = (13)(24)$, $y = (142)$. 注意到 $N(\{(1), (13)(24)\}) = \{4213, 2314, 3124, 4132, 2431, 1342\} = F$, $AG_4 - F - \{(1), (13)(24)\}$ 是一个 4 圈. 注意到 v_3 是 3241, 2143, 4321, 1423 其中之一, 但 $N(v_3) \not\subseteq F$, 这产生矛盾. □

我们沿着最后一个位置分解 AG_n, 记作 AG_n^i ($i = 1, \cdots, n$). 于是, AG_n^i 和 AG_{n-1} 是同构的. 设 $F_i = F \cap V(AG_n^i)$, 其中 $i \in \{1, 2, \cdots, n\}$ 以及 $|F_1| \geqslant |F_2| \geqslant \cdots \geqslant |F_n|$. 设 B_i 是 $AG_n^i - F_i$ 的最大分支, 其中 $i = 2, \cdots, n$ (如果 $AG_n^i - F_i$ 是连通的, 那么设 $B_i = AG_n^i - F_i$).

性质 6.4.9[110]　设 F 是 AG_n 的一个 3 限制割 $(n \geqslant 5)$, 使得 $|F| = 8n - 28$, $|F_1| = 4n - 15$, $|F_2| = 4n - 15$. 如果 $AG_n^1 - F_1$ 有两个分支, 其中一个分支是 K_2, $AG_n^2 - F_2$ 有两个分支, 其中一个分支是 K_2, 那么 $AG_n - F$ 满足下面的条件之一:

(1) $AG_n - F$ 有两个分支, 其中一个分支是 4 圈;

(2) $AG_n - F$ 有两个分支, 其中一个分支是 3 圈.

证明　由于 $|F| = 8n - 28$, 所以 $|F_3| + \cdots + |F_n| = 2$. 由性质 6.4.2, $AG_5^i - F_i$ 是连通的, 其中 $i \in \{3, 4, \cdots, n\}$. 由于 $(5-2)! = 6 > 2$, 所以有 $AG_n[V(AG_n^i - F_i) \cup V(AG_n^n - F_n)]$ 是连通的, $AG_n[V(B_3) \cup \cdots \cup V(B_n)]$ 是连通的. 由于 $\dfrac{(n-1)!}{2} - (4n - 15) - 2 > 2$, 所以由性质 6.4.7 可得 $AG_n[V(B_1) \cup \cdots \cup V(B_n)]$ 是连通的. 设 $AG_n^i - F_i$ 有两个分支, 其中一个分支是基数为 2 的完全图, 表示为 $K_2^i = u_i v_i$, 其中 $i \in \{1, 2\}$. 由性质 6.4.7 和性质 6.4.8, $|V(AG_n^2) \cap N(\{u_1, v_1\})| \leqslant 2$. 我们考虑下面的情况.

情况 1　$|V(AG_n^2) \cap N(\{u_1, v_1\})| \leqslant 1$.

在这种情况中, $|(V(AG_n^3) \cup \cdots \cup V(AG_n^n)) \cap N(\{u_1, v_1\})| \geqslant 3$. 由于 $|F_3| + \cdots + |F_n| = 2$, 所以由性质 6.4.7 和性质 6.4.8, $AG_n[V(K_2^1) \cup V(B_1) \cup \cdots \cup V(B_n)]$ 是连通的. 因此, $|V(AG_n - F - (V(K_2^1) \cup V(B_1) \cup \cdots \cup V(B_n)))| \leqslant 2$. 这与 F 是 AG_n 的一个 3 限制割矛盾.

情况 2　$|V(AG_n^2) \cap N(\{u_1, v_1\})| = 2$.

如果 $|V(B_2) \cap N(\{u_1, v_1\})| \neq 0$, 那么 $|V(AG_n - F - (V(K_2^1) \cup V(B_1) \cup \cdots \cup V(B_n)))| \leqslant 2$. 这与 F 是 AG_n 的一个 3 限制割矛盾. 因此, $|V(B_2) \cap N(\{u_1, v_1\})| = 0$. 如果 $|F_2 \cap N(\{u_1, v_1\})| = 2$, 那么 $AG_n - F$ 有三个分支, 其中两个分支是 K_2. 这与 F 是 AG_n 的一个 3 限制割矛盾. 因此, $1 \leqslant |V(K_2^2) \cap N(\{u_1, v_1\})| \leqslant 2$. 从而, $AG_n - F$ 满足下面的条件之一:

(1) $AG_n - F$ 有两个分支, 其中一个分支是 4 圈;

(2) $AG_n - F$ 有两个分支, 其中一个分支是 3 圈.

注意到 $(1n)(14) = (14n)$ 和 $(1n)(14)(123) = (1234n)$ 是相邻的, $(14n)$, $(1234n) \in V(AG_n^1)$. 注意到 $(1n)(14) = (14n)$ 和 $(1n)(14)(1n2) = (24n)$ 是相邻的, $(1n)(14)(1n2) = (24n) \in V(AG_n^2)$. 注意到 $(1n)(14)(123) = (1234n)$ 和 $(1n)(14)(123)(12n) = (134n2)$ 是相邻的, $(1n)(14)(123)(12n) = (134n2) \in V(AG_n^2)$. 注意到 $(1n)(14)(123) = (1234n)$ 和 $(1n)(14)(123)(1n2) = (34n)$ 是相邻的, $(1n)(14)(123)(1n2) = (34n) \in V(AG_n^3)$. 注意到 $(1n)(14) = (14n)$ 和 $(1n)(14)(12n) = (12)(4n)$ 是相邻的, $(12)(4n) \in V(AG_n^4)$. 注意到 $(24n)$ 和 $(12)(4n)$ 是相邻的, $(134n2)$ 和 $(12)(4n)$ 是相邻的. 设 $u_1 = (14n)$, $v_1 = (1234n)$, $u_2 = (24n)$, $v_2 = (134n2)$. 于是, $u_1 v_1 v_2 u_2 u_1$ 在 AG_n 中是一个 4 圈. 设

$F_1 = N(\{u_1, v_1\})$, $F_2 = N(\{u_2, v_2\})$, $F_3 = \{(34n)\}$, $F_4 = \{(12)(4n)\}$, $F_5 = \cdots = F_n = \varnothing$. 于是, $AG_n - F$ 有两个分支, 其中一个分支是 4 圈. $\square$

引理 6.4.6[110] 如果 $AG_5^5 - F_5$ 有两个分支, 其中一个分支是一条 2 路 P, 或者一个 3 圈 K_3, 那么 $|N(V(P)) \cap V(AG_5^i)| \leqslant 3$ 或 $|N(V(K_3)) \cap V(AG_5^i)| \leqslant 3$, 其中 $i \in \{1, 2, 3, 4\}$.

证明 由定理 6.4.1, 不失一般性, 设 $V(K_3) = \{(1), (123), (132)\}$. 于是, $(1)^+ = (125)$, $(1)^- = (152)$, $(123)^+ = (13)(25)$, $(123)^- = (153)$, $(132)^+ = (253)$, $(132)^- = (23)(15)$. 因此, $|N(V(K_3)) \cap V(AG_5^i)| \leqslant 2$.

由定理 6.4.1, 不失一般性, 设 $V(K_3) = \{(1), (124), (142)\}$. 于是, $(1)^+ = (125)$, $(1)^- = (152)$, $(124)^+ = (14)(25)$, $(124)^- = (154)$, $(142)^+ = (254)$, $(142)^- = (24)(15)$. 因此, $|N(V(K_3)) \cap V(AG_5^i)| \leqslant 2$.

由定理 6.4.1, 不失一般性, 设 $P = (1), (123), (123)(124)$. 于是, $(1)^+ = (125)$, $(1)^- = (152)$, $(123)^+ = (13)(25)$, $(123)^- = (153)$, $[(123)(124)]^+ = (14253)$, $[(123)(124)]^- = (15423)$. 因此, $|N(V(P)) \cap V(AG_5^i)| \leqslant 2$.

由定理 6.4.1, 不失一般性, 设 $P = (1), (123), (123)(142)$. 于是, $(1)^+ = (125)$, $(1)^- = (152)$, $(123)^+ = (13)(25)$, $(123)^- = (153)$, $[(123)(142)]^+ = (12543)$, $[(123)(142)]^- = (15243)$. 因此, $|N(V(P)) \cap V(AG_5^i)| \leqslant 3$.

由定理 6.4.1, 不失一般性, 设 $P = (1), (132), (132)(124)$. 于是, $(1)^+ = (125)$, $(1)^- = (152)$, $(132)^+ = (253)$, $(132)^- = (15)(23)$, $[(132)(124)]^+ = (14325)$, $[(132)(124)]^- = (15432)$. 因此, $|N(V(P)) \cap V(AG_5^i)| \leqslant 3$.

由定理 6.4.1, 不失一般性, 设 $P = (1), (132), (132)(142)$. 于是, $(1)^+ = (125)$, $(1)^- = (152)$, $(132)^+ = (253)$, $(132)^- = (15)(23)$, $[(132)(142)]^+ = (13254)$, $[(132)(142)]^- = (15324)$. 因此, $|N(V(P)) \cap V(AG_5^i)| \leqslant 2$.

由定理 6.4.1, 不失一般性, 设 $P = (1), (124), (124)(123)$. 于是, $(1)^+ = (125)$, $(1)^- = (152)$, $(124)^+ = (14)(25)$, $(124)^- = (154)$, $[(124)(123)]^+ = (13254)$, $[(124)(123)]^- = (15324)$. 因此, $|N(V(P)) \cap V(AG_5^i)| \leqslant 2$.

由定理 6.4.1, 不失一般性, 设 $P = (1), (124), (124)(132)$. 于是, $(1)^+ = (125)$, $(1)^- = (152)$, $(124)^+ = (14)(25)$, $(124)^- = (154)$, $[(124)(132)]^+ = (12534)$, $[(124)(132)]^- = (15234)$. 因此, $|N(V(P)) \cap V(AG_5^i)| \leqslant 3$.

由定理 6.4.1, 不失一般性, 设 $P = (1), (142), (142)(123)$. 于是, $(1)^+ = (125)$, $(1)^- = (152)$, $(142)^+ = (254)$, $(142)^- = (15)(24)$, $[(142)(123)]^+ = (13425)$, $[(142)(123)]^- = (15342)$. 因此, $|N(V(P)) \cap V(AG_5^i)| \leqslant 3$.

由定理 6.4.1, 不失一般性, 设 $P = (1), (142), (142)(132)$. 于是, $(1)^+ = (125)$, $(1)^- = (152)$, $(142)^+ = (254)$, $(142)^- = (15)(24)$, $[(142)(132)]^+ = (14253)$, $[(142)(132)]^- = (15423)$. 因此, $|N(V(P)) \cap V(AG_5^i)| \leqslant 2$. $\square$

一个连通的图 G 是超 r 限制连通的, 如果 G 的每一个最小 r 限制割 F 孤立一个基数为 $(r+1)$ 的连通子图. 此外, 如果 $G - F$ 有两个分支, 其中一个分支是基数为 $(r+1)$ 的连通子图, 那么 G 是紧 $|F|$ 超 r 限制连通的.

引理 6.4.7[110]   交错群图 AG_5 是紧 12 超 3 限制连通的.

证明   我们考虑对于 AG_5 的每一个最小 3 限制割 $F \subseteq V(AG_5)$. 由定理 6.4.2, $|F| = 12$. 沿着最后一个位置分解 AG_5, 表示为 AG_5^i $(i = 1, \cdots, 5)$. 于是, AG_5^i 和 AG_4 是同构的. 设 $F_i = F \cap V(AG_5^i)$, 其中 $i \in \{1, 2, \cdots, 5\}$, 以及 $|F_1| \geqslant |F_2| \geqslant \cdots \geqslant |F_5|$. 设 B_i 是 $AG_5^i - F_i$ 的最大分支, 其中 $i = 2, \cdots, 5$ (如果 $AG_5^i - F_i$ 是连通的, 那么设 $B_i = AG_5^i - F_i$).

断言 $|F_3| \geqslant 1, 1 \leqslant |F_2| \leqslant 5$.

如果 $|F_3| = 0$, 那么 $|F_3| = |F_4| = |F_5| = 0$. 由性质 6.4.1 和性质 6.4.2, $AG_5[V(AG_5^3) \cup V(AG_5^4) \cup V(AG_5^5)]$ 是连通的. 因此, 由性质 6.4.8, $AG_5 - F$ 是连通的, 这产生矛盾. 于是, $|F_3| \geqslant 1$. 由于 $|F_2| \geqslant |F_3|, |F_3| \geqslant 1$, 有 $|F_2| \geqslant 1$. 如果 $|F_2| = 6$, 那么 $12 = |F| \geqslant |F_1| + |F_2| + |F_3| \geqslant 2 \times 6 + 1 = 13$, 这产生矛盾. 因此, $|F_2| \leqslant 5$. 断言证毕. 我们考虑下面的情况.

情况 1 $|F_1| < 4$.

在这种情况中, $|F_5| \leqslant 2$. 由于 $|F_1| \geqslant |F_2| \geqslant \cdots \geqslant |F_5|$, 所以 $|F_i| < 4$. 由性质 6.4.2, $AG_5^i - F_i$ 是连通的. 由性质 6.4.1, 两个不同的 AG_5^i 之间存在 $(5-2)! = 6$ 条独立的交叉边, $(5-2)! = 6 > 3 + 2 \geqslant |F_i| + |F_5|$, 有 $AG_5[V(AG_5^i - F_i) \cup V(AG_5^5 - F_5)]$ 是连通的. 从而, $AG_5 - F$ 是连通的. 这与 F 是 AG_5 的一个 3 限制割矛盾.

情况 2 $|F_1| = 4$.

在这种情况中, $|F_2| + |F_3| + |F_4| + |F_5| = 8$.

情况 2.1 $|F_2| < 4$.

由于 $|F_1| \geqslant |F_2| \geqslant \cdots \geqslant |F_5|$, 有 $|F_i| \leqslant 3$ $(i \in \{2, 3, 4, 5\})$. 由性质 6.4.2, $AG_5^j - F_j$ $(j \in \{2, 3, 4, 5\})$ 是连通的, $B_i = AG_5^i - F_i, i \in \{2, 3, 4, 5\}$. 由于 $(5-2)! = 6 > 3 + 2 = 5$, 由性质 6.4.1 有 $AG_5[V(B_i) \cup V(B_5)]$, $AG_5[V(B_2) \cup \cdots \cup V(B_5)]$ 是连通的.

设 $AG_5^1 - F_1$ 是连通的. 于是, $B_1 = AG_5^1 - F_1$. 由于 $2\left[\dfrac{(5-1)!}{2} - 4\right] = 16 > 8$, 由性质 6.4.7 有 $AG_5[V(B_1) \cup \cdots \cup V(B_5)] = AG_5 - F$ 是连通的, 这与 F 是 AG_5 的一个 3 限制割矛盾. 于是, $AG_5^1 - F_1$ 不是连通的. 由引理 6.4.3, $AG_5^1 - F_1$ 满足下面的条件之一:

(1) $AG_5^1 - F_1$ 有两个分支, 其中一个分支是孤立点;

(2) $AG_5^1 - F_1$ 有两个分支, 这两个分支是 4 圈.

设 $AG_5^1 - F_1$ 有两个分支, 其中一个分支是孤立点. 由于 $2\left[\dfrac{(5-1)!}{2} - 5\right] =$

$14 > 8$, 所以由性质 6.4.7, $AG_5[V(B_1) \cup \cdots \cup V(B_5)]$ 是连通的. 因此, $AG_5 - F$ 有两个分支, 其中一个分支是孤立点. 这与 F 是 AG_5 的一个 3 限制割矛盾. 设 $AG_5^1 - F_1$ 有两个分支, 这两个分支是 4 圈. 于是 $AG_5[V(B_1) \cup \cdots \cup V(B_n)]$ 是连通的. 如果 $(F_2 \cup \cdots \cup F_5) \neq (N(V(H))) \cap (V(AG_5^2) \cup \cdots \cup V(AG_5^n))$, 那么设 $C_1 = u_1 u_2 u_3 u_4 u_1$ 在 $AG_5^1 - F_1$ 中是一个 4 圈. 由引理 6.4.2, $u_2 = u_1(12i)$, $u_3 = u_2(12j)$, $u_4 = u_3(12i)$, $u_1 = u_4(12j)$, 其中 $i, j \in \{3, 4, 5\}$, $i \neq j$. 不失一般性, 设 $i = 3$, $j = 4$, $u_1 = \left\{ \begin{array}{ccccc} 1 & 2 & 3 & 4 & 5 \\ p_1 & p_2 & p_3 & p_4 & 1 \end{array} \right\}$. 于是

$$u_1^+ = u_1(125) = \left\{ \begin{array}{ccccc} 1 & 2 & 3 & 4 & 5 \\ p_2 & 1 & p_3 & p_4 & p_1 \end{array} \right\},$$

$$u_1^- = u_1(152) = \left\{ \begin{array}{ccccc} 1 & 2 & 3 & 4 & 5 \\ 1 & p_1 & p_3 & p_4 & p_2 \end{array} \right\},$$

$$u_2^+ = u_1(123)(125) = \left\{ \begin{array}{ccccc} 1 & 2 & 3 & 4 & 5 \\ p_3 & 1 & p_1 & p_4 & p_2 \end{array} \right\},$$

$$u_2^- = u_1(123)(152) = \left\{ \begin{array}{ccccc} 1 & 2 & 3 & 4 & 5 \\ 1 & p_2 & p_1 & p_4 & p_3 \end{array} \right\},$$

$$u_3^+ = u_1(123)(124)(125) = \left\{ \begin{array}{ccccc} 1 & 2 & 3 & 4 & 5 \\ p_4 & 1 & p_1 & p_2 & p_3 \end{array} \right\},$$

$$u_3^- = u_1(123)(124)(152) = \left\{ \begin{array}{ccccc} 1 & 2 & 3 & 4 & 5 \\ 1 & p_3 & p_1 & p_2 & p_4 \end{array} \right\},$$

$$u_4^+ = u_1(123)(124)(123)(125) = \left\{ \begin{array}{ccccc} 1 & 2 & 3 & 4 & 5 \\ p_1 & 1 & p_3 & p_2 & p_4 \end{array} \right\},$$

$$u_4^- = u_1(123)(124)(123)(152) = \left\{ \begin{array}{ccccc} 1 & 2 & 3 & 4 & 5 \\ 1 & p_4 & p_3 & p_2 & p_1 \end{array} \right\}.$$

因此, $|N\{u_1, u_2, u_3, u_4\} \cap V(AG_5^i)| = 2$, 其中 $i \in \{2, 3, 4, 5\}$. 设 $F_i = N\{u_1, u_2, u_3, u_4\} \cap V(AG_5^i)$, 其中 $i \in \{2, 3, 4, 5\}$. 由性质 6.4.2, $AG_5^j - F_j$ 是连通的, 其中 $j \in \{2, 3, 4, 5\}$; $AG_5[V(B_2) \cup \cdots \cup V(B_5)]$ 是连通的, 其中 $B_i = AG_5^i - F_i$, $i \in \{2, 3, 4, 5\}$. 设 $B_1 = AG_5^1 - F_1 - V(C_1)$. 由性质 6.4.7, $AG_5[V(B_1) \cup V(B_2) \cup \cdots \cup$

$V(B_5)]$ 是连通的. 因此, F 是 AG_5 的一个 3 限制割. 如果 $1 \leqslant |(F_2 \cup \cdots \cup F_5) \cap N(V(C_1))| \leqslant 3$, 那么 $AG_5 - F$ 是连通的. 这与 F 是 AG_5 的一个 3 限制割矛盾.

情况 2.2　$|F_2| = 4$.

在这种情况中, $|F_5| \leqslant 1$. 由引理 6.4.3, $AG_5^2 - F_2$ 满足下面的条件之一:

(1) $AG_5^2 - F_2$ 有两个分支, 其中一个分支是孤立点;

(2) $AG_5^2 - F_2$ 有两个分支, 这两个分支是 4 圈;

(3) $AG_5^2 - F_2$ 是连通的.

如果 $AG_5^2 - F_2$ 是连通的, 同情况 2.1. 因此, 只需讨论 $AG_5^i - F_i$ $(i = 1, 2)$ 不是连通的; 或讨论 $AG_5^2 - F_2$ 不是连通的, $AG_5^1 - F_1$ 是连通的.

情况 2.2.1　$AG_5^2 - F_2$ 不是连通的, $AG_5^1 - F_1$ 是连通的.

情况 2.2.1.1　$|F_3| \leqslant 3$.

由于 $|F_i| \leqslant 3$, 其中 $i \in \{3, 4, 5\}$, 由性质 6.4.2, $AG_5^i - F_i = B_i$ 是连通的, 其中 $i \in \{3, 4, 5\}$. 由于 $(5 - 2)! = 6 > 4$, 由性质 6.4.1 有 $AG_5[V(B_i) \cup V(B_5)]$, $AG_5[V(B_3) \cup \cdots \cup V(B_5)]$ 是连通的.

设 $AG_5^2 - F_2$ 有两个分支, 其中一个分支是孤立点. 由于 $\dfrac{(5-1)!}{2} - 5 = 7 > 4$, 由性质 6.4.7 和性质 6.4.8, $AG_5[V(B_2) \cup \cdots \cup V(B_5)]$ 是连通的. 由于 $\dfrac{(5-1)!}{2} - 4 = 8 > 4$, 由性质 6.4.7 和性质 6.4.8, $AG_5[V(B_1) \cup \cdots \cup V(B_5)]$ 是连通的. 因此, $|V(AG_5 - F - V(B_1) - \cdots - V(B_5))| \leqslant 1$, 这与 F 是 AG_5 的一个 3 限制割矛盾. 从而, $AG_5^2 - F_2$ 有两个分支, 这两个分支是 4 圈 C_1, C_2. 由上面的讨论, $|N(V(C_1)) \cap V(AG_5^i)| = 2$, 其中 $i \in \{1, 3, 4, 5\}$. 注意到 $AG_5^5 - F_5$ 是连通的, $|F_5| \leqslant 1$. 于是, $AG_5[V(AG_5^2 - F_2) \cup V(AG_5^5 - F_5)]$ 是连通的. 由于 $AG_5^1 - F_1$ 是连通的, $\dfrac{(5-1)!}{2} - 4 = 8 > 4$, 由性质 6.4.7 和性质 6.4.8, $AG_5[V(B_1) \cup \cdots \cup V(B_5)]$ 是连通的, 即 $AG_5 - F$ 是连通的. 这与 F 是 AG_5 的一个 3 限制割矛盾.

情况 2.2.1.2　$|F_3| = 4$.

在这种情况中, $|F_1| = |F_2| = |F_3| = 4$, $|F_4| = |F_5| = 0$. 由于 $|F_i| = 0$, 其中 $i \in \{4, 5\}$, 由性质 6.4.2, $AG_5^i - F_i = B_i$ 是连通的, 其中 $i \in \{4, 5\}$. 由于 $(5 - 2)! = 6 > 4$, 由性质 6.4.1 有 $AG_5[V(B_4) \cup V(B_5)]$ 是连通的. 注意到 $AG_5^1 - F_1 = B_1$ 是连通的. 由于 $(5 - 2)! = 6 > 4$, 由性质 6.4.1, 有 $AG_5[V(B_1) \cup V(B_5)]$, $AG_5[V(B_1) \cup V(B_4) \cup V(B_5)]$ 是连通的.

设 $AG_5^2 - F_2$ 有两个分支, 其中一个分支是孤立点. 由于 $\dfrac{(5-1)!}{2} - 5 = 7 > 4$, 由性质 6.4.7 和性质 6.4.8, $AG_5[V(B_1) \cup V(B_2) \cup V(B_4) \cup V(B_5)]$ 是连通的. 如果 $AG_5^3 - F_3$ 是连通的, 由 $(5 - 2)! = 6 > 4$, $AG_5[V(B_3) \cup V(B_5)]$ 是连通的. 因

此, $AG_5[V(B_1) \cup V(B_2) \cup V(B_3) \cup V(B_4) \cup V(B_5)]$ 是连通的, $AG_5 - F$ 有两个分支, 其中一个分支是孤立点, 这产生矛盾. 如果 $AG_5^3 - F_3$ 有两个分支, 其中一个分支是孤立点, 由 $(5 - 2)! = 6 > 4 + 1 = 5$, $AG_5[V(B_3) \cup V(B_5)]$ 是连通的. 因此, $AG_5[V(B_1) \cup V(B_2) \cup V(B_3) \cup V(B_4) \cup V(B_5)]$ 是连通的, $|V(AG_5 - F - (V(B_1) \cup V(B_2) \cup V(B_3) \cup V(B_4) \cup V(B_5)))| \leqslant 2$, 这与 F 是 AG_5 的一个 3 限制割矛盾. 设 $AG_5^3 - F_3$ 有两个分支, 这两个分支是 4 圈 C_1, C_2. 由上面的讨论, $|N(V(C_1)) \cap V(AG_5^i)| = 2$, 其中 $i \in \{1, 2, 4, 5\}$. 注意到 $AG_5^5 - F_5$ 是连通的, $|F_5| = 0$. 于是, $AG_5[V(AG_5^3 - F_3) \cup V(AG_5^5 - F_5)]$ 是连通的, $AG_5 - F$ 有两个分支, 其中一个分支是孤立点或 $AG_5 - F$ 是连通的, 这产生矛盾.

设 $AG_5^2 - F_2$ 有两个分支, 这两个分支是 4 圈 C_1, C_2. 由上面的讨论, $AG_5[V(B_1) \cup V(AG_5^2 - F_2) \cup V(B_4) \cup V(B_5)]$ 是连通的.

如果 $AG_5^3 - F_3$ 是连通的, 由 $(5 - 2)! = 6 > 4$, $AG_5[V(B_3) \cup V(B_5)]$ 是连通的. 因此, $AG_5[V(B_1) \cup V(AG_5^2 - F_2) \cup V(B_3) \cup V(B_4) \cup V(B_5)]$, $AG_5 - F$ 是连通的, 这产生矛盾. 如果 $AG_5^3 - F_3$ 有两个分支, 其中一个分支是孤立点, 由 $(5 - 2)! = 6 > 4 + 1 = 5$, $AG_5[V(B_3) \cup V(B_5)]$ 是连通的. 因此, $AG_5[V(B_1) \cup V(AG_5^2 - F_2) \cup V(B_3) \cup V(B_4) \cup V(B_5)]$ 是连通的, $|V(AG_5 - F - (V(B_1) \cup V(AG_5^2 - F_2) \cup V(B_3) \cup V(B_4) \cup V(B_5)))| \leqslant 2$, 这与 F 是 AG_5 的一个 3 限制割矛盾. 设 $AG_5^3 - F_3$ 有两个分支, 这两个分支是 4 圈 C_1, C_2. 由上面的讨论, $|N(V(C_1)) \cap V(AG_5^i)| = 2$, 其中 $i \in \{1, 2, 4, 5\}$. 注意到 $AG_5^5 - F_5$ 是连通的, $|F_5| = 0$. 于是, $AG_5[V(AG_5^2 - F_2) \cup V(AG_5^5 - F_5)]$ 是连通的, $AG_5 - F$ 有两个分支, 其中一个分支是孤立点, 这产生矛盾.

情况 2.2.2　$AG_5^i - F_i$ $(i = 1, 2)$ 不是连通的.

情况 2.2.2.1　$|F_3| \leqslant 3$.

由于 $|F_i| \leqslant 3$, $i \in \{3, 4, 5\}$, 由性质 6.4.2, $AG_5^i - F_i = B_i$ $(i \in \{3, 4, 5\})$ 是连通的. 由于 $(5 - 2)! = 6 > 4$, 由性质 6.4.1, 有 $AG_5[V(B_i) \cup V(B_5)]$, $AG_5[V(B_3) \cup \cdots \cup V(B_5)]$ 是连通的.

设 $AG_5^i - F_i$ 有两个分支, 其中一个分支是孤立点 $i \in \{1, 2\}$. 由于 $\dfrac{(5 - 1)!}{2} - 5 = 7 > 4$, 由性质 6.4.7 和性质 6.4.8, $AG_5[V(B_1) \cup \cdots \cup V(B_5)]$ 是连通的. 因此, $|V(AG_5 - F - (V(B_1) \cup \cdots \cup V(B_5)))| \leqslant 2$, 这与 F 是 AG_5 的一个 3 限制割矛盾.

不失一般性 $AG_5^1 - F_1$ 是两个 4 圈, $AG_5^2 - F_2$ 有两个分支, 其中一个分支是孤立点. 在这种情况中设 $|F_5| \leqslant 1$. 由于 $(5 - 2)! = 6 > 4 + 1 = 5$, 由性质 6.4.1, 有 $AG_5[V(B_2) \cup V(B_5)]$, $AG_5[V(B_2) \cup \cdots \cup V(B_5)]$ 是连通的. 设 $C_1 = u_1 u_2 u_3 u_4 u_1$ 是 $AG_5^1 - F_1$ 中的一个 4 圈. 由上面的讨论, $|N\{u_1, u_2, u_3, u_4\} \cap V(AG_5^i)| = 2$, $i \in \{2, 3, 4, 5\}$. 由于 $|F_2| = 4$, 所以有 $|F_3| + |F_4| + |F_5| = 4$, $AG_5[V(C_1) \cup V(B_2) \cup$

$\cdots \cup V(B_5)]$ 是连通的. 因此, $AG_5[V(AG_5^1 - F_1) \cup V(B_2) \cup \cdots \cup V(B_5)]$ 是连通的. 从而, $|V(AG_5 - F - (V(AG_5^1 - F_1) \cup V(B_2) \cup \cdots \cup V(B_5)))| \leqslant 1$. 这与 F 是 AG_5 的一个 3 限制割矛盾.

设 $AG_5^i - F_i$ 是两个 4 圈 $(i \in \{1,2\})$. 由上面的讨论, $AG_5[V(AG_5^i - F_i) \cup V(B_3) \cup \cdots \cup V(B_5)]$ 是连通的, $AG_5 - F$ 是连通的, 这产生矛盾.

情况 2.2.2.2 $|F_3| = 4$.

在这种情况中, $|F_1| = |F_2| = |F_3| = 4$, $|F_4| = |F_5| = 0$. 由于 $|F_i| = 0$, $i \in \{4,5\}$, 由性质 6.4.2, $AG_5^i - F_i = B_i$ 是连通的, $i \in \{4,5\}$. 由于 $(5-2)! = 6 > 4$, 由性质 6.4.1, 有 $AG_5[V(B_4) \cup V(B_5)]$ 是连通的.

设 $AG_5^i - F_i$ 是两个 4 圈, 其中 $i \in \{1,2,3\}$. 由上面的讨论, $AG_5[V(AG_5^i - F_i) \cup V(B_4) \cup V(B_5)]$ 是连通的.

设 $AG_5^i - F_i$ 有两个分支, 其中一个分支是孤立点, 其中 $i \in \{1,2,3\}$. 由于 $(5-2)! = 6 > 4$, 由性质 6.4.1, $AG_5[V(B_i) \cup V(B_4) \cup V(B_5)]$ 是连通的. 于是, $|V(AG_5 - F - (V(B_1) \cup V(B_2) \cup V(B_3) \cup V(B_4) \cup V(B_5)))| \leqslant 3$. 这与 F 是 AG_5 的一个 3 限制割矛盾. 不失一般性, 假设 $AG_5^1 - F_1$ 是两个 4 圈, $AG_5^i - F_i$ $(i \in \{2,3\})$ 有两个分支, 其中一个分支是孤立点. 于是, $|V(AG_5 - F - (V(AG_5^1 - F_1) \cup V(B_2) \cup V(B_3) \cup V(B_4) \cup V(B_5)))| \leqslant 2$. 这与 F 是 AG_5 的一个 3 限制割矛盾. 不失一般性, 假设 $AG_5^i - F_i$ 是两个 4 圈, 其中 $i \in \{1,2\}$, $AG_5^3 - F_3$ 有两个分支, 其中一个分支是孤立点. 于是, $|V(AG_5 - F - (V(AG_5^1 - F_1) \cup V(AG_5^2 - F_2) \cup V(B_3) \cup V(B_4) \cup V(B_5)))| \leqslant 1$. 这与 F 是 AG_5 的一个 3 限制割矛盾. 不失一般性, 假设 $AG_5^i - F_i$ 是两个 4 圈, 其中 $i \in \{1,2,3\}$. 于是, $|V(AG_5 - F - (V(AG_5^1 - F_1) \cup V(AG_5^2 - F_2) \cup V(AG_5^3 - F_3) \cup V(B_4) \cup V(B_5)))| = 0$, 这产生矛盾.

情况 3 $|F_1| = 5$.

在这种情况中, $|F_2| + |F_3| + |F_4| + |F_5| = 7$. 如果 $|F_5| = 2$, 那么 $4 \times 2 + 5 = 13 > |F|$, $|F_5| \leqslant 1$.

情况 3.1 $|F_2| < 4$.

由于 $|F_1| \geqslant |F_2| \geqslant \cdots \geqslant |F_5|$, 有 $|F_i| \leqslant 3$, 其中 $i \in \{2,3,4,5\}$. 由性质 6.4.2, $AG_5^j - F_j$ 是连通的, 其中 $j \in \{2,3,4,5\}$; $B_i = AG_5^i - F_i$, 其中 $i \in \{2,3,4,5\}$. 由于 $(5-2)! = 6 > 3 + 1 = 4$, 由性质 6.4.1, 有 $AG_5[V(B_i) \cup V(B_5)]$, $AG_5[V(B_2) \cup \cdots \cup V(B_5)]$ 是连通的.

设 $AG_5^1 - F_1$ 是连通的. 于是, $B_1 = AG_5^1 - F_1$. 由于 $2\left[\dfrac{(5-1)!}{2} - 5\right] = 14 > 7$, 由性质 6.4.7 和性质 6.4.8, $AG_5[V(B_1) \cup \cdots \cup V(B_5)]$, $AG_5 - F$ 是连通的, 这产生矛盾. 设 $AG_5^1 - F_1$ 不是连通的. 由引理 6.4.4, $AG_5^1 - F_1$ 满足下面的条件之一:

(1) $AG_5^1 - F_1$ 有两个分支, 其中一个分支是孤立点;

(2) $AG_5^1 - F_1$ 有两个分支, 其中一个分支是 K_2;

(3) $AG_5^1 - F_1$ 有两个分支, 其中一个分支是一条 2 路.

设 $AG_5^1 - F_1$ 有两个分支, 其中一个分支是孤立点. 由于 $2\left[\dfrac{(5-1)!}{2} - 6\right] = 12 > 7$, 由性质 6.4.7 和性质 6.4.8, $AG_5[V(B_1) \cup \cdots \cup V(B_5)]$ 是连通的. 因此, $|V(AG_5 - F - (V(B_1) \cup \cdots \cup V(B_5)))| \leqslant 1$, 这与 F 是 AG_5 的一个 3 限制割矛盾.

设 $AG_5^1 - F_1$ 有两个分支, 其中一个分支是 K_2. 由于 $2\left[\dfrac{(5-1)!}{2} - 7\right] = 10 > 7$, 由性质 6.4.7 和性质 6.4.8, $AG_5[V(B_1) \cup \cdots \cup V(B_5)]$ 是连通的. 因此, $|V(AG_5 - F - (V(B_1) \cup \cdots \cup V(B_5)))| \leqslant 2$, 这与 F 是 AG_5 的一个 3 限制割矛盾.

设 $AG_5^1 - F_1$ 有两个分支, 其中一个分支是一条 2 路. 由于 $2\left[\dfrac{(5-1)!}{2} - 8\right] = 8 > 7$, 由性质 6.4.7 和性质 6.4.8, $AG_5[V(B_1) \cup \cdots \cup V(B_5)]$ 是连通的. 因此, $|V(AG_5 - F - (V(B_1) \cup \cdots \cup V(B_5)))| \leqslant 3$, 这与 F 是 AG_5 的一个 3 限制割矛盾.

情况 3.2 $|F_2| = 4$.

在这种情况中, $|F_5| \leqslant 1$, $|F_3| + |F_4| + |F_5| = 3$. 由于 $|F_i| \leqslant 3$, 其中 $i \in \{3, 4, 5\}$, 由性质 6.4.2, $AG_5^j - F_j$ 是连通的, 其中 $j \in \{3, 4, 5\}$. 由于 $(5-2)! = 6 > 3 + 1 = 4$, 由性质 6.4.1, $AG_5[V(B_j) \cup V(B_5)]$ 是连通的, 其中 $j \in \{3, 4, 5\}$, $AG_5[V(B_3) \cup \cdots \cup V(B_5)]$ 是连通的.

由上面的讨论, 只需讨论 $AG_5^i - F_i$ ($i = 1, 2$) 不是连通的, $AG_5^1 - F_1$ 是连通的, $AG_5^2 - F_2$ 不是连通的. 设 $AG_5^1 - F_1$ 是连通的, $AG_5^2 - F_2$ 不是连通的. 由于 $2\left[\dfrac{(5-1)!}{2} - 5\right] = 7 > 3$, 由性质 6.4.7 和性质 6.4.8, $AG_5[V(B_1) \cup V(B_3) \cup \cdots \cup V(B_5)]$ 是连通的. 设 $AG_5^2 - F_2$ 是两个 4 圈. 由上面的讨论, $AG_5[V(B_1) \cup V(AG_5^2 - F_2) \cup V(B_3) \cup \cdots \cup V(B_5)]$ 是连通的, 这产生矛盾. 假设 $AG_5^2 - F_2$ 有两个分支, 其中一个分支是孤立点. 于是, $|V(AG_5 - F - (V(B_1) \cup V(B_2) \cup V(B_3) \cup V(B_4) \cup V(B_5)))| \leqslant 1$. 这与 F 是 AG_5 的一个 3 限制割矛盾.

设 $AG_5^i - F_i$ ($i = 1, 2$) 不是连通的. 由引理 6.4.4, $AG_5^1 - F_1$ 满足下面的条件之一:

(1) $AG_5^1 - F_1$ 有两个分支, 其中一个分支是孤立点;

(2) $AG_5^1 - F_1$ 有两个分支, 其中一个分支是 K_2;

(3) $AG_5^1 - F_1$ 有两个分支, 其中一个分支是一条 2 路.

由引理 6.4.3, $AG_5^2 - F_2$ 满足下面的条件之一:

(1) $AG_5^2 - F_2$ 有两个分支, 其中一个分支是孤立点;

(2) $AG_5^2 - F_2$ 有两个分支, 这两个分支是 4 圈.

设 $AG_5^2 - F_2$ 有两个分支, 其中一个分支是孤立点. 由于 $\dfrac{(5-1)!}{2} - 7 = 5 > 3$, 由性质 6.4.7 和性质 6.4.8, $AG_5[V(B_2) \cup \cdots \cup V(B_5)]$ 是连通的. 设①$AG_5^1 - F_1$ 有两个分支, 其中一个分支是孤立点; ②$AG_5^1 - F_1$ 有两个分支, 其中一个分支是 K_2. 由于 $\dfrac{(5-1)!}{2} - 7 = 5 > 3$, 由性质 6.4.7 和性质 6.4.8, $AG_5[V(B_1) \cup \cdots \cup V(B_5)]$ 是连通的. 因此, $|V(AG_5 - F - (V(B_1) \cup \cdots \cup V(B_5)))| \leqslant 3$. 这与 F 是 AG_5 的一个 3 限制割矛盾. 设 $AG_5^1 - F_1$ 有两个分支, 其中一个分支是一条 2 路. 由于 $\dfrac{(5-1)!}{2} - 8 = 4 > 3$, 由性质 6.4.7 和性质 6.4.8, $AG_5[V(B_1) \cup \cdots \cup V(B_5)]$ 是连通的. 在这种情况中, 如果 F 是 AG_n 的一个 3 限制割, 那么 $AG_n - F$ 有两个分支, 其中一个分支是基数为 4 的子图.

设 $AG_5^2 - F_2$ 有两个分支, 这两个分支是 4 圈. 由于 $\dfrac{(5-1)!}{2} - 8 = 4 > 3$, 由性质 6.4.7 和性质 6.4.8, $AG_5[V(B_1) \cup V(AG_5^2 - F_2) \cup V(B_3) \cup V(B_4) \cup V(B_5)]$ 是连通的. 因此, $|V(AG_5 - F - (V(B_1) \cup V(AG_5^2 - F_2) \cup V(B_3) \cup V(B_4) \cup V(B_5)))| \leqslant 3$. 这与 F 是 AG_5 的一个 3 限制割矛盾.

情况 3.3　$|F_2| = 5$.

在这种情况中, $|F_3| + |F_4| + |F_5| = 2$, $|F_5| = 0$. 由性质 6.4.2, $AG_5^j - F_j$ 是连通的, 其中 $j \in \{3,4,5\}$; $B_i = AG_5^i - F_i$, 其中 $i \in \{3,4,5\}$. 由于 $(5-2)! = 6 > 2$, 由性质 6.4.1, 有 $AG_5[V(B_i) \cup V(B_5)]$, $AG_5[V(B_3) \cup V(B_4) \cup V(B_5)]$ 是连通的. 注意到 $AG_5^i - F_i$ 有两个分支, 其中一个分支是一条 2 路, 其中 $i \in \{1,2\}$. 由于 $\dfrac{(5-1)!}{2} - 8 = 4 > 2$, 由性质 6.4.7 和性质 6.4.8, $AG_5[V(B_1) \cup \cdots \cup V(B_5)]$ 是连通的. 如果 $AG_5^2 - F_2$ 是连通的, 那么 $|V(AG_5 - F - (V(B_1) \cup V(AG_5^2 - F_2) \cup V(B_3) \cup V(B_4) \cup V(B_5)))| \leqslant 3$. 这与 F 是 AG_5 的一个 3 限制割矛盾. 因此, 设 $AG_5^2 - F_2$ 不是连通的. 设 $AG_5^1 - F_1$ 是连通的. 相似地, 有 $|V(AG_5 - F - (V(AG_5^1 - F_1) \cup V(B_2) \cup \cdots \cup V(B_5)))| \leqslant 3$, 这产生矛盾. 因此, $AG_5^1 - F_1$ 不是连通的. 由引理 6.4.4, $AG_5^i - F_5$ $(i \in \{1,2\})$ 满足下面的条件之一:

(1) $AG_5^i - F_i$ 有两个分支, 其中一个分支是孤立点;

(2) $AG_5^i - F_i$ 有两个分支, 其中一个分支是 K_2;

(3) $AG_5^i - F_i$ 有两个分支, 其中一个分支是一条 2 路.

设 $AG_5^i - F_i$ $(i \in \{1,2\})$ 有两个分支, 其中一个分支是一条 2 路 P. 由性质 6.4.8 和性质 6.4.7, 在 AG_5 中 $|N(V(P)) \cap (V(AG_5^3) \cup V(AG_5^4) \cup V(AG_5^5))| = 3$. 由于 $|F_3| + |F_4| + |F_5| = 2$, $AG_5[V(AG_5^i - F_i) \cup V(B_3) \cup V(B_4) \cup V(B_5)]$, $AG_5 - F$ 是连通的, 这产生矛盾. 不失一般性, 假设 $AG_5^1 - F_1$ 有两个分支, 其中一个分支是一条 2 路 P, $AG_5^2 - F_2$ 满足下面的条件之一:

(1) $AG_5^2 - F_2$ 有两个分支, 其中一个分支是孤立点;

(2) $AG_5^2 - F_2$ 有两个分支, 其中一个分支是 K_2. 于是, $AG_5[V(AG_5^1 - F_1) \cup V(B_3) \cup V(B_4) \cup V(B_5)]$ 是连通的. 由于 $\dfrac{(5-1)!}{2} - 7 = 5 > 2$, 由性质 6.4.7 和性质 6.4.8, $AG_5[V(AG_5^1 - F_1) \cup V(B_2) \cup \cdots \cup V(B_5)]$ 是连通的. 因此, $|V(AG_5 - F - (V(AG_5^1 - F_1) \cup V(B_2) \cup \cdots \cup V(B_5)))| \leqslant 2$. 这与 F 是 AG_5 的一个 3 限制割矛盾. 于是, $AG_5^i - F_i$ $(i \in \{1,2\})$ 满足下面的条件之一:

(1) $AG_5^i - F_i$ 有两个分支, 其中一个分支是孤立点;

(2) $AG_5^i - F_i$ 有两个分支, 其中一个分支是 K_2.

设 $AG_5^1 - F_1$ 和 $AG_5^2 - F_2$ 其中之一有两个分支, 其中一个分支是孤立点. 于是, $|V(AG_5 - F - (V(B_1) \cup \cdots \cup V(B_5)))| \leqslant 3$. 这与 F 是 AG_5 的一个 3 限制割矛盾.

设 $AG_5^i - F_i (i \in \{1,2\})$ 有两个分支, 其中一个分支是 K_2. 注意到 $AG_5[V(B_1) \cup V(B_2) \cup \cdots \cup V(B_5)]$ 是连通的. 在这种情况中, 如果 F 是 AG_n 的一个 3 限制割, 那么 $AG_n - F$ 有两个分支, 其中一个分支是基数为 4 的子图.

情况 4 $|F_1| = 6$.

在这种情况中, $|F_2| + |F_3| + |F_4| + |F_5| = 6$. 如果 $|F_5| = 2$, 那么 $4 \times 2 + 6 = 14 > |F|$, $|F_5| \leqslant 1$.

情况 4.1 $|F_2| < 4$.

由于 $|F_1| \geqslant |F_2| \geqslant \cdots \geqslant |F_5|$, 有 $|F_i| \leqslant 3$, 其中 $i \in \{2,3,4,5\}$. 由性质 6.4.2, $AG_5^j - F_j$ 是连通的, 其中 $j \in \{2,3,4,5\}$. 设 $B_i = AG_5^i - F_i$, 其中 $i \in \{2,3,4,5\}$. 由于 $(5-2)! = 6 > 3 + 1 = 4$, 由性质 6.4.1, 有 $AG_5[V(B_i) \cup V(B_5)]$, $AG_5[V(B_2) \cup \cdots \cup V(B_5)]$ 是连通的. 如果 $AG_5^1 - F_1$ 是连通的, 那么 $|N(V(B_1)) \cap (V(AG_5^3) \cup V(AG_5^4) \cup V(AG_5^5))| \geqslant 12$. 由于 $|F_2| + |F_3| + |F_4| + |F_5| = 6$, F 不是 AG_5 的一个 3 限制割, 这产生矛盾. 因此, $AG_5^1 - F_1$ 不是连通的.

由引理 6.4.5, $AG_5^1 - F_1$ 满足下面的条件之一:

(1) $AG_5^1 - F_1$ 有两个分支, 其中一个分支是孤立点;

(2) $AG_5^1 - F_1$ 有两个分支, 其中一个分支是 K_2;

(3) $AG_5^1 - F_1$ 有三个分支, 其中两个分支是孤立点;

(4) $AG_5^1 - F_1$ 有两个分支, 其中一个分支是一条 2 路, 或者一个 3 圈.

设 $AG_5^1 - F_1$ 有两个分支, 其中一个分支是一条 2 路 P, 或者一个 3 圈 K_3. 由定理 6.4.1, AG_n 是顶点传递的. 再结合引理 6.4.6, $|N(V(P)) \cap V(AG_5^i)| \leqslant 3$ 或 $|N(V(K_3)) \cap V(AG_5^i)| \leqslant 3$, 其中 $i \in \{2,3,4,5\}$. 如果 $AG_5 - F$ 的一个分支是 2 路 P, 那么 $N(V(P)) \cap (V(AG_5^2) \cup \cdots \cup V(AG_5^5)) \subseteq (F_2 \cup \cdots \cup F_5)$. 由于 $|N(V(P)) \cap (V(AG_5^2) \cup \cdots \cup V(AG_5^5))| = 6$, $|F_2| + |F_3| + |F_4| + |F_5| = 6$, 有

$N(V(P)) \cap (V(AG_5^2) \cup \cdots \cup V(AG_5^5)) = (F_2 \cup \cdots \cup F_5)$. 相似地, 有 $N(V(K_3)) \cap (V(AG_5^2) \cup \cdots \cup V(AG_5^5)) = (F_2 \cup \cdots \cup F_5)$. 因此, $|F_i| \leqslant 3$, $i \in \{2,3,4,5\}$. 由性质 6.4.2, $AG_5^i - F_i$ 是连通的, 其中 $i \in \{2,3,4,5\}$. 由于 $(5-2)! = 6 > 3+1 = 4$, 由性质 6.4.1, 有 $AG_5[V(B_i) \cup V(B_5)]$, $AG_5[V(B_2) \cup \cdots \cup V(B_5)]$ 是连通的. 注意到 $B_1 = AG_5^1 - F_1 - V(P)$. 因此, $AG_5[V(B_1) \cup \cdots \cup V(B_5)]$ 是连通的. 因此, $|V(AG_5 - F - (V(B_1) \cup \cdots \cup V(B_5)))| \leqslant 3$. 这与 F 是 AG_5 的一个 3 限制割矛盾.

设 $AG_5^1 - F_1$ 有两个分支, 其中一个分支是孤立点或 $AG_5^1 - F_1$ 有两个分支, 其中一个分支是 K_2 或 $AG_5^1 - F_1$ 有三个分支, 其中两个分支是孤立点. 于是, $|N(V(B_1)) \cap (V(AG_5^2) \cup \cdots \cup V(AG_5^5))| \geqslant 8$. 由于 $|F_2|+|F_3|+|F_4|+|F_5| = 6$, 所以 $AG_5[V(B_1) \cup \cdots \cup V(B_5)]$ 是连通的. 因此, $|V(AG_5 - F - (V(B_1) \cup V(B_2) \cup \cdots \cup V(B_5)))| \leqslant 2$. 这与 F 是 AG_5 一个 3 限制割矛盾.

情况 4.2 $|F_2| = 4$.

在这种情况中, $|F_3|+|F_4|+|F_5| = 2$. 由性质 6.4.2 和性质 6.4.1, $AG_5[V(B_3) \cup V(B_4) \cup V(B_5)]$ 是连通的. 设 $AG_5^2 - F_2$ 是连通的. 于是, 与上面相似, F 不是 AG_5 的一个 3 限制割, 这产生矛盾. 于是, $AG_5^2 - F_2$ 不是连通的. 由引理 6.4.3, $AG_5^2 - F_2$ 满足下面的条件之一:

(1) $AG_5^2 - F_2$ 有两个分支, 其中一个分支是孤立点;

(2) $AG_5^2 - F_2$ 有两个分支, 这两个分支是 4 圈.

设 $AG_5^2 - F_2$ 有两个分支, 其中一个分支是孤立点. 由于 $\frac{(5-1)!}{2} - 5 = 7 > 2$, 由性质 6.4.7 和性质 6.4.8, $AG_5[V(B_2) \cup \cdots \cup V(B_5)]$ 是连通的. 如果 $AG_5^1 - F_1$ 是连通的或 $AG_5^1 - F_1$ 满足下面的条件之一:

(1) $AG_5^1 - F_1$ 有两个分支, 其中一个分支是孤立点;

(2) $AG_5^1 - F_1$ 有两个分支, 其中一个分支是 K_2;

(3) $AG_5^1 - F_1$ 有三个分支, 其中两个分支是孤立点. 由于 $\frac{(5-1)!}{2} - 8 = 4 > 2$, 由性质 6.4.7 和性质 6.4.8, $AG_5[V(B_1) \cup \cdots \cup V(B_5)]$ 是连通的. 因此, $|V(AG_5 - F - (V(B_1) \cup \cdots \cup V(B_5)))| \leqslant 3$. 这与 F 是 AG_5 的一个 3 限制割矛盾. 设 $AG_5^1 - F_1$ 有两个分支, 其中一个分支是一条 2 路 P, 或者一个 3 圈 K_3. 注意到 $|N(V(P)) \cap (V(AG_5^2) \cup \cdots \cup V(AG_5^5))| \geqslant 3$, $|N(V(K_3)) \cap (V(AG_5^2) \cup \cdots \cup V(AG_5^5))| \geqslant 3$. 由于 $|F_3|+|F_4|+|F_5| = 2$, 有 $AG_5[V(P) \cup V(B_2) \cup \cdots \cup V(B_5)]$, $AG_5[V(K_3) \cup V(B_2) \cup \cdots \cup V(B_5)]$ 是连通的. 因此, $|V(AG_5 - F - (V(AG_5^1 - F_1) \cup V(B_2) \cup \cdots \cup V(B_5)))| \leqslant 1$, 这与 F 是 AG_5 的一个 3 限制割矛盾.

设 $AG_5^2 - F_2$ 有两个分支, 这两个分支是 4 圈. 由于 $|F_3|+|F_4|+|F_5| = 2$, 由性质 6.4.8 和性质 6.4.7, $AG_5[V(AG_5^2 - F_2) \cup V(B_3) \cup V(B_4) \cup V(B_5)]$ 是连通的.

因此, $|V(AG_5 - F - (V(B_1) \cup V(AG_5^2 - F_2) \cup V(B_3) \cup V(B_4) \cup V(B_5)))| \leqslant 3$. 这与 F 是 AG_5 的一个 3 限制割矛盾.

情况 4.3 $|F_2| = 5$.

在这种情况中, $|F_3| = 1$, $|F_4| = |F_5| = 0$. 设 $v_i \in V(AG_5^i - F_i)$ 使得 $N(v_i) \cap (V(AG_5^3) \cup V(AG_5^4) \cup V(AG_5^5)) \subseteq (F_3 \cup F_4 \cup F_5)$, 其中 $i \in \{1, 2\}$. 由于 $|F_3| + |F_4| + |F_5| = 1$, 有 $|V(AG_5 - F - (V(AG_5^1 - F_1 - v_1) \cup V(AG_5^2 - F_2 - v_2) \cup V(B_3) \cup V(B_4) \cup V(B_5)))| \leqslant 2$. 这与 F 是 AG_5 的一个 3 限制割矛盾.

情况 5 $|F_1| = 7$.

在这种情况中, $|F_2| + |F_3| + |F_4| + |F_5| = 5$.

情况 5.1 $|F_2| \leqslant 3$.

由于 $|F_1| \geqslant |F_2| \geqslant \cdots \geqslant |F_5|$, 有 $|F_i| \leqslant 3, i \in \{2, 3, 4, 5\}$. 由性质 6.4.2, $AG_5^j - F_j$ 是连通的, 其中 $j \in \{2, 3, 4, 5\}$. 设 $B_i = AG_5^i - F_i$, 其中 $i \in \{2, 3, 4, 5\}$. 由于 $(5-2)! = 6 > 5$, 由性质 6.4.1, 有 $AG_5[V(B_i) \cup V(B_5)]$, $AG_5[V(B_2) \cup \cdots \cup V(B_5)]$ 是连通的. 由于 $|F_2| + |F_3| + |F_4| + |F_5| = 5$, $|V(AG_5 - F - (V(B_1) \cup \cdots \cup V(B_5)))| \leqslant 2$. 这与 F 是 AG_5 的一个 3 限制割矛盾.

情况 5.2 $|F_2| = 4$.

设 $AG_5^2 - F_2$ 是连通的. 于是, 与上面相似, F 不是 AG_5 的一个 3 限制割, 这产生矛盾. 于是, $AG_5^2 - F_2$ 不是连通的. 由引理 6.4.3, $AG_5^2 - F_2$ 满足下面的条件之一:

(1) $AG_5^2 - F_2$ 有两个分支, 其中一个分支是孤立点;

(2) $AG_5^2 - F_2$ 有两个分支, 这两个分支是 4 圈.

由性质 6.4.2 和性质 6.4.1, $AG_5[V(B_3) \cup V(B_4) \cup V(B_5)]$ 是连通的, 其中 $B_i = AG_5^i - F_i$.

设 $AG_5^2 - F_2$ 有两个分支, 其中一个分支是孤立点. 设 $v \in V(AG_5^1 - F_1)$ 使得 $N(v) \cap (V(AG_5^3) \cup V(AG_5^4) \cup V(AG_5^5)) \subseteq (F_3 \cup F_4 \cup F_5)$. 由于 $|F_3| + |F_4| + |F_5| = 1$, 有 $|V(AG_5 - F - (V(AG_5^1 - F_1 - v) \cup V(B_2) \cup \cdots \cup V(B_5)))| \leqslant 2$. 这与 F 是 AG_5 的一个 3 限制割矛盾.

设 $AG_5^2 - F_2$ 有两个分支, 它的两个分支是 4 圈. 由于 $|F_3| + |F_4| + |F_5| = 1$, 由性质 6.4.7 和性质 6.4.8, $AG_5[V(AG_5^2 - F_2) \cup V(B_3) \cup V(B_4) \cup V(B_5)]$ 是连通的. 因此, $|V(AG_5 - F - (V(AG_5^1 - F_1 - v) \cup V(AG_5^2 - F_2) \cup V(B_3) \cup V(B_4) \cup V(B_5)))| \leqslant 1$. 这与 F 是 AG_5 的一个 3 限制割矛盾.

情况 6 $8 \leqslant |F_1| \leqslant 12$.

由断言 1, $8 \leqslant |F_1| \leqslant 10$, $|F_2| + |F_3| + |F_4| + |F_5| \leqslant 4$, $|F_i| \leqslant 3$, 其中 $i \in \{2, 3, 4, 5\}$. 由性质 6.4.1 和性质 6.4.2, $AG_5[V(B_2) \cup \cdots \cup V(B_5)]$ 是连通的, 其中 $B_i = AG_5^i - F_i$. 由于 $|F_2| + |F_3| + |F_4| + |F_5| \leqslant 4$, 所以有 $|V(AG_5 - F - $

$(V(B_1) \cup \cdots \cup V(B_5)))| \leqslant 2$. 这与 F 是 AG_5 的一个 3 限制割矛盾.

由情况 1—情况 6, AG_5 是紧超 3 限制连通的.　　　　　　　　　　□

定理 6.4.3[110]　对于 $n \geqslant 4$, 交错群图 AG_n 是紧 $(8n-28)$ 超 3 限制连通的.

证明　由引理 6.4.3, AG_4 是紧 4 超 3 限制连通的. 沿着最后一个位置分解 AG_n, 表示为 $AG_n^i(i=1,2,\cdots,n)$. 于是, AG_n^i 和 AG_{n-1} 是同构的. 由引理 6.4.7, 结果对于 $n = 5$ 是成立的. 我们通过对 n 进行归纳证明定理. 假设 $n \geqslant 6$, 结果对于 $AG_{n-1} \cong AG_n^i$ 是成立的. 现在考虑对于 AG_n 的任意最小的 3 限制割 $F \subseteq V(AG_n)$. 由定理 6.4.2, $|F| = 8n - 28$. 设 $F_i = F \cap V(AG_n^i)$, 其中 $i \in \{1,2,\cdots,n\}$, 以及 $|F_1| \geqslant |F_2| \geqslant \cdots \geqslant |F_n|$. 设 B_i 是 $AG_n^i - F_i$ 的最大分支, 其中 $i = 1,\cdots,n$ (如果 $AG_n^i - F_i$ 是连通的, 那么设 $B_i = AG_n^i - F_i$).

断言　$|F_3| \geqslant 1$, $1 \leqslant |F_2| \leqslant 4n - 15$.

如果 $|F_3| = 0$, 那么 $|F_3| = |F_4| = \cdots = |F_n| = 0$. 由性质 6.4.1, $AG_n[V(AG_n^3) \cup V(AG_n^4) \cup \cdots \cup V(AG_n^n)]$ 是连通的. 因此, 由性质 6.4.8, $AG_n - F$ 是连通的, 这产生矛盾. 因此, $|F_3| \geqslant 1$. 由于 $|F_2| \geqslant |F_3|$, $|F_3| \geqslant 1$, 有 $|F_2| \geqslant 1$. 如果 $|F_2| = 4n - 14$, 那么 $8n - 28 = |F| \geqslant |F_1| + |F_2| + |F_3| \geqslant 2(4n - 14) + 1 = 8n - 27$, 这产生矛盾. 因此, $|F_2| \leqslant 4n - 15$. 断言证毕. 我们考虑下面的情况.

情况 1　$|F_i| \leqslant 2n - 7$, $i \in \{1,2,\cdots,n\}$.

由于 $|F_1| \geqslant |F_2| \geqslant \cdots \geqslant |F_n|$, 所以 $|F_i| \leqslant 2n - 7 = 2(n-1) - 5$. 由性质 6.4.2, $AG_n^i - F_i$ 是连通的. 由性质 6.4.1, 2 个不同的 AG_n^i 之间存在 $(n-2)!$ 条独立的交叉边, 当 $n \geqslant 6$ 时 $(n-2)! > 4n - 14 \geqslant |F_i| + |F_j|$, 有 $AG_n[V(AG_n^i - F_i) \cup V(AG_n^j - F_j)]$ 是连通的. 从而, $AG_n - F$ 是连通的. 这与 F 是 AG_n 的一个 3 限制割矛盾.

情况 2　$2n - 6 = 2(n-1) - 4 \leqslant |F_1| \leqslant 4n - 15$.

由 $|F_1| \geqslant |F_2| \geqslant \cdots \geqslant |F_n|$, $|F_3| \geqslant 1$, 有 $|F_i| \leqslant 4n - 15$. 如果 $|F_n| = 6$, 那么 $6(n-1) + (2n-6) = 8n - 12 > 8n - 28 = |F|$, 这产生矛盾. 于是, $|F_n| \leqslant 5$.

情况 2.1　$|F_2| \leqslant 2n - 7$.

由于 $|F_1| \geqslant |F_2| \geqslant \cdots \geqslant |F_n|$, $|F_i| \leqslant 2n - 7 = 2(n-1) - 5$, $i \in \{2,3,\cdots,n\}$. 由性质 6.4.2, $AG_n^i - F_i$ 是连通的. 由性质 6.4.1, 2 个不同的 AG_n^i 之间存在 $(n-2)!$ 条独立的交叉边, 当 $n \geqslant 6$ 时 $(n-2)! > 4n - 14 \geqslant |F_i| + |F_j|$ ($j \in \{2,3,\cdots,n\}$, $j \neq i$), 有 $AG_n[V(AG_n^i - F_i) \cup V(AG_n^j - F_j)]$ 是连通的. 从而, $AG_n[V(B_2) \cup V(B_3) \cup \cdots \cup V(B_n)]$ 是连通的.

由于 $|F_1| \leqslant 4n - 15$, 由性质 6.4.3, $AG_n^1 - F_1$ 满足下面的条件之一:

(1) $AG_n^1 - F_1$ 有两个分支, 其中一个分支是孤立点;

(2) $AG_n^1 - F_1$ 有两个分支, 其中一个分支是一条边.

此外, 如果 $|F_1| = 4(n-1) - 11 = 4n - 15$, 那么 F_1 由该条边的端点的邻域构成. 由于 $(n-2)! > 4n - 15 + 5 + 2 = 4n - 8 \geqslant |F_1| + |F_n|$, 由性质 6.4.1,

$AG_n[V(B_1) \cup V(B_2) \cup \cdots \cup V(B_n)]$ 是连通的. 因此, $|V(AG_n - F - (V(B_1) \cup \cdots \cup V(B_5)))| \leqslant 2$. 这与 F 是 AG_n 的一个 3 限制割矛盾.

情况 2.2 $2n - 6 \leqslant |F_2| \leqslant 4n - 16$.

由于 $8n - 28 - 3(2n - 6) = 2n - 10 < 2n - 6$, 有 $|F_i| \leqslant 2n - 7$, 其中 $i \in \{4, 5, \cdots, n\}$. 由性质 6.4.2, $AG_n^i - F_i$ 是连通的. 由于当 $n \geqslant 6$ 时 $(n-2)! > 4n - 14 \geqslant |F_i| + |F_j|$, 由性质 6.4.1, 有 $AG_n[V(B_4) \cup V(B_5) \cup \cdots \cup V(B_n)]$ 是连通的. 由性质 6.4.3, $AG_n^i - F_i$ ($i \in \{1, 2, 3\}$) 满足下面的条件之一:

(1) $AG_n^i - F_i$ 有两个分支, 其中一个分支是孤立点;

(2) $AG_n^i - F_i$ 有两个分支, 其中一个分支是一条边. 此外, 如果 $|F_i| = 4(n-1) - 11 = 4n - 15$, 那么 F_i 由该条边的端点的邻域构成. 由于当 $n \geqslant 6$ 时, $(n-2)! > 4n - 15 + 5 + 2 = 4n - 8 \geqslant |F_i| + |F_n|$. 由性质 6.4.1, 有 $AG_n[V(B_i) \cup V(B_n)]$ 是连通的, 其中 $i \in \{1, 2, 3\}$, $AG_n[V(B_1) \cup V(B_2) \cup \cdots \cup V(B_n)]$ 是连通的.

如果 $2n - 6 \leqslant |F_3| \leqslant \left\lfloor \dfrac{8n - 28}{3} \right\rfloor$, 那么 $|F_1| \leqslant 4n - 16$. 由性质 6.4.3, $AG_n^i - F_i$ 有两个分支, 其中一个分支是孤立点, 其中 $i \in \{1, 2, 3\}$. 因此, $|V(AG_n - F - (V(B_1) \cup \cdots \cup V(B_5)))| \leqslant 3$. 这与 F 是 AG_n 的一个 3 限制割矛盾.

如果 $|F_3| < 2n - 6$, 那么 $AG_n^3 - F_3$ 是连通的. 由于 $|F_2| \leqslant 4n - 16$, $AG_n^2 - F_2$ 有两个分支, 其中一个分支是孤立点. 因此, $|V(AG_n - F - (V(B_1) \cup \cdots \cup V(B_5)))| \leqslant 3$. 这与 F 是 AG_n 的一个 3 限制割矛盾.

情况 2.3 $|F_2| = 4n - 15$.

在这种情况中, $|F_1| = |F_2| = 4n - 15$, $|F_3| + \cdots + |F_n| = 2$. 由性质 6.4.1 和性质 6.4.2, $AG_n[V(B_3) \cup \cdots \cup V(B_n)]$ 是连通的, 其中 $B_i = AG_n^i - F_i$ 是连通的, $i \in \{3, 4, \cdots, n\}$. 由于当 $n \geqslant 6$ 时 $(n-2)! > 4n - 15 + 5 + 2 = 4n - 8 \geqslant |F_i| + |F_n|$, 所以由性质 6.4.1, 有 $AG_n[V(B_i) \cup V(B_n)]$ 是连通的, 其中 $i \in \{1, 2\}$, $AG_n[V(B_1) \cup V(B_2) \cup \cdots \cup V(B_n)]$ 是连通的.

如果 $AG_n^1 - F_1$ 和 $AG_n^2 - F_2$ 其中之一有两个分支, 其中一个分支是孤立点, 那么 $|V(AG_n - F - (V(B_1) \cup \cdots \cup V(B_n)))| \leqslant 3$, 这与 F 是 AG_n 的一个 3 限制割矛盾. 所以 $AG_n^i - F_i$ 有两个分支, 其中一个分支是 K_2, $i \in \{1, 2\}$. 在这种情况中, 如果 F 是 AG_n 的一个 3 限制割, 那么 $AG_n - F$ 有两个分支, 其中一个分支是基数为 4 的子图.

情况 3 $4n - 14 \leqslant |F_1| \leqslant 6(n-1) - 20 = 6n - 26$.

如果 $|F_n| = 4$, 那么 $4(n-1) + (4n - 14) = 8n - 18 > 8n - 28 = |F|$, 这产生矛盾. 于是, $|F_n| \leqslant 3$. 由于 $8n - 28 - (4n - 14) = 4n - 14$, $|F_3| \geqslant 1$, 有 $|F_2| \leqslant 4n - 15$.

情况 3.1 $|F_2| \leqslant 2n - 7$.

由于 $|F_1| \geqslant |F_2| \geqslant \cdots \geqslant |F_n|$, $|F_i| \leqslant 2n-7 = 2(n-1)-5$, $i \in \{2,3,4,\cdots,n\}$. 由性质 6.4.2, $AG_n^i - F_i$ 是连通的. 由于当 $n \geqslant 6$ 时 $(n-2)! > 4n-14 \geqslant |F_i| + |F_j|$, 由性质 6.4.1, 有 $AG_n[V(AG_n^i - F_i) \cup V(AG_n^j - F_j)]$ 是连通的. 从而, $AG_n[V(B_2) \cup V(B_3) \cup \cdots \cup V(B_n)]$ 是连通的.

由于 $|F_1| \leqslant 6(n-1) - 20 = 6n-26$, 由性质 6.4.4, $AG_n^1 - F_1$ 满足下面的条件之一:

(1) $AG_n^1 - F_1$ 有两个分支, 其中一个分支是孤立点或一条边;

(2) $AG_n^1 - F_1$ 有三个分支, 其中两个分支是孤立点.

由于 $(n-2)! > 6n-26+3+2 = 6n-21 \geqslant |F_1| + |F_n|$, 由性质 6.4.1, $AG_n[V(B_1) \cup V(B_2) \cup \cdots \cup V(B_n)]$ 是连通的. 因此, $|V(AG_n - F - (V(B_1) \cup \cdots \cup V(B_5)))| \leqslant 2$. 这与 F 是 AG_n 的一个 3 限制割矛盾.

情况 3.2 $2n-6 \leqslant |F_2| \leqslant 4n-16$.

由于 $8n-28 - (4n-14) - (2n-6) = 2n-8 < 2n-6$, 有 $|F_i| \leqslant 2n-7$, $i \in \{3,4,5,\cdots,n\}$. 由性质 6.4.2, $AG_n^i - F_i$ 是连通的. 由于当 $n \geqslant 6$ 时 $(n-2)! > 2n-8 \geqslant |F_i| + |F_j|$, 由性质 6.4.1, 有 $AG_n[V(B_3) \cup V(B_4) \cup \cdots \cup V(B_n)]$ 是连通的. 由性质 6.4.3, $AG_n^2 - F_2$ 有两个分支, 其中一个分支是孤立点.

由于当 $n \geqslant 6$ 时, $(n-2)! > 4n-16+1+3 = 4n-12 \geqslant |F_2| + |F_n|$, 由性质 6.4.1, 有 $AG_n[V(B_2) \cup V(B_n)]$, $AG_n[V(B_2) \cup V(B_3) \cup \cdots \cup V(B_n)]$ 是连通的.

由于 $|F_1| \leqslant 6(n-1) - 20 = 6n-26$, 由性质 6.4.4, $AG_n^1 - F_1$ 满足下面的条件之一:

(1) $AG_n^1 - F_1$ 有两个分支, 其中一个分支是孤立点或一条边;

(2) $AG_n^1 - F_1$ 有三个分支, 其中两个分支是孤立点.

由于当 $n \geqslant 6$ 时 $(n-2)! > 6n-26+2+3 = 6n-21 \geqslant |F_1| + |F_n|$, 由性质 6.4.1, 有 $AG_n[V(B_1) \cup V(B_n)]$, $AG_n[V(B_1) \cup V(B_2) \cup \cdots \cup V(B_n)]$ 是连通的. 因此, $|V(AG_n - F - (V(B_1) \cup V(B_2) \cup \cdots \cup V(B_n)))| \leqslant 3$. 这与 F 是 AG_n 的一个 3 限制割矛盾.

情况 3.3 $|F_2| = 4n-15$.

在这种情况中, $|F_1| = 4n-14$, $|F_3| + \cdots + |F_n| = 1$. 由性质 6.4.1 和性质 6.4.2, $AG_n[V(B_3) \cup \cdots \cup V(B_n)]$ 是连通的, 其中 $B_i = AG_n^i - F_i$ $(i \in \{3,4,\cdots,n\})$ 是连通的.

由于 $|F_2| = 4(n-1) - 11 = 4n-15$, 由性质 6.4.3, $AG_n^2 - F_2$ 满足下面的条件之一:

(1) $AG_n^2 - F_2$ 有两个分支, 其中一个分支是孤立点;

(2) $AG_n^2 - F_2$ 有两个分支, 其中一个分支是一条边.

此外, 如果 $|F_2| = 4(n-1) - 11 = 4n - 15$, 那么 F_2 由该条边的端点的邻域构成. 由于当 $n \geqslant 6$ 时 $(n-2)! > 4n - 15 + 2 + 1 = 4n - 12 \geqslant |F_2| + |F_n|$, 由性质 6.4.1, 有 $AG_n[V(B_2) \cup V(B_n)]$, $AG_n[V(B_2) \cup V(B_3) \cup \cdots \cup V(B_n)]$ 是连通的.

设 $AG_n^1 - F_1$ 中的分支是 $G_1, G_2, \cdots, G_k, k \geqslant 2$. 如果 $|V(G_r)| \geqslant 2$ $(1 \leqslant r \leqslant k-1)$, 由性质 6.4.8, $|N(V(G_r)) \cap (V(AG_n^3) \cup \cdots \cup V(AG_n^n))| \geqslant 2$. 如果 $k \geqslant 3$ $(1 \leqslant r \leqslant k-1)$, 由性质 6.4.8, $|(N(V(G_1)) \cup \cdots \cup N(V(G_{k-1}))) \cap (V(AG_n^3) \cup \cdots \cup V(AG_n^n))| \geqslant 2$. 再结合 $|F_3| + |F_4| + \cdots + |F_n| = 1$, 有 $AG_n[V(G_r) \cup V(AG_n^3 - F_3) \cup \cdots \cup V(AG_n^n - F_n)]$ 是连通的. 因此, G_r 不是 $AG_n - F$ 的一个分支, 其中 $|V(G_r)| \geqslant 2$, $AG_n - F - V(AG_n^2)$ 满足下面的条件之一:

(1) $AG_n - F - V(AG_n^2)$ 是连通的;

(2) $AG_n - F - V(AG_n^2)$ 有两个分支, 其中一个分支是孤立点. 从而, $|V(AG_n - F - (V(AG_n^1 - F_1) \cup V(B_2) \cup \cdots \cup V(B_5)))| \leqslant 3$. 这与 F 是 AG_n 的一个 3 限制割矛盾.

情况 4 $|F_1| = 6(n-1) - 19 = 6n - 25$.

如果 $|F_n| = 2$, 那么 $2(n-1) + (6n-25) = 8n - 27 > 8n - 28 = |F|$, 这产生矛盾. 于是, $|F_n| \leqslant 1$. 由于 $8n - 28 - (6n - 25) = 2n - 3$, $|F_3| \geqslant 1$, 所以有 $|F_2| \leqslant 2n - 4$.

情况 4.1 $|F_2| \leqslant 2n - 7$.

由于 $|F_1| \geqslant |F_2| \geqslant \cdots \geqslant |F_n|$, $|F_i| \leqslant 2n - 7 = 2(n-1) - 5$, $i \in \{2, 3, 4, \cdots, n\}$. 由性质 6.4.2, $AG_n^i - F_i$ 是连通的. 由于当 $n \geqslant 6$ 时 $(n-2)! > 4n - 14 \geqslant |F_i| + |F_j|$, 由性质 6.4.1, 有 $AG_n[V(AG_n^i - F_i) \cup V(AG_n^j - F_j)]$ 是连通的. 从而, $AG_n[V(B_2) \cup V(B_3) \cup \cdots \cup V(B_n)]$ 是连通的.

由于 $|F_1| = 6(n-1) - 19 = 6n - 25$, 由性质 6.4.5, $AG_n^1 - F_1$ 满足下面的条件之一:

(1) $AG_n^1 - F_1$ 有两个分支, 其中一个分支是孤立点, 一条边或一条 2 路;

(2) $AG_n^1 - F_1$ 有三个分支, 其中两个分支是孤立点.

由于 $(n-2)! > 6n - 25 + 3 + 1 = 6n - 21 \geqslant |F_1| + |F_n|$, 由性质 6.4.1, $AG_n[V(B_1) \cup V(B_2) \cup \cdots \cup V(B_n)]$ 是连通的. 因此, $|V(AG_n - F - (V(B_1) \cup \cdots \cup V(B_5)))| \leqslant 3$. 这与 F 是 AG_n 的一个 3 限制割矛盾.

情况 4.2 $|F_2| = 2n - 6$.

如果 $AG_n^2 - F_2$ 是连通的, 同情况 4.1 相似, F 不是 AG_n 的一个 3 限制割, 这产生矛盾. 因此, $AG_n^2 - F_2$ 不是连通的. 由于 $n \geqslant 6$, 有 $2n - 6 \leqslant 4n - 16 = 4(n-1) - 12$. 由性质 6.4.3, $AG_n^2 - F_2$ 有两个分支, 其中一个分支是孤立点.

由于 $|F_1| = 6n - 25$, 有 $|F_3| + \cdots + |F_n| = 3$. 由性质 6.4.2, $AG_n^i - F_i$ 是连通的, 其中 $i \in \{3, 4, \cdots, n\}$. 由于当 $n \geqslant 6$ 时 $(n-2)! > 3 \geqslant |F_i| + |F_j|$, 由

性质 6.4.1, 有 $AG_n[V(B_3) \cup V(B_4) \cup \cdots \cup V(B_n)]$ 是连通的. 由于当 $n \geqslant 6$ 时 $(n-2)! > 2n-6+1+1 = 2n-4 \geqslant |F_2| + |F_n|$, 由性质 6.4.1, 有 $AG_n[V(B_2) \cup V(B_3) \cup \cdots \cup V(B_n)]$ 是连通的.

由于 $|F_1| = 6(n-1) - 19 = 6n - 25$, 由性质 6.4.5, $AG_n^1 - F_1$ 满足下面的条件之一:

(1) $AG_n^1 - F_1$ 有两个分支, 其中一个分支是孤立点, 一条边或者一条路;

(2) $AG_n^1 - F_1$ 有三个分支, 其中两个分支是孤立点.

由于 $(n-2)! > 6n - 25 + 3 + 1 = 6n - 21 \geqslant |F_1| + |F_n|$, 由性质 6.4.1, $AG_n[V(B_1) \cup V(B_2) \cup \cdots \cup V(B_n)]$ 是连通的. 如果 $AG_n^1 - F_1$ 有两个分支, 其中一个分支是孤立点, 一条边或者 $AG_n^1 - F_1$ 有三个分支, 其中两个分支是孤立点, 那么 $|V(AG_n - F - (V(B_1) \cup \cdots \cup V(B_5)))| \leqslant 3$. 这与 F 是 AG_n 的一个 3 限制割矛盾. 因此, $AG_n^1 - F_1$ 有两个分支, 其中一个分支是一条 2 路. 在这种情况中, 如果 F 是 AG_n 的一个 3 限制割, 那么 $AG_n - F$ 有两个分支, 其中一个分支是基为 4 的子图.

情况 4.3　$2n - 5 \leqslant |F_2| \leqslant 2n - 4$.

如果 $AG_n^2 - F_2$ 是连通的, 同情况 4.1 相似, F 不是 AG_n 的一个 3 限制割, 这产生矛盾. 因此, $AG_n^2 - F_2$ 不是连通的. 由于 $n \geqslant 6$, 有 $2n - 4 \leqslant 4n - 16 = 4(n-1) - 12$. 由性质 6.4.3, $AG_n^2 - F_2$ 有两个分支, 其中一个分支是孤立点.

由于 $|F_1| = 6n - 25$, 有 $|F_3| + \cdots + |F_n| \leqslant 2$. 由性质 6.4.2, $AG_n^i - F_i$ 是连通的, 其中 $i \in \{3, 4, \cdots, n\}$. 由于当 $n \geqslant 6$ 时 $(n-2)! > 2 \geqslant |F_i| + |F_j|$, 由性质 6.4.1, 有 $AG_n[V(B_3) \cup V(B_4) \cup \cdots \cup V(B_n)]$ 是连通的. 由于当 $n \geqslant 6$ 时 $(n-2)! > 2n - 6 + 1 + 1 = 2n - 3 \geqslant |F_2| + |F_n|$, 由性质 6.4.1, 有 $AG_n[V(B_2) \cup V(B_3) \cup \cdots \cup V(B_n)]$ 是连通的.

设 $AG_n^1 - F_1$ 中的分支是 $G_1, G_2, \cdots, G_k$, $k \geqslant 2$. 如果 $|V(G_r)| \geqslant 3$ $(1 \leqslant r \leqslant k-1)$, 由性质 6.4.8, $|N(V(G_r)) \cap (V(AG_n^3) \cup \cdots \cup V(AG_n^n))| \geqslant 3$. 如果 $k \geqslant 4$ $(1 \leqslant r \leqslant k-1)$, 由性质 6.4.8, $|(N(V(G_1)) \cup \cdots \cup N(V(G_{k-1}))) \cap (V(AG_n^3) \cup \cdots \cup V(AG_n^n))| \geqslant 3$. 再结合 $|F_3| + |F_4| + \cdots + |F_n| \leqslant 2$, 有 $AG_n[V(G_r) \cup V(AG_n^3 - F_3) \cup \cdots \cup V(AG_n^n - F_n)]$ 是连通的. 因此, G_r 不是 $AG_n - F$ 的一个分支, 其中 $|V(G_r)| \geqslant 3$, $AG_n - F - V(G_n^2)$ 满足下面的条件之一:

(1) $AG_n - F - V(AG_n^2)$ 是连通的;

(2) $AG_n - F - V(AG_n^2)$ 有两个分支, 其中一个分支是孤立点或一条边;

(3) $AG_n - F - V(AG_n^2)$ 有三个分支, 其中两个分支是孤立点;

(4) $AG_n - F - V(AG_n^2)$ 有两个分支, 其中一个分支是 K_2.

从而, $|V(AG_n - F - (V(AG_n^1 - F_1) \cup V(B_2) \cup \cdots \cup V(B_5)))| \leqslant 3$. 这与 F 是 AG_n 的一个 3 限制割矛盾.

情况 5 $6n - 24 \leqslant |F_1| \leqslant 8(n-1) - 29 = 8n - 37$.

如果 $|F_n| = 2$, 那么 $2(n-1) + (6n - 24) = 8n - 26 > 8n - 28 = |F|$, 这产生矛盾. 于是, $|F_n| \leqslant 1$. 由于 $8n - 28 - (6n - 24) = 2n - 4$, $|F_3| \geqslant 1$, 所以有 $|F_2| \leqslant 2n - 5$.

情况 5.1 $|F_2| \leqslant 2n - 7$.

由于 $|F_1| \geqslant |F_2| \geqslant \cdots \geqslant |F_n|$, $|F_i| \leqslant 2n - 7 = 2(n-1) - 5$, 其中 $i \in \{2, 3, \cdots, n\}$. 由性质 6.4.2, $AG_n^i - F_i$ 是连通的. 由于当 $n \geqslant 6$ 时 $(n-2)! > 4n - 14 \geqslant |F_i| + |F_j|$, 由性质 6.4.1, 有 $AG_n[V(AG_n^i - F_i) \cup V(AG_n^j - F_j)]$ 是连通的. 从而, $AG_n[V(B_2) \cup V(B_3) \cup \cdots \cup V(B_n)]$ 是连通的.

由于 $|F_1| \leqslant 8(n-1) - 29 = 8n - 37$, 由性质 6.4.6, $AG_n^1 - F_1$ 满足下面的条件之一:

(1) $AG_n^1 - F_1$ 有两个分支, 其中一个分支是孤立点, 或一条边, 或一条 2 路, 或一个 3 圈;

(2) $AG_n^1 - F_1$ 有三个分支, 其中两个分支是孤立点或者一个孤立点和一条边;

(3) $AG_n^1 - F_1$ 有四个分支, 其中三个分支是孤立点.

由于 $(n-2)! > 8n - 37 + 3 + 1 = 8n - 33 \geqslant |F_1| + |F_n|$, 由性质 6.4.1, $AG_n[V(B_1) \cup V(B_2) \cup \cdots \cup V(B_n)]$ 是连通的. 因此, $|V(AG_n - F - (V(B_1) \cup \cdots \cup V(B_5)))| \leqslant 3$. 这与 F 是 AG_n 的一个 3 限制割矛盾.

情况 5.2 $2n - 6 \leqslant |F_2| \leqslant 2n - 5$.

如果 $AG_n^2 - F_2$ 是连通的, 同情况 5.1 相似, F 不是 AG_n 的一个 3 限制割, 这产生矛盾. 因此, $AG_n^2 - F_2$ 不是连通的. 由于 $n \geqslant 6$, 有 $2n - 5 \leqslant 4n - 16 = 4(n-1) - 12$. 由性质 6.4.3, $AG_n^2 - F_2$ 有两个分支, 其中一个分支是孤立点.

由于 $|F_1| \geqslant 6n - 24$, 有 $|F_3| + \cdots + |F_n| \leqslant 2$. 由性质 6.4.2, $AG_n^i - F_i$ 是连通的, 其中 $i \in \{3, 4, \cdots, n\}$. 由于当 $n \geqslant 6$ 时 $(n-2)! > 2 \geqslant |F_i| + |F_j|$, 由性质 6.4.1, 有 $AG_n[V(B_3) \cup V(B_4) \cup \cdots \cup V(B_n)]$ 是连通的. 由于当 $n \geqslant 6$ 时 $(n-2)! > 2n - 6 + 1 + 1 = 2n - 4 \geqslant |F_2| + |F_n|$, 由性质 6.4.1, 有 $AG_n[V(B_2) \cup V(B_3) \cup \cdots \cup V(B_n)]$ 是连通的. 设 $AG_n^1 - F_1$ 的分支是 $G_1, G_2, \cdots, G_k$, $k \geqslant 2$. 如果 $|V(G_r)| \geqslant 3$ $(1 \leqslant r \leqslant k-1)$, 由性质 6.4.8, $|N(V(G_r)) \cap (V(AG_n^3) \cup \cdots \cup V(AG_n^n))| \geqslant 3$. 如果 $k \geqslant 4$ $(1 \leqslant r \leqslant k-1)$, 由性质 6.4.8, $|(N(V(G_1)) \cup \cdots \cup N(V(G_{k-1}))) \cap (V(AG_n^3) \cup \cdots \cup V(AG_n^n))| \geqslant 3$. 再结合 $|F_3| + |F_4| + \cdots + |F_n| \leqslant 2$, 有 $AG_n[V(G_r) \cup V(AG_n^3 - F_3) \cup \cdots \cup V(AG_n^n - F_n)]$ 是连通的. 因此, G_r 不是 $AG_n - F$ 的一个分支, 其中 $|V(G_r)| \geqslant 3$, $AG_n - F - V(AG_n^2)$ 满足下面的条件之一:

(1) $AG_n - F - V(AG_n^2)$ 是连通的;

(2) $AG_n - F - V(AG_n^2)$ 有两个分支, 其中一个分支是孤立点或一条边;

(3) $AG_n - F - V(AG_n^2)$ 有三个分支, 其中两个分支是孤立点;

(4) $AG_n - F - V(AG_n^2)$ 有两个分支, 其中一个分支是 K_2.

从而, $|V(AG_n - F - (V(AG_n^1 - F_1) \cup V(B_2) \cup \cdots \cup V(B_5)))| \leqslant 3$. 这与 F 是 AG_n 的一个 3 限制割矛盾.

情况 6　$|F_1| = 8(n-1) - 28 = 8n - 36$.

在这种情况中, $8n - 28 - (8n - 36) = 8$.

设 F_1 是 AG_n^1 的一个 3 限制割. 由归纳假设, $AG_n^1 - F_1$ 有两个分支, 其中一个分支是基数为 4 的子图 H. 由性质 6.4.7 和性质 6.4.8, $|F_3| + \cdots + |F_n| \geqslant 4$, $|F_2| \leqslant 4$. 由性质 6.4.2, $AG_n^i - F_i$ 是连通的, 其中 $i \in \{2, 3, \cdots, n\}$. 由于当 $n \geqslant 6$ 时 $(n-2)! > 8$, 由性质 6.4.1, 有 $AG_n[V(B_2) \cup \cdots \cup V(B_n)]$ 是连通的. 由于当 $n \geqslant 6$ 时 $(n-2)! > 8n - 36 + 4 + 1 = 8n - 31$, 由性质 6.4.1, 有 $AG_n[V(B_1) \cup \cdots \cup V(B_n)]$ 是连通的. 如果 $(F_2 \cup \cdots \cup F_n) \neq (N(V(H)) \cap (V(AG_n^2) \cup \cdots \cup V(AG_n^n)))$, 那么 $AG_n - F$ 是连通的, 这产生矛盾. 因此, $(F_2 \cup \cdots \cup F_n) = (N(V(H)) \cap (V(AG_n^2) \cup \cdots \cup V(AG_n^n)))$, $AG_n - F$ 有两个分支, 其中一个分支是基为 4 的子图 H.

设 F_1 不是 AG_n^1 的一个 3 限制割. 设 $AG_n^1 - F_1$ 的分支是 $G_1, G_2, \cdots, G_k$, $k \geqslant 2$. 如果 $|V(G_r)| \geqslant 5$ $(1 \leqslant r \leqslant k-1)$, 由性质 6.4.8, $|N(V(G_r)) \cap (V(AG_n^2) \cup \cdots \cup V(AG_n^n))| \geqslant 10$. 如果 $k \geqslant 6$ $(1 \leqslant r \leqslant k-1)$, 由性质 6.4.8, $|(N(V(G_1)) \cup \cdots \cup N(V(G_{k-1}))) \cap (V(AG_n^2) \cup \cdots \cup V(AG_n^n))| \geqslant 10$. 再结合 $|F_2| + |F_3| + |F_4| + \cdots + |F_n| = 8$, 有 $AG_n[V(G_r) \cup V(AG_n^3 - F_3) \cup \cdots \cup V(AG_n^n - F_n)]$ 是连通的. 因此, G_r 不是 $AG_n - F$ 的一个分支, 其中 $|V(G_r)| \geqslant 5$. 设 $G_1, G_2, \cdots, G_k$ 中存在一个 G_x $(|V(G_x)| = 4)$, 使得 $(F_2 \cup \cdots \cup F_n) = (N(V(G_x)) \cap (V(AG_n^2) \cup \cdots \cup V(AG_n^n)))$. 由性质 6.4.7 和性质 6.4.8, $|F_3| + \cdots + |F_n| \geqslant 4$, $|F_2| \leqslant 4$. 由性质 6.4.2, $AG_n^i - F_i$ 是连通的, 其中 $i \in \{2, 3, \cdots, n\}$. 由于当 $n \geqslant 6$ 时 $(n-2)! > 8$, 由性质 6.4.1, 有 $AG_n[V(B_2) \cup \cdots \cup V(B_n)]$ 是连通的. 因此, $AG_n[V(AG_n^1 - F_1) \cup V(B_2) \cup \cdots \cup V(B_n)]$ 有两个分支, 其中一个分支是基数为 4 的子图, 即 $AG_n - F$ 有两个分支, 其中一个分支是基数为 4 的子图.

设 $G_1, G_2, \cdots, G_k$ 中不存在 G_x $(|V(G_x)| = 4)$, 使得 $(F_2 \cup \cdots \cup F_n) = (N(V(G_x)) \cap (V(AG_n^2) \cup \cdots \cup V(AG_n^n)))$.

设 $n \geqslant 7$. 由 $|F_3| \geqslant 1$, $|F_2| \leqslant 7$ 是成立的. 由性质 6.4.2, $AG_n^i - F_i = B_i$ 是连通的, 其中 $i \in \{2, 3, \cdots, n\}$. 由于 $(n-2)! > 8$, 由性质 6.4.1, 有 $AG_n[V(B_2) \cup \cdots \cup V(B_n)]$ 是连通的. 因此, $AG_n - F$ 的每一个分支 G_r 有 $|V(G_r)| \leqslant 3$, F 不是 AG_n 的一个 3 限制割, 这产生矛盾.

设 $n = 6$. 如果 $|F_2| \leqslant 5$, 由性质 6.4.2, $AG_n^i - F_i$ 是连通的, 其中 $i \in \{2, 3, \cdots, n\}$. 由上面的结果, F 不是 AG_n 的一个 3 限制割, 这产生矛盾. 因此, $|F_2| = 6$, $|F_3| + |F_4| + |F_5| + |F_6| = 2$. 由于 $6 < 4(6-1) - 12 = 8$, 由性

质 6.4.3, $AG_6^2 - F_6$ 有两个分支, 其中一个分支是孤立点. 设 $AG_6^1 - F_1$ 中的分支是 $G_1, G_2, \cdots, G_k$, $k \geqslant 2$. 如果 $|V(G_r)| \geqslant 3$ $(1 \leqslant r \leqslant k-1)$, 由性质 6.4.8, $|N(V(G_r)) \cap (V(AG_6^3) \cup \cdots \cup V(AG_6^6))| \geqslant 3$. 如果 $k \geqslant 4$ $(1 \leqslant r \leqslant k-1)$, 由性质 6.4.8, $|(N(V(G_1)) \cup \cdots \cup N(V(G_{k-1}))) \cap (V(AG_6^3) \cup \cdots \cup V(AG_6^6))| \geqslant 3$. 再结合 $|F_3| + |F_4| + |F_5| + |F_6| = 2$, 有 $AG_n[V(G_r) \cup V(AG_n^3 - F_3) \cup \cdots \cup V(AG_6^6 - F_6)]$ 是连通的. 因此, G_r 不是 $AG_6 - F$ 的一个分支, 其中 $|V(G_r)| \geqslant 3$, $AG_6 - F - V(AG_6^2)$ 满足下面的条件之一:

(1) $AG_6 - F - V(AG_6^2)$ 是连通的;

(2) $AG_6 - F - V(AG_6^2)$ 有两个分支, 其中一个分支是孤立点或一条边;

(3) $AG_6 - F - V(AG_6^2)$ 有三个分支, 其中两个分支是孤立点;

(4) $AG_n - F - V(AG_n^2)$ 有两个分支, 其中一个分支是 K_2.

从而, $|V(AG_6 - F - (V(AG_6^1 - F_1) \cup V(B_2) \cup V(B_3) \cup \cdots \cup V(B_6)))| \leqslant 3$. 这与 F 是 AG_6 的一个 3 限制割矛盾.

情况 7 $8n - 35 \leqslant |F_1| \leqslant 8n - 28$.

由断言 1, $|F_2|, |F_3| \geqslant 1$; $8n - 35 \leqslant |F_1| \leqslant 8n - 30$. 在这种情况中, $|F_2| + |F_3| + |F_4| + \cdots + |F_n| \leqslant 7$, $|F_n| \leqslant 1$. 再结合 $|F_3| \geqslant 1$, 有 $|F_2| \leqslant 6$. 在这种情况中, $|F_i| \leqslant 6$, $i \in \{2, 3, \cdots, n\}$.

设 $n \geqslant 7$. 由性质 6.4.2, $AG_n^i - F_i$ 是连通的, 其中 $i \in \{2, 3, \cdots, n\}$. 由于 $(n-2)! > 7$, 由性质 6.4.1, 有 $AG_n[V(B_2) \cup \cdots \cup V(B_n)]$ 是连通的.

设 $AG_n^1 - F_1$ 中的分支是 $G_1, G_2, \cdots, G_k$, $k \geqslant 2$. 如果 $|V(G_r)| \geqslant 4$ $(1 \leqslant r \leqslant k-1)$, 由性质 6.4.8, $|N(V(G_r)) \cap (V(AG_n^2) \cup \cdots \cup V(AG_n^n))| \geqslant 8$. 如果 $k \geqslant 5$ $(1 \leqslant r \leqslant k-1)$, 由性质 6.4.8, $|(N(V(G_1)) \cup \cdots \cup N(V(G_{k-1}))) \cap (V(AG_n^2) \cup \cdots \cup V(AG_n^n))| \geqslant 8$. 再结合 $|F_2| + |F_3| + \cdots + |F_n| \leqslant 7$, 有 $AG_n[V(G_r) \cup V(AG_n^2 - F_2) \cup \cdots \cup V(AG_n^5 - F_5)]$ 是连通的. 因此, G_r 不是 $AG_n - F$ 的一个分支, 其中 $|V(G_r)| \geqslant 4$. 由于 $(n-2)! > 8n - 30 + 1 + 3 = 8n - 26$, 由性质 6.4.1, 有 $AG_n[V(B_1) \cup \cdots \cup V(B_n)]$ 是连通的. 因此, $AG_n - F$ 的每一个分支 G_r 有 $|V(G_r)| \leqslant 3$, F 不是 AG_n 的一个 3 限制割, 这产生矛盾.

设 $n = 6$. 如果 $|F_2| \leqslant 5$, 由性质 6.4.2, $AG_n^i - F_i$ 是连通的, 其中 $i \in \{2, 3, \cdots, n\}$. 由上面的结果, F 不是 AG_n 的一个 3 限制割, 这产生矛盾. 因此, $|F_2| = 6$, $|F_3| + |F_4| + |F_5| + |F_6| = 1$. 由于 $6 < 4(6-1) - 12 = 8$, 由性质 6.4.3, $AG_6^2 - F_6$ 有两个分支, 其中一个分支是孤立点. 设 $AG_6^1 - F_1$ 中的分支是 $G_1, G_2, \cdots, G_k$, $k \geqslant 2$. 如果 $|V(G_r)| \geqslant 2$ $(1 \leqslant r \leqslant k-1)$, 由性质 6.4.8, $|N(V(G_r)) \cap (V(AG_6^3) \cup \cdots \cup V(AG_6^6))| \geqslant 2$. 如果 $k \geqslant 3$ $(1 \leqslant r \leqslant k-1)$, 由性质 6.4.8, $|(N(V(G_1)) \cup \cdots \cup N(V(G_{k-1}))) \cap (V(AG_6^3) \cup \cdots \cup V(AG_6^6))| \geqslant 2$. 再结合 $|F_3| + |F_4| + |F_5| + |F_6| = 1$, 有 $AG_6[V(G_r) \cup V(AG_6^3 - F_3) \cup \cdots \cup V(AG_6^6 - F_6)]$ 是连

通的. 因此, G_r 不是 $AG_6 - F$ 的一个分支, 其中 $|V(G_r)| \geqslant 2$, $AG_6 - F - V(AG_6^2)$ 满足下面的条件之一:

(1) $AG_6 - F - V(AG_6^2)$ 是连通的;

(2) $AG_6 - F - V(AG_6^2)$ 有两个分支, 其中一个分支是孤立点.

从而, $|V(AG_6 - F - (V(AG_6^1 - F_1) \cup V(B_2) \cup \cdots \cup V(B_6)))| \leqslant 2$. 这与 F 是 AG_6 的一个 3 限制割矛盾.

由情况 1—情况 7, AG_n 是紧 $(8n - 28)$ 超 3 限制连通的.　　　　　　□

6.5　一些说明

本章主要给出和证明了一些网络的 g 限制连通度. 一些继续研究的问题如下:

(1) 继续研究一些网络的 g 限制连通度.

(2) 确定网络的连通性和 g 限制连通度的关系.

(3) 求网络的 g 限制连通度.

参 考 文 献

[1] 袁国兴, 张云泉, 袁良. 2019 年中国高性能计算机发展现状分析. 计算机工程与科学, 2019, (12): 2095-2100.

[2] 黄永勤, 金利峰, 刘耀. 高性能计算机的可靠性技术现状与趋势. 计算机研究与发展, 2010, 47(4): 589-594.

[3] Esfahanian A H. Generalized measures of fault tolerance with application to N-cube networks. IEEE Transactions on Computers, 1989, 38(11): 1586-1591.

[4] Sharma R L. Network Topology Optimization: The Art and Science of Network Design. New York: Van Nostrand Reinhold, 1990.

[5] Bermond J C, Peyrat C. De Bruijn and kautz networks: A competitor for the hypercube. Hypercube and Distributed Computers, 1989, 15: 273-279.

[6] Xu X, Zhou S, Li J. Reliability of complete cubic networks under the condition of g-good-neighbor. The Computer journal, 2017, 60(5): 625-635.

[7] Erdös P, Saks M, Sós V T. Maximum induced trees in graphs. Journal of Combinatorial Theory, Series B, 1986, 41(1): 61-79.

[8] Squire J S, Palais S M. Physical and logical design of a highly parallel computer. AFIPS Conference Processings, Washington DC: IEEE Computer Society Press, 1963, 1: 395.

[9] Efe K. The crossed cube architecture for parallel computation. IEEE Transactions on Parallel and Distributed Systems, 1992, 3(5): 513-524.

[10] Cull P, Larson S M. The Möbius cubes. IEEE Transactions on Computers, 1995, 44(5): 647-659.

[11] Huang K, Wu J. Area efficient layout of balanced hypercubes. International Journal of High Speed Electronics and Systems, 1995, 6(4): 631-646.

[12] El-Amawy A, Latifi S. Properties and performance of folded hypercubes. IEEE Transactions on Parallel and Distributed Systems, 1991, 2(1): 31-42.

[13] Wang D, Zhao L. The twisted-cube connected networks. Journal of Computer Science and Technology, 1999, 14(2): 181-187.

[14] Yang X, Evans D J, Megson G M. The locally twisted cubes. International Journal of Computer Mathematics, 2005, 82(4): 401-413.

[15] Loh P K K, Hsu W J, Pan Y. The exchanged hypercube. IEEE Transactions on Parallel and Distributed Systems, 2005, 16(9): 866-874.

[16] Li K, Mu Y, Li K, et al. Exchanged crossed cube: A novel interconnection network for parallel computation. IEEE Transactions on Parallel and Distributed Systems, 2013, 24(11): 2211-2219.

[17] Bose B, Broeg B, Kwon Y, et al. Lee distance and topological properties of k-ary n-cubes. IEEE Transactions on Computers, 1995, 44(8): 1021-1030.

[18] Xiang Y, Stewart I A. Augmented k-ary n-cubes. Information Sciences, 2011, 181(1): 239-256.

[19] Duzett B, Buck R. An overview of the nCUBE 3 supercomputer//The Fourth Symposium on the Frontiers of Massively Parallel Computation. Washington DC: IEEE Computer Society Press, 1992: 458-464.

[20] Close P. The iPSC/2 node architecture//C3P: Proceedings of the Third Conference on Hypercube Concurrent Computers and Applications. New York: ACM Press, 1988: 43-50.

[21] Tucker L W, Robertson G G. Architecture and applications of the connection machine. IEEE Transactions on Computer, 1988, 21(8): 26-38.

[22] Peterson C, Sutton J, Wiley P. iWarp: A 100-MOPS, LIW microprocessor for multicomputers. IEEE Micro., 1991, 11(3): 26-29.

[23] Noakes M, Dally W J. System design of the j-machine//AUSCRYPT'90: Proceedings of the Sixth MIT Conference on Advanced Research in VLSI. Cambridge: MIT Press, 1990: 179-194.

[24] Kessler R E, Schwarzmeier J L. Cray T3D: A new dimension for cray research//Compcon Spring'93. New York: IEEE Computer Society Press, 1993: 176-182.

[25] Anderson E, Brooks J, Grassl C, et al., Performance of the Cray T3E multiprocessor//SC'97: Proceedings of the 1997 ACM/IEEE Conference on Supercomputing. New York: IEEE Computer Society Press, 1997: 39.

[26] Chen D, Eisley N A, Heidelberger P, et al. The IBM blue Gene/Q interconnection fabric. IEEE Micro, 2012, 32(1): 32-43.

[27] Yang C, Wang J, Lee J, et al. Graph theoretic reliability analysis for the Boolean n cube networks. IEEE Trans actions on Circuits and Systems, 1988, 35(9): 1175-1179.

[28] Harary F. Conditional connectivity. Networks, 1983, 13(3): 347-357.

[29] Esfahanian A H, Hakimi S L. On computing a conditional edge-connectivity of a graph. Information Processing Letters, 1988, 27(4): 195-199.

[30] Bauer D, Boesch F, Suffel C, et al. Connectivity extremal problems and the design of reliable probabilistic networks// The Theory and Application of Graphs. New York: AMS Press, 1981: 45-54.

[31] Boesch F, Tindell R. Circulants and their connectivities. Journal of Graph Theory, 1984, 8(4): 487-499.

[32] Oh A D, Choi H A. Generalized measures of fault tolerance in n-cube networks. IEEE Transactions on Parallel and Distributed Systems, 1993, 4(6): 702-703.

[33] Latifi S, Hegde M, Naraghi-Pour M. Conditional connectivity measures for large multiprocessor systems. IEEE Transactions on Computers, 1994, 43(2): 218-222.

[34] Fàbrega J, Fiol M A. Extraconnectivity of graphs with large girth. Discrete Mathematics, 1994, 127(1-3): 163-170.

[35] Fàbrega J, Fiol M A. On the extraconnectivity of graphs. Discrete Mathematics, 1996, 155(1-3): 49-57.

[36] Preparata F P, Metze G, Chien R T. On the connection assignment problem of diagnosable systems. IEEE Transactions on Electronic Computers, 1967, 16(6): 848-854.

[37] Chwa K Y, Hakimi S L. Schemes for fault-tolerant computing: A comparison of modularly redundant and t-diagnosable systems. Information and Control, 1981, 49(3): 212-238.

[38] Malek M. A comparison connection assignment for diagnosis of multiprocessor systems//Proceedings of the 7th Annual Symposium on Computer Architecture. New York: ACM Press, 1982: 31-36.

[39] Maeng J, Malek M. A comparison connection assignment for self-diagnosis of multiprocessor systems//Proceeding of 11th International Symposium on Fault-Tolerant Computing. New York: ACM Press, 1981: 173-175.

[40] Barsi F, Grandoni F, Maestrini P. A theory of diagnosability of digital systems. IEEE Transactions on Computers, 1976, 25(6): 585-593.

[41] Dahbura A T, Masson G M. An $O(n^{2.5})$ fault identification algorithm for diagnosable systems. IEEE Transactions on Computers, 1984, 33(6): 486-492.

[42] Lai P, Tan J, Chang C, et al. Conditional diagnosability measures for large multiprocessor systems. IEEE Transactions on Computers, 2005, 54(2): 165-175.

[43] Peng S, Lin C, Tan J. The g-good-neighbor conditional diagnosability of hypercube under PMC model. Applied Mathematics and Computation, 2012, 218(21): 10406-10412.

[44] Zhang S, Yang W. The g-extra conditional diagnosability and sequential t/k-diagnosability of hypercubes. International Journal of Computer Mathematics, 2016, 93(3): 482-497.

[45] Friedman A D. A new measure of digital system diagnosis. Digest of the International Sympsium on Fault Tolerant Computing, 1975: 167-170.

[46] Somani A K, Peleg O. On diagnosability of large fault sets in regular topology-based computer systems. IEEE Transactions on Computers, 1996, 45(8): 892-903.

[47] Chiang C, Tan J. Using node diagnosability to determine t-diagnosability under the comparison diagnosis model. IEEE Transactions on Computers, 2009, 58(2): 251-259.

[48] Bondy J A, Murty U S R. Graph Theory. New York: Springer, 2007.

[49] Ren Y, Wang S. Some properties of the g-good-neighbor (g-extra) diagnosability of a multiprocessor system. American Journal of Computational Mathematics, 2016, 6(3): 259-266.

[50] Wang S, Wang Z, Wang M. The 2-extra connectivity and 2-extra diagnosability of bubble-sort star graph networks. The Computer Journal, 2016, 59(12): 1839-1856.

[51] Hsieh S, Kao C. The conditional diagnosability of k-ary n-cubes under the comparison diagnosis model. IEEE Transactions on Computers, 2013, 62(4): 839-843.

[52] Wang M, Guo Y, Wang S. The 1-good-neighbour diagnosability of Cayley graphs generated by transposition trees under the PMC model and MM* model. International Journal of Computer Mathematics, 2017, 94(1-4): 620-631.

[53] Sengupta A, Dahbura A. On self-diagnosable multiprocessor systems: Diagnosis by the comparison approach. IEEE Transactions on Computers, 1992, 41(11): 1386-1396.

[54] Wang M, Lin Y, Wang S. The connectivity and nature diagnosability of expanded k-ary n-cubes. RAIRO-Theoretical Informatics and Applications, 2017, 51(2): 71-89.

[55] Hungerford T W. Algebra. New York: Springer-Verlag, 1974.

[56] Akers S B, Krishnamurthy B. A group-theoretic model for symmetric interconnection networks. IEEE Transactions on Computers, 1989, 38(4): 555-566.

[57] Wang M, Lin Y, Wang S. The 1-good-neighbor connectivity and diagnosability of Cayley graphs generated by complete graphs. Discrete Applied Mathematics, 2018, 246(4): 108-118.

[58] Wang M, Yang W, Guo Y, et al. Conditional fault tolerance in a class of Cayley graphs. International Journal of Computer Mathematics, 2016, 93(1): 67-82.

[59] Cai H, Liu H, Lu M. Fault-tolerant maximal local-connectivity on bubble-sort star graphs. Discrete Applied Mathematics, 2015, 8(C): 33-40.

[60] Guo J, Lu M. Conditional diagnosability of bubble-sort star graphs. Discrete Applied Mathematics, 2016, 20(11): 141-149.

[61] Wang M, Lin Y, Wang S. The nature diagnosability of bubble-sort star graphs under the PMC Model and MM* Model. International Journal of Engineering and Applied Sciences, 2017, 4(8): 55-60.

[62] Feng W, Jirimutu, Wang S. The nature diagnosability of wheel graph networks under the PMC model and MM* model. ARS Combinatoria, 2019, 143: 255-287.

[63] Zheng J, Latifi S, Regentova E, et al. Diagnosability of star graphs under the comparison diagnosis model. Information Processing Letters, 2005, 93(1): 29-36.

[64] Li X, Xu J. Generalized measures for fault tolerance of star networks. Networks, 2014, 63(3): 225-230.

[65] Saad Y, Schultz M H. Topological properties of hypercubes. IEEE Transactions on Computers, 1988, 37(7): 867-872.

[66] Wang S, Han W. The g-good-neighbor conditional diagnosability of n-dimensional hypercubes under the MM* model. Information Processing Letters, 2016, 116(9): 574-577.

[67] Wei C, Hsieh S. h-restricted connectivity of locally twisted cubes. Discrete Applied Mathematics, 2017, 217(Part 2): 330-339.

[68] Ren Y, Wang S. The 1-good-neighbor connectivity and diagnosability of locally twisted cubes. Chinese Quarterly Journal of Mathematics, 2017, 32(4): 371-381.

[69] Ren Y, Wang S. The g-good-neighbor diagnosability of locally twisted cubes. Theoretical Computer Science, 2017, 697(6): 91-97.

[70] Lee C, Hsieh S. Diagnosabiltiy of multiprocessor systems//Scalable Computing and Communications: Theory and Practice, Wiley, 2013.

[71] Ren Y, Wang S. Diagnosability of bubble-sort graph networks under the comparison diagnosis model//Proceeding of 2015 International Conference on Computational Intelligence and Communication Networks. Jabalpur: IEEE Press, 2015: 823-826.

[72] Cheng E, Lipták L. Fault resiliency of Cayley graphs generated by transpositions. Internationl Journal of Foundations of Computer Science, 2007, 18(5): 1005-1022.

[73] Cheng E, Lipt'ak L, Shawash N. Orienting Cayley graphs generated by transposition trees. Computers and Mathematics with Applications, 2008, 55(11): 2662-2672.

[74] Yang W, Lin H. Reliability evaluation of BC networks in terms of the extra vertex- and edge-connectivity. IEEE Transactions on Computers, 2014, 63(10): 2540-2548.

[75] Shi L, Wu P. Conditional connectivity of bubble sort graphs. Acta Mathematicae Applicatae Sinica, English Series, 2017, 33(4): 933-944.

[76] Zhou S, Wang J, Xu X, et al. Conditional fault diagnosis of bubble sort graphs under the PMC model. Advances in Intelligent Systems and Computing, 2012, 180: 54-59.

[77] Wang S, Wang Z. The g-good-neighbor diagnosability of bubble-sort graphs under Preparata, Metze, and Chien's (PMC) model and Maeng and Malek's (MM)* model. Information, 2019, 10(1): 21.

[78] Chang N, Hsieh S. Structural properties and conditional diagnosability of star graphs by using the PMC model. IEEE Transactions on Parallel and Distributed Systems, 2014, 25(11): 3002-3011.

[79] Day K, Triphthi A R. A comparative study of topological properties of hypercubes and star graphs. IEEE Transactions on Parallel and Distributed Systems, 1994, 5(1): 31-38.

[80] Hsieh S. Embedding longest fault-free paths onto star graphs with more vertex faults. Theoretical Computer Science, 2005, 337(1-3): 370-378.

[81] Hu S, Yang C. Fault tolerance on star graphs. International Journal of Foundations of Computer Science, 1997, 8(2): 127.

[82] Huang C, Huang H, Hsieh S. Edge-bipancyclicity of star graphs with faulty elements. Theoretical Computer Science, 2011, 412(50): 6938-6947.

[83] Latifi S. A study of fault tolerance in star graph. Information Processing Letters, 2007, 102(5): 196-200.

[84] Latifi S, Saberinia E, Wu X. Robustness of star graph network under link failure. Information Sciences, 2008, 178(3): 802-806.

[85] Li T, Tan J, Hsu L. Hyper Hamiltonian laceability on edge fault star graph. Information Sciences, 2004, 165(1, 2): 59-71.

[86] Lin L, Zhou S, Xu L, et al. The extra connectivity and conditional diagnosability of alternating group networks. IEEE Transactions on Parallel and Distributed Systems, 2015, 26(8): 2352-2362.

[87] Rescigno A A. Vertex-disjoint spanning trees of the star network with applications to faulttolerance and security. Information Sciences, 2001, 137(1-4): 259-276.

[88] Tsai P Y, Fu J S, Chen G H. Fault-free longest paths in star networks with conditional link faults. Theoretical Computer Science, 2009, 410(8-10): 766-775.

[89] Walker D, Latifi S. Improving bounds on link failure tolerance of the star graph. Information Sciences, 2010, 180(13): 2571-2575.

[90] Wan M, Zhang Z. A kind of conditional vertex connectivity of star graphs. Applied Mathematics Letters, 2009, 22(2): 264-267.

[91] Yang Y, Wang S. Conditional connectivity of star graph networks under embedding restriction. Information Sciences, 2012, 199: 187-192.

[92] Lin C, Tan J, Hsu L, et al. Conditional diagnosability of cayley graphs generated by transposition trees under the comparison diagnosis model. Journal of Interconnection Networks, 2008, 9(1, 2): 83-97.

[93] Wang S, Wang Z, Wang M, et al. The g-good-neighbor conditional diagnosability of star graph networks under the PMC model and MM* model. Frontiers of Mathematics in China, 2017, 12(5): 1221-1234.

[94] Zhou S, Lin L, Xu L, et al. The t/k-diagnosability of star graph networks. IEEE Transactions on Computers, 2015, 64(2): 547-555.

[95] Das S K, Öhring S, Banerjee A K. Embeddings into hyper petersen networks: Yet another hypercube-like interconnection topology. VLSI Design, 1995, 2(4): 335-351.

[96] Wang S. The r-restricted connectivity of hyper petersen graphs. IEEE Access, 2019, 7(1): 109539-109543.

[97] Fan J, Zhang S, Jia X, et al. The restricted connectivity of locally twisted cubes// 2009 10th International Symposium on Pervasive Systems, Algorithms, and Networks(ISPAN), Kaohsiung, 14-16 December 2009, 574-578. doi: 10.1109/I-SPAN.2009.48.

[98] Zhou J. On g-extra connectivity of hypercube-like networks. Journal of Computer and System Sciences, 2017, 88: 208-219.

[99] Zhu Q, Wang X, Cheng G. Reliability evaluation of BC networks. IEEE Transactions on Computers, 2013, 62(11): 2337-2340.

[100] Ren Y, Wang S. The tightly super 2-extra connectivity and 2-extra diagnosability of locally twisted cubes. Journal of Interconnection Networks, 2017, 17(2): 175006.

[101] Yang W, Meng J. Extraconnectivity of hypercubes. Applied Mathematics Letters, 2009, 22: 887-891.

[102] Wang S, Ren Y. The h-extra connectivity and diagnosability of locally twisted cubes. IEEE Access, 2019, 7(1): 102113-102118.

[103] Fan J. 交叉立方体在两种策略下的可诊断性. 计算机学报, 1998, 21(5): 456-462.

[104] Wang S, Ma X. The g-extra connectivity and diagnosability of crossed cubes. Applied Mathematics and Computation, 2018, 336: 60-66.

[105] Jwo J S, Lakshmivarahan S, Dhall S K. A new class of interconnection networks based on the alternating group. Networks, 1993, 23: 315-326.

[106] Feng W, Wang S. The 2-good-neighbor diagnosability of alternating group graphs under the PMC model and MM* model. Journal of Combinatorial Mathematics and Combinatorial Computing, 2018, 107: 59-71.

[107] Wang S, Ma X. Diagnosability of alternating group graphs with missing edges. Recent Advances in Electrical and Electronic Engineering, 2018, 11(1): 51-57.

[108] Wang S, Zhao L. A note on the nature diagnosability of alternating group graphs under the PMC model and MM* model. Journal of Interconnection Networks, 2018, 18(1): 1850005.

[109] Zhang Z, Xiong W, Yang W. A kind of conditional fault tolerance of alternating group graphs. Information Processing Letters, 2010, 110(22): 998-1002.

[110] Ren Y, Wang S. The tightly super 3-extra connectivity of alternating group graphs. ARS Combinatoria (出版中).